应用运筹与博弈教材教辅系列

博弈论基础

刘 进 编著

電子工業出版社
Publishing House of Electronics Industry
北京 · BEIJING

内 容 简 介

本书是关于博弈论的一本基础教材，主要介绍了博弈论的概貌与脉络、棋类游戏的博弈分析、基本的数学工具、二人博弈的纯粹策略解和混合策略解、多人博弈的纯粹纳什均衡和混合纳什均衡、合作博弈的模型与解概念、解概念之核心、解概念之沙普利值及博弈论进阶学习。本书概念清晰、逻辑严密、写作规范，用最少的数学语言阐述博弈论的核心内容，可作为高等学校数学、管理、控制、智能等专业的本科生相关课程的教材或参考用书。

图书在版编目（CIP）数据

博弈论基础/刘进编著. —北京：电子工业出版社，2023.7
应用运筹与博弈教材教辅系列
ISBN 978-7-121-45723-4

I. ①博… II. ①刘… III. ①博弈论-高等学校-教材 IV. ①O225

中国国家版本馆 CIP 数据核字(2023)第 101912 号

责任编辑：徐蔷薇　　特约编辑：田学清
印　　刷：北京天宇星印刷厂
装　　订：北京天宇星印刷厂
出版发行：电子工业出版社
　　　　　北京市海淀区万寿路 173 信箱　　邮编：100036
开　　本：787×1092　1/16　印张：16　字数：323 千字
版　　次：2023 年 7 月第 1 版
印　　次：2024 年 8 月第 3 次印刷
定　　价：78.00 元

凡所购买电子工业出版社图书有缺损问题，请向购买书店调换。若书店售缺，请与本社发行部联系，联系及邮购电话：（010）88254888，88258888。
质量投诉请发邮件至 zlts@phei.com.cn，盗版侵权举报请发邮件至 dbqq@phei.com.cn。
本书咨询联系方式：（010）88254438，xuqw@phei.com.cn。

前　言

博弈论是刻画竞争与合作环境下交互式决策的系统性科学理论，是数学的一个重要分支，主要研究交互决策的模型、解概念、性质、计算和应用等。博弈论涉及的要素包括参与人、行动策略、盈利函数、信息、顺序结构、认知逻辑等。

按照参与人是否合作，经典的博弈论粗略划分为非合作博弈与合作博弈。按照信息的完备程度和决策的顺序结构，非合作博弈又划分为完全信息静态博弈、完全信息动态博弈、不完全信息静态博弈和不完全信息动态博弈四种类型，对应的解概念包括纳什均衡、颤抖手均衡、子博弈完美均衡、序贯均衡、贝叶斯均衡、完美贝叶斯均衡等，后五者都是对纳什均衡的精炼和筛选。按照效用是否可以转移，合作博弈又划分为可转移效用合作博弈和不可转移效用合作博弈，对应的解概念包括稳定集、核心、沙普利值、谈判集等，合作博弈解概念都是基于公平、稳定分配的原则来设计的。

经典博弈论的性质研究主要聚焦多类型解概念的存在性、唯一性和复杂度，一般而言，存在性是可以保证的，但是唯一性往往不可兼得，解概念的复杂度都很高，给计算求解带来了很多困难，也催生了新型的复杂度概念。

经典的博弈模型与不同的数学结构融合，产生了新型的博弈论分支：与网络科学相结合产生了网络博弈论，与控制科学相结合产生了微分博弈论，与随机过程相结合产生了随机博弈论，与模糊理论相结合产生了模糊博弈论，与灰色理论相结合产生了灰色博弈论，与扩散方程相结合产生了平均场博弈论，与算法复杂度相结合产生了算法博弈论等。经典的博弈论在不同的场景应用中产生了新型的博弈论应用分支：在经济领域称之为经济博弈论，在社会领域称之为社会博弈论，在政治领域称之为政治博弈论，在管理领域称之为管理博弈论，在生态领域称之为进化博弈论，在智能领域称之为智能博弈论，在军事领域称之为军事博弈论等。

博弈论备受诺贝尔经济学奖的青睐，从 1994 年的纳什、泽尔腾和海萨尼开始，至今陆续已有二十余位与博弈论研究密切相关的学者获得此奖；博弈论也颇受图灵奖的重视，数位研究博弈论解概念复杂度的理论计算机专家获得此奖。博弈论在人工智能中发挥了重要作用，是典型的人工智能系统（如 Alpha Go、Liberatus、

Alpha Star 等）背后的重要数学机理。

本书是写给本科生的一本关于博弈论的基础教材，主要介绍博弈论的概貌与脉络、棋类游戏的博弈分析、基本的数学工具、二人博弈的纯粹策略解和混合策略解、多人博弈的纯粹纳什均衡和混合纳什均衡、合作博弈的模型与解概念、解概念之核心、解概念之沙普利值及博弈论进阶学习。

全书分为 11 章，各章的主要内容和作用如下。

第 1 章通过典型例子引出博弈论的基本模型，随后介绍了博弈论的基本定义、基本要素、基本分类，梳理了博弈论的历史脉络，介绍了博弈论著名学者的生平事迹。

棋类游戏是典型的博弈问题，第 2 章介绍了棋类游戏的博弈论建模和让人比较迷惑的三择一定理，这也是典型智能系统产生的基础。

博弈论是一门数学理论，具体来说是运筹学的一个分支，为了支撑博弈论模型的构建，需要底层的数学理论作为工具。在本书介绍的博弈论范围之内，双变量函数的鞍点定理、有限集合上的概率分布、优化模型与线性对偶理论、盈利函数形成的线性空间是所需要的数学工具。第 3 章详细介绍了这些基本的数学工具。

博弈论发展早期最成功的当属二人有限零和博弈。第 4 章和第 5 章介绍了二人有限零和博弈的理论，特别是冯·诺依曼的极小极大定理，该定理于 1928 年提出，时至今日在智能时代仍然发挥着重要作用。

二人零和博弈是重要的博弈模型，但是也有其局限性。第 6 章、第 7 章一方面突破了参与人数量的限制，另一方面突破了盈利函数零和的限制。第 6 章介绍了多人策略型博弈（完全信息静态博弈）的纯粹策略解概念，包括支配均衡、安全均衡和纳什均衡及多类均衡之间的关系，特别是利用不动点定理在一定条件下证明了纳什均衡的存在性。有限完全信息静态博弈的纳什均衡不一定存在，为了解决这个问题，第 7 章介绍了混合扩张方法，包括混合策略的定义和混合纳什均衡的存在性，此外还介绍了混合策略的颤抖手均衡和相关均衡。

除非合作博弈外，合作博弈也是博弈论的一个重要分支。第 8 章介绍了合作博弈的模型与解概念；第 9 章和第 10 章分别介绍了合作博弈的解概念之核心和沙普利值，并论证了它们的性质，在这个过程中，线性优化及其对偶理论扮演了重要角色。

作为一本高等学校本科生相关课程的教材，自然不能太厚、内容太多，只能择其精要简述。对于大多数只需要初步了解博弈论的学生而言，这已经足够，但是对于其有浓厚科研兴趣的学生而言，这就远远不够了，所以第 11 章给出了有关博弈论进阶学习的建议。

本书的最大特色是公理化写作，采用了简单清晰的纯数学风格，学生只要掌握了初步的微积分、线性代数和概率论知识，就可以在博弈论课程的学习中游刃有余。

鉴于作者水平有限，书中难免有不足之处，请各位读者批评指正。

编者

2023 年 1 月于长沙

Note

目　录

Note

Note

Note

第1章

博弈论的概貌与脉络

本章主要介绍博弈论的概貌和脉络，这样学生学习博弈论的时候既可以看见“树木”，也可以领略“森林”的全貌。本章首先介绍博弈论的著名案例，使得学生对博弈论有个大概的了解；其次介绍博弈论的科学内涵和主要概念，用一个案例描述纳什均衡；最后介绍博弈论的内容体系、历史脉络、著名学者等。

1.1 案例：田忌赛马

春秋战国时期，有一天齐王提出要与大将田忌赛马，双方约定从各自的上、中、下三个等级的马中各选一匹参赛，每匹马只能参赛一次，每次比赛双方各出一匹马，负者要付给胜者千金。

已知在同等级的马中，田忌的马不如齐王的马，但是若田忌的马比齐王的马高一个等级，则田忌的马获胜。

当时，田忌手下的一个谋士给他出了主意：每次比赛时先让齐王牵出要参赛的马，再用下马对齐王的上马，用中马对齐王的下马，用上马对齐王的中马。比赛结果：田忌二胜一负，夺得千金。

齐王的策略：a_1(上，中，下)、a_2(上，下，中)、a_3(中，上，下)、a_4(中，下，上)、a_5(下，上，中)、a_6(下，中，上)。

田忌的策略：b_1(上，中，下)、b_2(上，下，中)、b_3(中，上，下)、b_4(中，下，上)、b_5(下，上，中)、b_6(下，中，上)。

田忌赛马的博弈可以建模为

$$\begin{pmatrix} \text{策略} & b_1 & b_2 & b_3 & b_4 & b_5 & b_6 \\ a_1 & (3,-3) & (1,-1) & (1,-1) & (1,-1) & (1,-1) & (-1,1) \\ a_2 & (1,-1) & (3,-3) & (1,-1) & (1,-1) & (-1,1) & (1,-1) \\ a_3 & (1,-1) & (-1,1) & (3,-3) & (1,-1) & (1,-1) & (1,-1) \\ a_4 & (-1,1) & (1,-1) & (1,-1) & (3,-3) & (1,-1) & (1,-1) \\ a_5 & (1,-1) & (1,-1) & (-1,1) & (1,-1) & (3,-3) & (1,-1) \\ a_6 & (1,-1) & (1,-1) & (1,-1) & (-1,1) & (1,-1) & (3,-3) \end{pmatrix}$$

思考：若双方在赛前不知道马匹的出场次序，则谁会赢？

1.2　案例：囚徒困境

重大案件中的两个犯罪嫌疑人被分别关在两个牢房中，有足够的证据证明两个人都犯有轻度罪，但是没有足够的证据证明两人中的任何一人是主犯，除非他们中间有一个人告发另一个人 (策略 C)。如果他们都保持沉默 (策略 S)，那么每个人都将因犯有轻度罪而被判刑 1 年；如果他们中间有一个人且只有一个人告密，那么告密者将被释放并作为指控另一个人的证人，而另一个人将被判刑 4 年；如果他们两个都告密，那么每个人均被判刑 3 年。

可以很简洁地将上面的模型表示为一个矩阵，第一列表示参与人 1 的策略，第一行表示参与人 2 的策略，括号中的第一个数字表示参与人 1 的盈利，第二个数字表示参与人 2 的盈利：

$$\begin{pmatrix} \text{策略} & S & C \\ S & (-1,-1) & (-4,0) \\ C & (0,-4) & (-3,-3) \end{pmatrix}$$

思考：两个囚徒如何根据盈利矩阵做出决策？

1.3　案例：金币的分配

分配是任何时代、任何社会的重要问题。所谓“不患贫，而患不均”，即人们能够忍受贫穷，而不能忍受社会财富分配的不均。微观经济学通常涉及三个方面的内容：“生产什么”“如何生产”“如何分配”，由此可见分配是经济学的重要内容。

公平分配是人们追求的目标，然而，什么是公平的分配？首先要确定公平分配的标准。若符合这个标准，则分配是公平的，否则是不公平的。

公平的并不一定是平均的，公平的分配是各方之所得是其应得的。作为理性人，每个人均想多分配一点。现实中的许多争吵，大到国家间的领土争端，小到人与人之间的鸡毛蒜皮的小事，很大一部分是由于分配不公平造成的。这种争吵可能是一方认为不公平造成的，也可能是双方均认为不公平造成的。

Note

例如，约克和汤姆结对旅游，约克和汤姆准备吃午餐时，约克带了 3 块饼，汤姆带了 5 块饼。这时有一个路人路过，路人饿了，约克和汤姆邀请他一起吃饭。路人接受了邀请，约克、汤姆和路人将 8 块饼全部吃完。吃完饭后，路人感谢他们的午餐，给了他们 8 个金币。

约克和汤姆为这 8 个金币的分配展开了争执。汤姆说："我带了 5 块饼，理应我得 5 个金币，你得 3 个金币。"约克不同意，说："既然我们在一起吃这 8 块饼，理应平分这 8 个金币。"约克坚持认为每人各 4 个金币。为此，约克找到公正的沙普利。

沙普利说："汤姆给你 3 个金币，因为你们是朋友，你应该接受它。如果你要公正的话，那么我告诉你，公正的分法是你得到 1 个金币，而你的朋友汤姆得到 7 个金币。"

约克不理解。沙普利说："是这样的，你们 3 人吃了 8 块饼，其中，你带了 3 块饼，汤姆带了 5 块，一共是 8 块饼。你吃了其中的 1/3，即 8/3 块，路人吃了你带的饼中的 $3-8/3=1/3$；你的朋友汤姆也吃了 8/3 块，路人吃了他带的饼中的 $5-8/3=7/3$。这样，路人所吃的 8/3 块饼中，有你的 1/3，汤姆的 7/3。路人所吃的饼中，属于汤姆的是属于你的 7 倍。因此，对于这 8 个金币，公平的分法是你得到 1 个金币，汤姆得到 7 个金币。你看有没有道理？"

约克听了沙普利的分析，认为有道理，愉快地接受了 1 个金币，而让汤姆得到 7 个金币。

在这个故事中，沙普利所提出的对金币的"公平"分法，遵循的原则是所得与自己的贡献相等。

1.4 博弈论的科学内涵

博弈论是在竞争或者合作环境下交互式决策的数学理论。交互式决策是关键特征，但是交互式决策不同于一般的决策论。总体而言，博弈论是与决策论既相互关联又有所区别的。

决策是主体选择方案以使期望效用最大化的活动。现代决策论包括期望效用理论、决策树方法、秩序性决策与非程序性决策、决策原则与科学决策程序等内容。

博弈是一种互动决策，是指某一主体的决策与其他主体的决策产生直接的相互作用，研究互动决策的理论称为博弈论。

博弈论与决策论的区别：决策论研究人们如何面对环境决策，博弈论研究人们如何面对能动的主体决策；决策论不考虑策略的互动关系，博弈论专门研究主

体间策略的依存和互动关系；决策论研究单一主体如何进行选择以使期望效用最大化，博弈论研究多个参与人如何选择以使各自的效用最大化，并预测博弈的结局。尽管有上述区别，但两者又有相同点：博弈论使用的期望效用理论与决策论是相同的，两者都研究人们的最优选择问题，并且两者都以主体理性为假设前提。

因此，严格意义上的博弈论是分析社会主体竞争与合作策略的理论。奥斯本和鲁宾斯坦所著的《博弈论教程》对博弈论进行了定义：博弈论是一个分析工具包，帮助我们理解所观察到的决策主体间的相互作用。海萨尼在 1994 年获得诺贝尔奖，他在获奖致辞中提到，博弈论是关于策略相互作用的理论，即关于社会局势中理性行为的理论，其中每个参与人对自己的行动选择必须以他对其他参与人如何反应的判断为基础。其他定义与此大同小异，这些定义均强调了参与人策略的相互影响或策略相关性。

博弈论分析多个参与人博弈的策略互动关系，并以策略互动关系为前提分析参与人如何进行理性选择。由于要对所有参与人的策略选择进行分析，因此博弈论要回答的问题包括这种互动关系对理性参与人的策略选择有何影响？在博弈局势中，参与人是否有稳定的最优策略集合？若有，则博弈的结局是什么？若没有纯粹策略意义上的最优策略，则各参与人将按怎样的混合策略选择行动？若存在两个以上的策略解，则现实中人们趋向于选择哪一个（这在博弈论中称为均衡的精炼）？

博弈论对各方最优策略及其相互依存关系进行分析并对博弈结局进行预测，研究这种互动关系中各参与人的“均衡策略”。

均衡策略类似于数学中方程组的解，是所有参与人最优策略的集合。由于最优策略往往是相互依存的，因此大多数博弈局势不能单独分析某一方的上策。换句话说，在大多数博弈中，分析一方的上策时，需要同时分析另一方的上策。所有参与人上策的集合称为博弈的均衡策略。

总之，博弈论是集基础性、应用性、前沿性和交叉性于一体的学科，其基础性在于可以为策略学、谋略学等提供有关互动分析的方法论基础；应用性在于它是一个方法论学科，是一个工具包，用于分析不同类型的博弈问题；前沿性是指它体现了当代博弈论研究的新成果；交叉性在于它是博弈论方法与多类型策略互动关系的特定分析对象的结合。

1.5　博弈论的主要概念

博弈论的主要概念包括参与人、策略与行动、盈利函数、行动顺序、信息、结果和均衡。

第一个主要概念是参与人。参与人亦称局中人，是博弈中的决策主体，通过选择行动或策略使自己的盈利最大化。参与人可以是个人，也可以是组织，前提是能作为一个主体采取一致的行动并与外界进行策略互动。博弈分析至少有两个参与人，依据参与人的数量，博弈分为二人博弈和多人博弈。三个或三个以上参与人参加的博弈为多人博弈。在多人博弈中，策略和利益的依存关系较为复杂。对任一参与人而言，其他参与人不仅会对自己的策略做出反应，而且他们相互之间还有作用或反应。博弈矩阵一般适合表示二人博弈，超过三人的博弈通常只能用函数式和数集加以表达，有限策略的三人博弈可用两个博弈矩阵合起来表示。

第二个主要概念是策略与行动。策略与行动是博弈参与人的决策变量。在静态博弈中，策略等同于行动，行动是参与人在博弈某个时刻的选择变量，没有人能获得他人行动的信息，此时策略选择即为行动选择。参与人的行动可能是离散的，也可能是连续的。

在动态博弈中，策略是参与人在每个决策点的行动选择规则，策略规定了在对方采取各种行动后参与人将要选择什么行动及在什么时候选择什么行动，它包括各种可能选择的行动及行动的前提。动态博弈中策略作为行动规则必须完备，它包括参与人在各种可能情况下的行动选择，即使参与人并不预期这种情况会实际发生，这一点对于动态博弈的均衡是非常重要的。

一般地，如果博弈中每个参与人的策略数量是有限的，那么称为有限博弈；如果博弈中至少有某一方的策略有无限多个，那么称为无限博弈。理论上，有限博弈可以用矩阵法、扩展法或罗列法列出所有的策略、结果或盈利；无限博弈只能用函数式或数集表示。因此，这两种博弈的分析方法表现出很大的差异。此外，有限博弈和无限博弈对各种均衡解的存在性也有非常关键的影响。

第三个主要概念是盈利函数。盈利函数是参与人在博弈中付出的代价或得益的总称。盈利为正时表示得益，盈利为负时表示代价。盈利也称为效用，反映了参与人对博弈结果的满意程度。盈利是参与人选择行动的判据。在博弈分析中，直接用代价或得益数值来分析结果的方法称为基数法，用偏好的排序比较结果的方法称为序数法。用序数法分析时，数值越小越应优先选择；用基数法分析时，数值越大越应优先选择。

分析不完全信息博弈时要进行概率计算，这就需要使用基数法。为了保持前后一致，博弈分析一般使用基数法。基数法是一种无量纲方法，类似于打分方法，它是根据期望效用理论得出的。

每个参与人在每种策略组合下都有相应的盈利，将每个参与人在一个策略集合中的盈利相加，计算得到的所有参与人的盈利总和称为全体参与人的集体盈利。根据参与人的盈利总和，博弈类型分为如下几种类型：若博弈的盈利总和始终为

零，则称为零和博弈；若博弈的盈利总和始终为一个常数，则称为常和博弈；若博弈的盈利总和在不同策略集合下不同，则称为变和博弈。

第四个主要概念是行动顺序。行动顺序对于博弈的结果是非常重要的。根据规则，参与人可能同时行动，也可能先后行动。后行动者可以通过观察先行动者的行动来获得信息，从而调整自己的选择。根据博弈中行动顺序的差异，博弈分为静态博弈、动态博弈与重复博弈。

静态博弈是指各参与人同时决策，或虽然参与人决策的时间不一致，但他们做出选择之前不允许知道或无法知道其他参与人的选择（如暗标拍卖）。例如，在正规体育比赛中的团体赛，不允许各方知道对方运动员的出场次序，各方选择运动员的出场次序就是静态博弈。

动态博弈是指参与人采取的行动有先后次序，而且后行动者可以看到先行动者选择的行动，用博弈树分析动态博弈比策略式分析方便。先行动者在做出决策时需要推测后行动者的反应，而后行动者又要考虑对方随后的反应。因此，与静态博弈相比，动态博弈有更大的计算量。

重复博弈是指同一个博弈反复进行所形成的博弈过程。构成重复博弈的一次性博弈称为原博弈或阶段博弈。现实策略中对手的长期并存与竞争、作战博弈中的重复行动等都是重复博弈，重复博弈主要分析多阶段重复博弈与单阶段博弈的差别。

第五个主要概念是信息。信息是关于博弈结构的知识，包括其他参与人的特征、策略与行动、博弈的盈利等。信息集是博弈论中描述参与人信息特征的重要概念，指参与人在某一时刻有关对方特征或行动的集合。一个参与人无法准确知道的类型或行动变量的全体属于一个信息集。

信息包括关于盈利的信息，即每个参与人在各种策略组合下的盈利情况。根据该类信息结构可将博弈划分为完全信息博弈和不完全信息博弈。完全信息博弈是指各参与人清楚自己盈利的可能情况，也知道对方可能盈利的情况。这种博弈要求每个参与人的特征、盈利及策略空间为共同知识。不完全信息博弈是指至少有一方不了解其他参与人的类型及博弈的盈利情况。不完全信息博弈又称不对称信息博弈，不了解其他参与人盈利情况的参与人称为具有不完全信息的参与人。

信息还包括关于博弈顺序的信息，于是博弈又分为完美信息博弈和不完美信息博弈。在动态博弈中，若先行动者对后行动者选择的行动完全了解，则其具有完美信息。若各方都知道对方所采取的行动，则这种博弈称为完美信息博弈。在动态博弈中，若先行动者不完全了解后行动者以前采取的行动及全部博弈进程，则其具有不完美信息，该种博弈称为不完美信息博弈。

完美信息与完全信息是两个有区别的概念。完全信息是指双方清楚博弈的盈

利，每个参与人都知道其他参与人的类型及可能选择的行动集合，因此知道各种博弈结局的盈利。不完全信息博弈是指不知道对手的类型分布从而不知道博弈的盈利，所以不完全信息意味着不完美信息。如果参与人不知道其他参与人的真实类型，那么他具有的信息是不完全的，也是不完美的。完美信息是指参与人对其他参与人的行动选择有准确的了解，所以他具有完美信息，也是完全信息。如果博弈双方都知道对方实力及各种行动组合产生的对抗结果，那么信息是完全的，但如果有一方不知道先行动者所选择的行动，那么信息是不完美的。

第六个主要概念是结果和均衡。结果是博弈分析者感兴趣的所有内容。但博弈分析者特别关注均衡策略或均衡行动及均衡盈利，即最可能出现的结局。均衡策略是博弈各方最优策略的组合，均衡行动是静态博弈中博弈各方最优行动的集合，均衡盈利是博弈各方最优策略或最优行动集合产生的盈利。

除上述主要概念以外，博弈论还有一个基本假设：参与人是理性的。

参与人是理性即为理性假设，指参与人有一个易于定义的偏好序，这个偏好序满足可加性、传递性等要求。在实际生活中，当面临多种选择时，参与人需要有一个偏好序。当对偏好排序后，参与人能够判断不同选择的偏好程度。偏好应具有简单传递性：当进攻优于防御，而防御优于退却时，进攻也应优于退却。有了一定的偏好序，在给定其他参与人行动的情况下，参与人可以选择使自己获得最大效用的行动。参与人是理性的，他们能够选择满足自己偏好的、最优的行动。此外，博弈论还假设参与人能够精明地推理和计算。

现实参与人的有限理性决策结果与完全理性假设下的分析结论有时是有差异的，但博弈论可以为博弈局势分析提供参照。在许多情况下，有限理性博弈与完全理性博弈的分析结果是一致的或近似的。此外，理性决策的收益一般大于非理性决策的收益。

博弈论的理性假设有合理性，但也存在缺陷。演化博弈论则弥补了这个缺陷，它引进了一个更加适度的假设：参与人是有限理性的，通过试错向最大效用的方向调整自己的行动。演化博弈论有助于解决博弈均衡的选择问题，当有多个均衡时，一个主体可能通过采取适当的行动引导均衡结果演化到一个均衡而不是另一个均衡。当博弈重复足够多次时，争论的焦点再次变为均衡的选择问题，有可能将结果引导到合作纳什均衡。

1.6 博弈论的内容体系

博弈论主要分为非合作博弈论与合作博弈论，这两种理论的差别在于基本假设，也就是承诺的强制力不同，造成了它们在研究方法和结论上的重要差异。

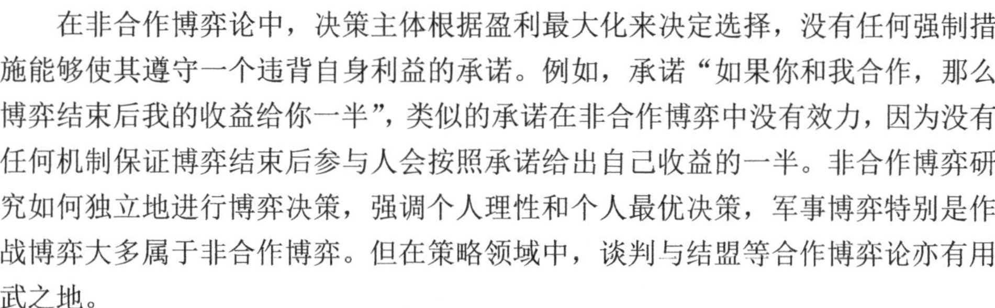

在非合作博弈论中，决策主体根据盈利最大化来决定选择，没有任何强制措施能够使其遵守一个违背自身利益的承诺。例如，承诺“如果你和我合作，那么博弈结束后我的收益给你一半”，类似的承诺在非合作博弈中没有效力，因为没有任何机制保证博弈结束后参与人会按照承诺给出自己收益的一半。非合作博弈研究如何独立地进行博弈决策，强调个人理性和个人最优决策，军事博弈特别是作战博弈大多属于非合作博弈。但在策略领域中，谈判与结盟等合作博弈论亦有用武之地。

合作博弈论假设参与人达成合作意向，那么他们的协议将是可强制执行的。在有强制力的情况下，若达成合作意向则合作是必然成立的。这时分析重点不是策略选择，而是研究合作者如何选择收益总和最大的策略组合，以及双方达成合作后如何分配利益，合作博弈论强调团体理性、效率等方面。

非合作博弈论的核心问题是策略选择，重点是研究如何在利益相互依存和策略相互作用的情况下做出最有利于自己的选择。合作博弈论的核心问题是利益分配，重点是研究已经达成合作之后如何分配利益。侧重点的不同导致两种理论的模型和研究方法有很大不同。当前非合作博弈论是博弈论研究的主要领域，因为分析策略选择才能对人类理性行为进行详细的描述。合作博弈论在博弈论中的地位虽然下降，但仍然占据着一席之地，具有一定影响力。

非合作博弈论通常分为四类：按照参与人掌握的信息将博弈划分为完全信息博弈与不完全信息博弈；按照参与人的行动顺序，将博弈划分为静态博弈与动态博弈。将上述两个角度的划分结合起来，总体分为四类博弈：完全信息静态博弈、完全信息动态博弈、不完全信息静态博弈、不完全信息动态博弈。与上述四类博弈相对应的是四个均衡概念，即纳什均衡、子博弈精炼纳什均衡、贝叶斯纳什均衡、精炼贝叶斯均衡。

重复博弈是一种特定形式的动态博弈，但重复博弈作为动态博弈又因信息结构不同而有不同的结论。

根据以上划分，在分析博弈局势时，首先要确定博弈的类型及对应的分析方法。现实中的博弈有时是多种博弈局势的混合，要考虑运用多种分析方法。

1.7　博弈论的历史脉络

任何一门学科总有历史发展轨迹，博弈论也不例外。

《孙子兵法》是我国古代体现博弈论思想最成功的文献。古诺在 1838 年发表

的关于产量决策模型的文章是最早研究数理经济学和博弈论的经典文献。在 1913 年，泽梅罗证明：如果国际象棋的对局者具有完全理性，那么能够精确地计算出所有象棋下法。假如让两个精明的对局者下棋，只要确定了谁先谁后，就可以事先计算出结果。在 20 世纪 20 年代，波雷尔使用最佳策略的概念研究了下棋等决策问题，并试图将其作为应用数学的分支来研究。

一般认为，古典博弈论开始于 1944 年冯·诺依曼和摩根斯坦合著的《博弈论和经济行为》。该书主要由数学家冯·诺依曼写成，摩根斯坦是合作著书的倡议者，写了一个热情洋溢的前言。该书的主要思想是大部分经济问题都应该被当作博弈来分析。该书出版后，《纽约时报》以头版报道，由此引发轰动，人们纷纷抢购。过去的人们可能感到人际关系博弈太复杂，难以把握博弈局势，许多人不愿从事与人打交道的工作，而宁愿从事技术工作。博弈论自产生以来就对社会关系的博弈规律进行分析和预测，因而许多人抱有很高的期望。该书分为非合作博弈与合作博弈两部分，在非合作博弈的理论部分主要分析了零和博弈，介绍了博弈的策略式（标准式）和扩展式，定义了最小最大解，并证明了“鞍点”（解）的存在性；在合作博弈部分提出了稳定集概念。该书奠定了期望效用理论的基础。现代博弈论专家认为，冯·诺依曼的最小最大解只能求出零和博弈的特解，所以冯·诺依曼也被称为古典博弈论的创立者，他的成果使博弈论成为一门学科。

博弈通解问题是被约翰·纳什提出的“纳什均衡”定义所解决的，因此一般认为，约翰·纳什是现代博弈论的奠基者。约翰·纳什对非合作博弈的主要贡献是他在 1950 年和 1951 年的两篇论文中定义了非合作博弈在一般意义上的均衡解。约翰·纳什在 1950 年证明有限博弈都存在均衡策略；在均衡点，所有参与人都确信给定竞争对手的选择时，这个行动是最优的。约翰·纳什所定义的均衡解称为纳什均衡，纳什均衡揭示了博弈论与经济均衡之间的关系。此后，现代博弈论以纳什均衡定义为基础发展起来。

纳什均衡概念是所有博弈分析的基础，但动态博弈分析需要以纳什均衡为基础引入新方法。泽尔腾对动态博弈分析做出了重大贡献，他将纳什均衡概念引入动态分析，提出了子博弈精炼纳什均衡，与该理论相关的逆向归纳法是分析完全信息动态博弈的一般方法，与该理论相关的威胁可信性与承诺行动等概念及对逆向归纳法的深入讨论构成了动态博弈分析方法的核心部分。

不完全信息博弈是由约翰·海萨尼突破的。1967 年，约翰·海萨尼把不完全信息引入博弈论的研究，提出了“海萨尼转换”方法，解决了不完全信息博弈的求解问题，其解称为贝叶斯纳什均衡。约翰·海萨尼还提出了混合策略解的不完全信息解释，约翰·海萨尼的成果构成不完全信息静态博弈的主要内容。

1994 年，约翰 • 纳什、莱茵哈德 • 泽尔腾、约翰 • 海萨尼三人获得诺贝尔经济学奖，他们都是数学家，用经济博弈模型来发展博弈论，使现代博弈论进入了一个崭新、辉煌的时代。

1996 年，诺贝尔经济学奖又授予在应用博弈论方法上获得突破的两位学者：詹姆斯 • 莫里斯与威廉 • 维克里。他们研究的是信息经济学，特别是不对称信息条件下的激励机制，该激励机制实际上是一种不完全信息博弈，与他们成果相关的原理对于分析军事信息对抗问题具有重要启发作用。

不完全信息动态博弈的研究也不断发展，1981 年，科尔伯格提出顺推归纳法；1982 年，克瑞普斯和威尔逊提出序贯均衡的概念；1991 年，弗登伯格和梯若尔提出了完美贝叶斯均衡的概念；2003 年，诺贝尔经济学奖授予经济学家阿克洛夫、斯彭斯、斯蒂格里茨，他们运用动态不完全信息博弈分析“柠檬市场”、劳动市场和资本市场的非对称信息博弈，并取得了重大突破，体现了博弈论的重要学科价值。

博弈论的理论分析是否与现实相符需要博弈实验来验证，于是实验博弈论迅速发展。史密斯设计了一个双向口头拍卖机制，奠定了实验经济学的基础，他作为 2002 年诺贝尔经济学奖的得主之一，为实验博弈论做出了突出贡献。

围绕以上重大突破，博弈论发展形成了一个完整的体系。其中，非合作博弈包括完全信息静态博弈（策略式博弈）、完全信息动态博弈（扩展式博弈）、不完全信息静态博弈、不完全信息动态博弈、重复博弈等主要内容；合作博弈论包括谈判理论、联盟理论等主要内容。此外，有限理性博弈、进化博弈论、实验博弈论等领域的研究也不断获得突破。

博弈论在不断发展的同时，在社会科学领域的应用范围也不断扩大，目前已广泛应用于经济理论管理学领域和军事领域。例如，军事对抗模拟中应用了博弈思维，又如，谢林教授为分析冲突策略设计了双支付矩阵，并运用博弈论研究危机控制问题。

1.8　博弈论的著名学者

学科领域的发展毫无疑问是由学术共同体推动的，因此博弈论学者在其中起到了关键作用，为该领域的前进指明了方向。从博弈论发展的历史来看，以下著名学者推动了博弈论的蓬勃发展。

冯 • 诺依曼（1903—1957），20 世纪重要的科学家之一，在现代数学、计算机、博弈论等诸多领域内有杰出建树，被后人称为“计算机之父”和“博弈论之

父”。

约翰·纳什（1928—2015），著名数学家、博弈论大师，主要研究博弈论、微分几何学和偏微分方程，1994 年获得诺贝尔经济学奖，2015 年获得阿贝尔奖。

莱茵哈德·泽尔腾（1930—2016），经济学家、数学家，子博弈精炼纳什均衡与颤抖手均衡的创立者，1994 年获得诺贝尔经济学奖。

约翰·海萨尼（1920—2000），把博弈论发展成为经济分析工具的先驱之一，1994 年获得诺贝尔经济学奖。

詹姆斯·莫里斯（1936—2018），激励理论的奠基者，在信息经济学理论领域做出了重大贡献，1996 年获得诺贝尔经济学奖。

威廉·维克里（1914—1996），在信息经济学、激励理论、博弈论等方面都做出了重大贡献，1996 年获得诺贝尔经济学奖。

罗伯特·奥曼（1930—），数学家、经济学家，通过博弈论进一步解释了冲突与合作，2005 年获得诺贝尔经济学奖。

托马斯·谢林（1921—2016），经济学家，通过博弈论进一步解释了冲突与合作，2005 年获得诺贝尔经济学奖。

里奥尼德·赫维茨（1917—2008），经济学家，为机制设计理论奠定了基础，2007 年获得诺贝尔经济学奖。

埃里克·马斯金（1950—），经济学家，为机制设计理论奠定了基础，2007 年获得诺贝尔经济学奖。

罗杰·迈尔森（1951—），经济学家，为机制设计理论奠定了基础，2007 年获得诺贝尔经济学奖。

埃尔文·罗斯（1951—），经济学家，创建了稳定分配的理论，并进行市场设计的实践，2012 年获得诺贝尔经济学奖。

罗伊德·沙普利（1923—2016），数学家，创建了稳定分配的理论，并进行市场设计的实践，2012 年获得诺贝尔经济学奖。

让·梯若尔（1953—），世界著名的经济学大师，分析了市场力量和监管，2014 年获得诺贝尔经济学奖。

以上介绍的都是国外学者，中国学者也为博弈论的发展做出了杰出的贡献。在历史上，中国学者形成了具有中国特色的博弈论研究团队，是世界博弈论研究的重要力量。

吴文俊教授是世界著名的拓扑学、代数几何、数学机械化大师。1959 年，吴文俊教授发表了第一篇博弈论研究论文《关于博弈论基本定理的一个注记》。1960 年，他撰写了一篇关于博弈论的科普性文章《博弈论杂谈：（一）二人博弈》，深入浅出地介绍了博弈论基本定理的证明。在这篇文章中，他提出“田忌赛马”是博弈论的范畴，使得中国宝贵思想文库中的博弈论思想发扬光大。同年，吴文俊

教授牵头编写了《对策论（博弈论）讲义》，这是新中国第一本博弈论教材。吴文俊教授在博弈论方面的突出贡献是他和他的学生江嘉禾在有限策略型博弈的基础上提出了本质均衡的概念，并给出了其存在性定理，这是中国数学家在博弈论领域最重要的贡献之一。

第2章

棋类游戏的博弈分析

对于规则明确、环境确定、信息完全的两人棋类游戏，我们自然会思考是否存在永远都赢的方法？1913 年，德国数学家策梅洛证明了三择一定理，这是博弈论历史上的一个重要定理，也为 21 世纪初期的人工智能系统 AlphaGo、AlphaGo Zero、AlphaZero 的诞生埋下了伏笔。

2.1 棋类游戏的形式化描述

国际象棋，棋手两人，分别执 16 枚白棋和 16 枚黑棋，白棋走第一步，按照规则双方轮流行棋。下棋的结果有三种：白棋胜利、黑棋胜利、白黑平局。

白棋胜利是指白棋的国王安然无恙，但是吃掉了黑棋的国王。黑棋胜利是指黑棋的国王安然无恙，但是吃掉了白棋的国王。

白黑平局的定义包括如下六种情形。情形一：轮到黑棋走子，但是它已经不能进行合规的移动，并且黑棋的国王没有被吃掉；情形二：轮到白棋走子，但是它已经不能进行合规的移动，并且白棋的国王没有被吃掉；情形三：白黑双方同意达成平局；情形四：棋面已经排除了双方胜利的可能；情形五：双方轮流行棋 50 个回合，没有兵卒被移动，并且没有一个棋子被吃掉；情形六：相同的棋面出现 3 次。

有界性假定对棋类游戏博弈结果的讨论有很大的影响，因此假定棋类游戏是有界的，即白黑双方移动的步数是有限的，可以是一个比较大的数字。

定义 2.1　棋面：白黑双方每枚棋子的身份和在棋盘上的位置。所有棋面的集合用 X 表示，某一个棋面用 $x(x \in X)$ 表示。有界性假定使得集合 X 的元素数量一定是有限的，但是可能是一个天文数字。棋面反映了某一时刻白黑双方的攻防信息，但没有反映整个攻防的过程信息。

定义 2.2　棋局态势：将白黑双方每一回合产生的棋面记录为一个序列，这个序列反映了完整的博弈信息。所有棋局态势的集合用 H 表示，某一个棋局态势用 $\alpha(\alpha \in H)$ 表示，α 是一系列满足一定条件的棋面组成的序列：

$$\alpha = (x_0, x_1, \cdots, x_m, \cdots, x_n), n \in \mathbb{N}, x_m \in X, 1 \leqslant m < n$$

Note

棋盘态势必须满足如下的条件之一。

（1）x_0 必须是开局棋面；

（2）对于整数 $1 \leqslant m < n, m \equiv 0(\text{mod}2)$，棋面 x_m 到 x_{m+1} 是通过白方的一步合规移动得到的；

（3）对于整数 $1 \leqslant m < n, m \equiv 1(\text{mod}2)$，棋面 x_m 到 x_{m+1} 是通过黑方的一步合规移动得到的。

根据上面的定义，一个棋局态势是白黑双方交替攻防得到的棋面序列。棋局态势集合的两个子集合分别表示轮到白方行动的棋局态势和轮到黑方行动的棋局态势：

$$H_{\text{even}} = \{\alpha \in H | \alpha = (x_0, x_1, \cdots, x_n), n \equiv 0(\text{mod}2)\}$$

$$H_{\text{odd}} = \{\alpha \in H | \alpha = (x_0, x_1, \cdots, x_n), n \equiv 1(\text{mod}2)\}$$

通过棋类游戏胜负平规则、有界性假定、棋面的定义和棋局态势的定义，完成了棋类游戏的形式化描述，即完成了从描述性语言到数学语言的转变。

2.2 棋类游戏的博弈论建模

假设白方希望通过程序设计进行棋类游戏，那么计算机需要一个计划使得面对给定的棋局态势时可以知道下一步做什么，这个完整的计划就是一个策略。

定义 2.3 白方策略：

映射 s_{w} 为 $H_{\text{even}} \to X$，满足

$$s_{\text{w}}(\alpha) = x_{n+1}, \alpha = (x_0, x_1, \cdots, x_n), n \equiv 0(\text{mod}2)$$

要求棋面 x_{n+1} 是由棋面 x_n 通过白方的一步合规移动得到的，所有白方策略的集合用 Ω_{w} 表示。

定义 2.4 黑方策略：

映射 s_{b} 为 $H_{\text{odd}} \to X$，满足

$$s_{\text{b}}(\alpha) = x_{n+1}, \alpha = (x_0, x_1, \cdots, x_n), n \equiv 1(\text{mod}2)$$

要求棋面 x_{n+1} 是由棋面 x_n 通过黑方的一步合规移动得到的，所有黑方策略的集合用 Ω_{b} 表示。

白黑双方的策略对：

$$(s_{\text{w}}, s_{\text{b}}), \forall s_{\text{w}} \in \Omega_{\text{w}}, s_{\text{b}} \in \Omega_{\text{b}}$$

任何一个策略对 $(s_{\mathrm{w}}, s_{\mathrm{b}})$ 决定了白黑双方的整个博弈过程。

初始棋面为 x_0，第一步，白方行动，产生棋面 $x_1 = s_{\mathrm{w}}(x_0)$，棋局态势为 (x_0, x_1)；第二步，黑方行动，产生棋面 $x_2 = s_{\mathrm{b}}(x_0, x_1)$，棋局态势为 (x_0, x_1, x_2)，依此类推：

第 $2m+1$，步白方行动，产生棋面：

$$x_{2m+1} = s_{\mathrm{w}}(x_0, x_1, \cdots, x_{2m})$$

第 $2m+2$ 步，黑方行动，产生棋面：

$$x_{2m+2} = s_{\mathrm{b}}(x_0, x_1, \cdots, x_{2m+1})$$

白黑双方选定各自的策略 $(s_{\mathrm{w}}, s_{\mathrm{b}})$ 后，得到的博弈结果可能是白方赢，或是黑方赢，或是双方平局，一般可用白方的盈利函数:

$$f_{\mathrm{w}}(s_{\mathrm{w}}, s_{\mathrm{b}}) = \begin{cases} 1, \text{白方赢} \\ -1, \text{黑方赢} \\ 0, \text{平局} \end{cases}$$

和黑方的盈利函数:

$$f_{\mathrm{b}}(s_{\mathrm{w}}, s_{\mathrm{b}}) = \begin{cases} -1, \text{白方赢} \\ 1, \text{黑方赢} \\ 0, \text{平局} \end{cases}$$

来表示。

在现实生活中，棋类游戏总是有输有赢，人们不禁要问，有没有必胜的策略呢？

定义 2.5　白方必胜策略：

$$\exists s_{\mathrm{w}}^* \in \Omega_{\mathrm{w}}, \text{s.t.} f_{\mathrm{w}}(s_{\mathrm{w}}^*, s_{\mathrm{b}}) = 1, \forall s_{\mathrm{b}} \in \Omega_{\mathrm{b}}$$

黑方必胜策略：

$$\exists s_{\mathrm{b}}^* \in \Omega_{\mathrm{b}}, \text{s.t.} f_{\mathrm{b}}(s_{\mathrm{w}}, s_{\mathrm{b}}^*) = 1, \forall s_{\mathrm{w}} \in \Omega_{\mathrm{w}}$$

白方至少平局策略：

$$\exists s_{\mathrm{w}}^* \in \Omega_{\mathrm{w}}, \text{s.t.} f_{\mathrm{w}}(s_{\mathrm{w}}^*, s_{\mathrm{b}}) \geqslant 0, \forall s_{\mathrm{b}} \in \Omega_{\mathrm{b}}$$

黑方至少平局策略：

$$\exists s_{\mathrm{b}}^* \in \Omega_{\mathrm{b}}, \text{s.t.} f_{\mathrm{b}}(s_{\mathrm{w}}, s_{\mathrm{b}}^*) \geqslant 0, \forall s_{\mathrm{w}} \in \Omega_{\mathrm{w}}$$

Note

2.3 棋类游戏的三择一定理

人们下棋的时候总希望找到必胜策略。除了极少数的小规模棋类外，大多数棋类（围棋、国际象棋、中国象棋）不曾听说谁掌握了必胜策略。但是，科学的魅力在于反直觉，科学家的魅力在于为人所不能。泽梅罗就做到了这一点，他证明的棋类游戏的三择一定理是博弈论中较早的定理之一。

定理 2.1 棋类游戏有且只有以下一种情形成立。

情形一：白方有必胜策略；

情形二：黑方有必胜策略；

情形三：白黑双方有至少平局策略。

既然有了三择一定理，那么为何人们依然热衷于围棋、国际象棋和中国象棋这类游戏？虽然棋类游戏策略只有三类情形，但是鉴于棋面集合 X、棋局态势集合 H 的海量数据，人们无法判断到底是属于哪一种情形。即使世界上所有的超级计算机都用于计算也难以做出判断。

对于这个定理，本节将介绍两个迥然不同的证明。第一个证明的主要思想：数理逻辑，操作简单，但是无法得到策略的构造；第二个证明的主要思想：逆向归纳，操作复杂，但是可以得到策略的构造。

首先回顾数理逻辑的基本符号：X 是一个有限集合；$A(x)$ 是 X 上的抽象逻辑公式，“$\forall$”表示任取，“$\exists$”表示存在，“$\neg$”表示否定。以下为两个著名的逻辑学公式：

$$\neg(\forall x(A)) = \exists x(\neg A)$$
$$\neg(\exists x(A)) = \forall x(\neg A)$$

然后对三择一定理进行逻辑上的证明。

证明 假设某种棋类游戏在 $2L$ 步结束，白黑双方各走 L 步。根据有界性假定，可以假设至多走 $2L$ 步，如果没有达到 $2L$ 步，那么白黑双方走“空步”，直至双方各走 L 步为止。

对于 $1 \leqslant m \leqslant L$，用 a_m 表示白方的第 m 步移动，用 b_m 表示黑方的第 m 步移动，用 W 表示经过 $2m$ 步的移动后白方获胜，那么 $\neg W$ 表示黑方获胜或者平局。

命题“白方有必胜策略”可以形式化为

$$\exists a_1 \forall b_1 \exists a_2 \forall b_2 \exists a_3 \cdots \exists a_k \forall b_k (W)$$

那么，命题“白方有必胜策略”的否命题“白方没有一个必胜策略”可以形式化为

$$\forall a_1 \exists b_1 \forall a_2 \exists b_2 \forall a_3 \cdots \forall a_k \exists b_k (\neg W)$$

即“黑方至少有一个平局策略”。

前面已经证明了如果“白方没有必胜策略”，那么“黑方至少有一个平局策略”，同理可证如果“黑方没有一个必胜策略”，那么“白方至少有一个平局策略”。由此我们证明了结论。 ■

为了采用逆向归纳法证明三择一定理，需要先定义逆向归纳法的一些术语。

博弈树：棋局态势集合 H 可以形象化为一棵树，某一个棋局态势 $\alpha \in H$ 称为博弈树的顶点。

根顶点：$\alpha = (x_0) \in H$ 称为根顶点。

顶点的子顶点：$\forall \alpha \in H$，$C(\alpha) = \{\beta \in H | \beta$ 可以通过对 α 的一次合规移动得到$\}$。

顶点的后代顶点：$\forall \alpha \in H$，$D(\alpha) = \{\beta \in H | \beta$ 可以通过对 α 的多次合规移动得到$\}$。

叶：博弈完成的棋局态势。

从顶点 α 开始的子博弈树：$\forall \alpha \in H$，子博弈 $\Gamma(\alpha)$ 是以 α 为根顶点，结合其后代顶点构成的子树。

一般用 n_α 表示子博弈 $\Gamma(\alpha)$ 中的顶点数量。如果 $\beta \in C(\alpha)$，那么 $\Gamma(\beta)$ 是 $\Gamma(\alpha)$ 的子博弈，并且不包括顶点 α，因此

$$n_\beta < n_\alpha, \forall \beta \in C(\alpha)$$

当且仅当 α 是一个叶子时，$n_\alpha = 1$，此时参与人无法做出任何移动，因此此时的参与人策略记为 $\varnothing$。

所有的子博弈可以表示为

$$\mathcal{F} = \{\Gamma(\alpha) : \forall \alpha \in H\}$$

利用上面的术语和符号可以把三择一定理推广为更一般的情形。

定理 2.2　$\mathcal{F} = \{\Gamma(\alpha) : \forall \alpha \in H\}$ 中的任意一个子博弈满足且仅满足下面三种情形之一。

情形一：白方有必胜策略；

情形二：黑方有必胜策略；

情形三：白黑双方有至少平局策略。

下面用逆向归纳法证明定理 2.2。

证明　主要思路是运用归纳法统计子博弈 $\Gamma(\alpha)$ 的顶点数量 n_α。

第一步，假设 α 是满足 $n_\alpha = 1$ 的顶点，那么意味着 α 是终结的棋局态势，此时只有三种结果：白方赢，此时白方的策略为 $\varnothing$；黑方赢，此时黑方的策略为 $\varnothing$；白黑平局，此时双方的策略都为 $\varnothing$。

第二步，假设 α 是满足 $n_\alpha > 1$ 的顶点，根据归纳法，满足 $n_\beta < n_\alpha$ 的所有子博弈 $\Gamma(\beta)$ 都满足三择一定理。假设白棋在子博弈 $\Gamma(\alpha)$ 中先手，那么

$$\forall\beta \in C(\alpha), n_\beta < n_\alpha$$

因此子博弈 $\Gamma(\beta), \forall\beta \in C(\alpha)$ 满足三择一定理。

第三步，分三种情形来讨论。

情形一：如果存在 $\beta_0 \in C(\alpha)$ 使得白方在子博弈 $\Gamma(\beta_0)$ 中有必胜策略 s_{w}，那么白方在博弈 $\Gamma(\alpha)$ 中有必胜策略：

$$\alpha \to \beta_0 \to s_{\mathrm{w}}$$

情形二：如果存在 $\forall\beta \in C(\alpha)$ 使得黑方在子博弈 $\Gamma(\beta)$ 中有必胜策略 s_{b}，那么黑方在博弈 $\Gamma(\alpha)$ 中有必胜策略：

$$\alpha \to \beta \to s_{\mathrm{b}}$$

情形三：（1）情形一不成立，如果存在 $\forall\beta \in C(\alpha)$ 使得白方在子博弈 $\Gamma(\beta)$ 中没有必胜策略，那么根据归纳法黑方在子博弈 $\Gamma(\beta)$ 中有必胜策略或者白黑双方有至少平局策略；

（2）情形二不成立，存在 $\beta_0 \in C(\alpha)$ 使得黑方在子博弈 $\Gamma(\beta_0)$ 没有必胜策略且情形一不成立，那么白方在子博弈 $\Gamma(\beta_0)$ 中没有必胜策略，因此白黑双方在子博弈 $\Gamma(\beta_0)$ 中有至少平局策略：

$$\alpha \to \beta_0 \to (s_{\mathrm{w}}, s_{\mathrm{b}})$$

由此我们证明了结论。 ■

注释 2.1　三择一定理的成立必须满足严格的条件：一是博弈必须有界，有界性假定非常关键；二是博弈双方的策略决定了整个博弈，整个过程无随机因素；三是参与人完全知晓先前阶段的各种行动。

2.4 阅读材料：其他棋类

2.4.1 六子棋博弈

在五子棋的基础上，台湾交通大学的学者于 2005 年提出了六子棋，并泛化出一系列 k 子棋，形式化描述为 $\text{connect}(n, k, p, q)$，所以五子棋可以形式化为

$$\text{connect}(n = 15, k = 5, p = 1, q = 1)$$

其两个主流规则 Renju 和 Go-Moku 分别于 1995 年和 2001 年被弱解决，两种规则下皆为“先手（黑）方必胜”。六子棋比五子棋复杂得多，形式化为

$$\text{connect}(n = 19, k = 6, p = 2, q = 1)$$

六子棋无禁手，一般采用 19×19 的棋盘。k 子棋博弈是动态的、二人的、完备信息的、非合作的博弈。

六子棋有如下显著特点：平均分枝因子大，普通的博弈树搜索太浅，在一定程度上抑制了搜索的作用；开局、中局、残局的策略差异不显著；一次走两枚棋子的规则导致六子棋的状态空间、博弈树空间复杂度与围棋相近；存在广泛适用的、判定胜负的特定搜索策略——威胁空间搜索。

知识表示影响问题的求解难度。基于六子棋规则，专家提出了“棋盘、三进制线、二进制模式点”的分层表示方法，实现了领域知识的有效表示和复用，提供了引入知识解决六子棋计算机博弈问题的一个接口。三进制（黑子、白子、空点）的线可等价地分解为多个二进制（有子、无子）模式。二进制模式可以简单穷举，并对该模式进行细致分析，从而形成模式知识库。

专家也定义了较为完备的模式类型，进一步完善了模式定义，提出了基于演化关系的既定性又定量的知识表示体系，约简并抽取出了知识表示的主要维度，给出了迭代生成全部模式的具体方法，提供了实现知识库的完整方法。

棋形共计 1048512 个，可划分为 15 个等价类：胜、必胜、活五、死五、活四、眠四、死四、活三、眠三、死三、活二、眠二、死二、活一、其他。常见模式如其他、活一、死二、眠二、活二、死三、眠三、活三等的占比较小，约占 15%。同样类型的棋形价值相差无几。但是，实际博弈中的统计数据表明，包含的棋子数越多，冗余度越大，出现的概率也就越低。所以，虽然棋形的可能组合数目较大，但真正会出现的只是其中很少一部分。

除常见的基于 α-β 搜索及基于探索与利用均衡的抽样方法来弱化对专家估值需求的上限置信区间树搜索（UCT）策略外，k 子棋研究者提出了两种有效的

搜索方法：证据计数搜索（Proof Number Search，PNS）、威胁空间搜索（Threat Space Search，TSS），这两种方法是解决 Renju 和 Go-Moku 的主要技术。

PNS 是一种最佳优先搜索策略，尝试以尽可能低的状态空间复杂度给出赢或不赢这类二元问题的解答。TSS 是一种基于回答特定问题而根据规则进行剪枝的高效搜索算法，这种剪枝是无风险的。在六子棋中，由于一次可以走两枚棋子，迫着搜索情形更多，也更为复杂。采用 TSS 已成为所有六子棋程序的必备选项之一。在分层表示的情况下，增量更新是一种非常有效的状态演化方法，在实践中常被采纳。

机器学习方法在博弈问题中越来越重要，击败李世石的 AlphaGo 方法主要采用深度学习、强化学习和 UCT（Upper Confidence Bound for Tree）技术，这为六子棋的研究提供了良好的思路。

六子棋的机器学习相比于围棋有更多的优势：第一，基于分层描述的六子棋知识表示在策略（policy）表达上比围棋更容易；第二，TSS 有助于构建大规模、有监督的训练集；第三，六子棋的基础知识库较小，可以围绕该知识库学习、扩展和构建实用的高级知识库。

总之，鉴于难度和与围棋的可比性，加上近年来以深度学习、强化学习等为代表的新技术突破，构建水平更高的六子棋程序越来越容易，但仍难以实时获得六子棋博弈问题的解，因此需要探索更多的方法。

2.4.2 围棋博弈

围棋被视为人类在棋类里面最后的堡垒是有其内在原因的，围棋的空间复杂度极大，而且局面非常难以评价，19 路围棋的状态空间复杂度和博弈树复杂度都远高于其他棋类。

针对高复杂度完备信息的博弈问题，研究主要集中在围棋上（博弈树复杂度为 10^{360}）。由于围棋博弈的极大极小树的分支因子过大，α-β 搜索及其优化方法无法搜索足够的深度，导致其失去了效力。在很长一段时间内，静态方法成为研究的主流方向，静态方法软件化的主要成果为“手谈”和 GNUGO 两个程序，在 9×9 的围棋中达到了人类的 5 至 7 级水平。

2006 年提出的 UCT 算法彻底地改变了这一局面，该算法在蒙特卡洛树搜索算法中使用 UCB（Upper Confidence Bound）解决了探索与利用的平衡，并采用随机模拟对围棋局面进行评价，极大地提升了计算机的围棋水平，其在 9 路围棋中已经可以偶尔击败人类职业棋手，但在 19 路围棋中还远远无法与人类棋手抗衡。

此后的十年中，围棋的研究多基于 UCT 的搜索框架而展开，而难以有效提

炼围棋领域知识，进展并不令人满意，直至有学者利用深度学习对围棋领域知识进行学习，对专家棋谱进行监督学习和自博弈强化学习，使用策略网络和估值网络实现策略选择和局势评价，与蒙特卡洛树搜索算法的结合，极大地改善了搜索决策的质量；同时提出了一种异步分布式并行算法，使其可运行于 CPU/GPU 集群上。在此基础上开发的 AlphaGo 于 2016 年击败了韩国九段棋手李世石；其升级版本“Master”于 2017 年 60 连胜人类顶级高手；2017 年，AlphaGo 的新版本以 3:0 的比分完胜围棋世界排名第一的柯杰，引起了巨大的轰动。这些人机大战是人工智能史上具有划时代意义的事件，并极大推动了人工智能的发展。

UCB 是用于解决老虎机吃角子问题而提出的，属于统计学领域的方法，UCB 的计算公式为

$$\text{Gen}_i = X_i + \sqrt{\frac{2\log N}{T_i}}$$

式中，Gen_i 表示第 i 台机器的新收益，X_i 表示第 i 台机器目前为止的平均收益，T_i 表示第 i 台机器被使用的次数，N 表示全部机器被使用的次数。UCT 其实就是把 UCB 的公式用于围棋全局搜索，是一种最佳优先算法，它把每个叶子节点都当作一个老虎机吃角子问题，收益由执行随机对弈的模拟棋局得到，胜负结果将更新树中所有节点的收益值。UCT 不断展开博弈树并重复这个过程，直到达到限定的模拟对局次数或耗尽指定时间，收益最高的子根节点成为 UCT 的最终选择。

UCT 将蒙特卡洛树搜索算法和 UCB 的思想结合到树搜索的算法中，将每个节点在蒙特卡洛模拟结果中的收益作为博弈树节点展开的依据，对树进行展开。蒙特卡洛树搜索算法包含四个过程：选择、拓展、模拟和反馈。该算法首先从树的根节点开始根据一定的策略选择一个到达叶节点的路径（选择过程），并对到达的叶节点进行展开（拓展过程），然后对这个叶节点进行蒙特卡洛模拟对局并记录结果（模拟过程），最后将模拟对局的结果按照路径向上更新节点的值（反馈过程）。蒙特卡洛树搜索算法反复进行这四个过程，直到达到终止条件，如到了规定的最大时间限制或者树的叶节点数和深度达到了预先设定的值。

简而言之，UCT 使用 UCB 作为博弈树展开的依据，利用蒙特卡洛过程评价叶子节点，评价值回溯并更新展开的子树，作为节点的收益，即公式中的 X_i。近年来，以 UCT 为基础的围棋机器博弈仍然处于高速发展中，专家们陆续提出模拟对局的 RAVE 增强算法、将机器学习加入全局搜索中、UCT 并行化、利用 4×4 的 Pattern 库提高模拟棋局的质量、使用 OOV 算法进行特征学习。谷歌的 AlphaGo 围棋程序在 UCT 中加入了使用深度学习、结合强化学习方法创建的策略网络和估值网络，并使用庞大的 CPU 集群和 GPU 集群进行计算支持，它以 4:1 完胜人类九段棋手李世石，在世界范围内引起了巨大的轰动。

Note

AlphaGo 利用深度学习的方法训练了两个网络，即策略网络（Policy Network）和估值网络（Value Network），两个网络的训练过程都包括监督学习（学习专家棋谱）和增强学习（自博弈）。

策略网络输入一个局面，输出一个招法 a（实际上给出的是所有走子点的概率排列，需要保证随机性，并不是一直选最大概率的招法）。估值网络输入一个局面，输出一个评价 v，AlphaGo 使用了两个策略网络和一个估值网络。

AlphaGo 的搜索框架对标准的 UCB 进行了细微改进，加入了一项先验概率，由复杂的策略网络输出，每个展开的节点只需要执行一次。简单的策略网络则用于蒙特卡洛模拟过程，而且并不是完全由策略网络进行模拟对局的，而是作为有效知识的补充。子叶节点进行蒙特卡洛模拟的同时，也用估值网络进行评价，对模拟过程的结果与估值网络给出的评价值进行加权求和作为此节点最后的估值。搜索树更新的过程与传统 UCT 也是类似的。

2.4.3 点格棋博弈

点格棋又称为点点连格棋、围地棋等，是国外的一种添子类游戏。

点格棋虽然规则简单，但是状态空间巨大，学者使用 α-β 搜索首次完全解决了 4×5 棋盘尺寸的点格棋问题，并得出结论：在 4×5 的棋盘尺寸下，棋局一定可以以平局结束，这也是目前被完全解决的最大尺寸点格棋。

棋盘表示是博弈的基础，好的棋盘表示可以获得更高的执行效率。目前，点格棋常用的棋盘表示有矩阵表示、十字链表表示等。相对而言，十字链表表示可以较好地匹配点格棋棋盘，同时还可以获得较高的效率。除此之外，棋盘表示中还会增加一些特殊字段来优化，如 hash 值等。

一般表示点格棋棋盘的方法是将棋盘表示为一个 6×6 的二维点阵数组，一个 2×2 的“子点阵”叫作一个格，两个点 (i,j) 和 (k,l) 是邻近的当且仅当 $|i-k|+|j-l|=1$。邻近的两点连成一条边，每个格由这样的四条边围住时，格被俘获。专家按此方法实现了棋盘表示和棋局局面的判断，这种表示方法重点保存的是点，考虑点间的连接。最近，专家提出了一种新的棋盘表示方法，该方法重点保存的是格，考虑格间的连接。

为方便点格棋的局面分析，专家对点格棋的棋盘进行等效变换，原棋盘中的竖边对应于变换后的横边，原棋盘中的横边对应于变换后的竖边，原棋盘中的每格各自转化为一个点。因此，点格棋转化为每步选择删除一边，当某点所连的四条边全部被删除后，此点由删除最后一边的一方获得，得到点数多的一方获胜。

棋局由 30 条横边与 30 条竖边构成，每条边有存在和删除两种状态，因此可

以用 2 个 32 位整型数 H 和 V 表示，0 表示该边未被删除，1 表示该边已被删除。此外，可以通过 (H,V,S_0,S_1) 唯一地表示一个棋局局面，其中 H 和 V 为边的状态，S_0 为当前走棋一方的得分，S_1 为另一方的得分。

目前，大多数 AI 程序使用的是静态估值，即按照已知的策略和技巧评价棋局局面。这些方法在很大程度上依赖开发者对游戏规则的经验知识，通常要求开发者具有较高的水平，而评价质量难以保证，并且这些规则的确定需要一个漫长的总结和积累过程。

专家们利用人工神经网络（Artificial Neural Network，ANN）进行估值，设计 ANN 模型的关键在于选择合适的局面特征使其可以反映局势情况的内在规律。选择点格棋局面特征的方案主要有两种，一种是使用原始的局面，将其以二进制压缩表示的形式作为人工神经网络的输入；另一种是统计局面中链、环等信息，将原始局面信息抽象为易于分析的形式。前者的优势在于没有信息丢失，每个输入唯一对应于一种局面，但问题是输入信息过大，网络规模大，运算速度慢，内在规律不明显，训练难度大；后者存在信息丢失，但是模型节点数较少，计算速度快，规律明显，训练难度低。

搜索是选择的过程，也是程序中最耗时、最复杂的部分。点格棋的分支因子较大，因此不可能对所有局面进行搜索，选择一种高效的搜索算法尤为重要。在过去的几十年中，极大极小搜索不断改进，α-β 搜索、迭代加深、置换表、启发式算法等的综合利用可以使搜索效率提高几个数量级。为了避免基于极大极小搜索的游戏状态树搜索过程中依赖游戏状态的评估经验，蒙特卡洛树搜索算法应运而生，它通过大量随机对局模拟来解决博弈问题，具有很好的通用性和可控性。在 DeepMind 团队将卷积神经网络（Convolutional Neural Network，CNN）技术引入计算机博弈后，集成深度学习方法在计算机博弈领域中得到了广泛关注。

方法一是采用 UCT 与 ANN 相结合的方式。ANN 具有近似估计局面优劣的特性，将 ANN 用于叶子节点的评估，可以不必将游戏进行到结束即可近似计算出双方可能的获胜概率，以减少单次模拟用时。由于 ANN 是近似估计，错误不可避免，这就需要通过大量模拟以消除少量错误估计带来的影响，UCT 正是通过大量模拟和在线学习的方式来判断走法好坏的算法。UCT 与 ANN 的结合使用一定程度上减少了模拟时间，在准确性上也不会有太大损失。

方法二是 CNN 集成的 α-β 搜索。毫无疑问，一次完全 α-β 搜索可以提供最精确的游戏局面评价，但是在游戏早期阶段，一次完全搜索将耗费太多时间。通常而言，在非完全的 α-β 搜索中，需要人工定义基于知识工程的复杂局面评价函数，开发难度大，时间开销大。一个经过充分训练的 CNN 模型可以立即给出对一个游戏局面的评价，但是 CNN 的评价精度尚不能与一次完全 α-β 搜索的结果

相比。将 CNN 与其他算法集成通常能以少量时间消耗为代价提高算法的整体评价精度。一个集成深度学习的方案是当被搜索局面的回合数处在卷积神经网络的置信回合区间中时，卷积神经网络模型将直接充当 α-β 搜索的局面评价函数，为博弈搜索树的叶节点提供局面评价。

另外，强人工智能 AlphaGo 与 DeepStack 都使用了集成深度神经网络的 MCTS 方法。事实上，在点格棋中 CNN 也可以与 MCTS 搜索算法进行集成。

总之，在点格棋实际开发与应用中，利用十字链表法表示棋盘，使用监督学习方法离线训练得到的人工神经网络模型作为点格棋局面的评价函数，结合 UCT 算法，可以使点格棋博弈系统达到较高的智力水平，弥补了仅使用单一算法的不足。

2.5 人物故事：策梅洛

2.5.1 人物简历

恩斯特·弗里德里希·费狄南·策梅洛（Ernst Friedrich Ferdinand Zermelo）于 1871 年出生在柏林，1889 年大学毕业后在柏林大学和弗莱堡大学研究数学、物理和哲学，1894 年在柏林大学完成博士学位，博士毕业后策梅洛留在柏林大学，被聘为普朗克的助手，在其指导下研究流体力学。1897 年，策梅洛去了哥廷根，于 1899 年在那里完成了教员资格论文，1905 年成为教授，1926 年成为弗赖堡大学荣誉教授，1935 年因驳斥阿道夫·希特勒的统治与该校失去联系，直到第二次世界大战后的 1946 年才被该校复职，策梅洛于 1953 年 5 月 21 日在弗赖堡逝世。

2.5.2 学术贡献一：集合论

策梅洛的主要贡献是集合论，他在 1904 年发表的论文不仅解决了康托尔的良序问题，而且给出了选择公理，也称为策梅洛公理，它有上百种等价形式，已应用于几乎每一个数学分支，成为一个独立的研究领域。策梅洛在 1908 年建立了第一个集合论公理系统，给出了外延、空集合、并集合、幂集合、分离、无穷与选择等公理，弗伦克尔和斯科朗又予以改进，增加了替换公理，冯·诺依曼进一步提出了正则公理，后经策梅洛的总结构成了著名的 ZF 公理系统，形成了集合论公理的主要基础。

策梅洛集合论可以简称为 Z 系统，来自策梅洛在 1908 年的重要论文，它是现代集合论的祖先，后面的 ZF 公理系统及 ZFC 系统都以 Z 系统为根基，为了让大家了解 Z 系统的原貌，我们摘录 Z 系统的公理如下。

外延性公理：如果一个集合 M 的所有元素也是 N 的元素，反之亦然，那么 $M=N$。简言之，所有集合确定自它的元素。

基本集合公理：存在假想的集合——空集合，它根本不包含元素。如果 a 是域的任何元素，存在一个集合 $\{a\}$ 包含元素 a 并只包含元素 a。如果 a 和 b 是域的任何两个元素，那么总是存在一个集合 $\{a,b\}$ 包含元素 a 和 b，而不包含不同于它们二者的对象 x。

分离公理：只要命题函数 $A(x)$ 对于一个集合 M 的所有元素是明确的，M 就拥有一个子集精确地包含 M 中的、使 $A(x)$ 为真的那些元素。

幂集公理：对于所有集合 T 都对应着一个集合 $\mathcal{P}(T)$，称为 T 的幂集，精确地包含 T 的所有子集作为元素。

并集公理：对于所有集合 T 都对应着一个集合 $\bigcup T$，称为 T 的并集，精确地包含 T 的所有元素。

选择公理：如果 T 的元素都是不同于彼此并且相互无交的集合们的集合，它的并集 $\bigcup T$ 包含至少一个子集 S_1，有且只有一个元素公共于 T 的每个元素。

无穷公理：在域中存在至少一个集合 Z 包含空集作为一个元素，并且对于它的每个元素 a 也包含对应的集合 $\{a\}$ 作为元素。

2.5.3 学术贡献二：博弈论

策梅洛在博弈论领域的贡献是棋类游戏的三择一定理。规则明确的棋类游戏有且只有以下一种情况成立：情形一，白方有必胜策略；情形二，黑方有必胜策略；情形三，白黑双方有至少平局策略。这是博弈论领域的第一个重要定理，从理论上证明棋类游戏从设计之初也就意味着终结，但是对于一些规模稍大的棋类游戏，人们始终无法找到必胜策略或者至少平局策略，这是由棋类游戏策略集合复杂性决定的，既然无法精确找到必胜策略或者至少平局策略，那么通过各种智能随机算法可以有效改善策略的有效性，在这个意义上这个定理也预示了 21 世纪初人工智能系统 AlphaGo 的出现。

第3章

基本的数学工具

了解二人博弈的解、多人博弈的纳什均衡、合作博弈的解等知识前，需要一些基本的数学工具，包括双变量函数的鞍点定理、有限集合上的概率分布、优化模型与线性对偶定理及盈利函数形成的线性空间。

3.1　双变量函数的鞍点定理

双变量函数的鞍点定理对于二人零和博弈具有不可替代的重要作用，在某种意义上，二人零和博弈是鞍点定理的一个应用。

假设 Ω 是一个抽象的集合，函数 $f:\Omega\to\mathbb{R}^1$ 是一个抽象的函数，下面定义几个常用的符号。

最大值：$f:\Omega\to\mathbb{R}^1, f^*_{\max}=\max\limits_{x\in\Omega} f(x)$。

最大值点集合：$\mathop{\mathrm{Argmax}}\limits_{x\in\Omega} f(x)=\{x^*|x^*\in\Omega, f(x^*)=\max\limits_{x\in\Omega} f(x)\}=f^{-1}(f^*_{\max})$。

最小值：$f:\Omega\to\mathbb{R}^1, f^*_{\min}=\min\limits_{x\in\Omega} f(x)$。

最小值点集合：$\mathop{\mathrm{Argmin}}\limits_{x\in\Omega} f(x)=\{x^*|x^*\in\Omega, f(x^*)=\min\limits_{x\in\Omega} f(x)\}=f^{-1}(f^*_{\min})$。

比较大小：$f(\Omega)\leqslant f(x^*)\Leftrightarrow f(x)\leqslant f(x^*),\forall x\in\Omega$。

比较大小：$f(\Omega)\geqslant f(x^*)\Leftrightarrow f(x)\geqslant f(x^*),\forall x\in\Omega$。

比较大小：$f(A)\leqslant f(B)\Leftrightarrow f(x)\leqslant f(y),\forall x\in A, y\in B$。

比较大小：$f(A)\leqslant g(A)\Leftrightarrow f(x)\leqslant g(x),\forall x\in A$。

我们考虑两个抽象变量 x,y 的函数，可以定义多类型的值和策略。

定义 3.1　X,Y 是两个集合，函数 $f:X\times Y\to\mathbb{R}^1$，称

$$f^*_{\max}=\max_{x\in X,y\in Y} f(x,y)$$

为整体最大值；称

$$(x^*,y^*)\in\mathop{\mathrm{Argmax}}_{x\in X,y\in Y} f(x,y)$$

Note

为整体最大策略。

定义 3.2 X, Y 是两个集合，函数 $f: X \times Y \to \mathbb{R}^1$，称

$$f^*_{\min} = \min_{x\in X, y\in Y} f(x,y)$$

为整体最小值；称

$$(x^*, y^*) \in \operatorname*{Argmin}_{x\in X, y\in Y} f(x,y)$$

为整体最小策略。

定义 3.3 X, Y 是两个集合，函数 $f: X \times Y \to \mathbb{R}^1$，称

$$\underline{f}(x) = \min_{y\in Y} f(x,y)$$

为保底盈利函数；称

$$\underline{f}^* = \max_{x\in X} \underline{f}(x) = \max_{x\in X}\min_{y\in Y} f(x,y)$$

为最大最小值；称

$$x^* \in \operatorname*{Argmax}_{x\in X} \underline{f}(x)$$

为最大最小策略。

定义 3.4 X, Y 是两个集合，函数 $f: X \times Y \to \mathbb{R}^1$，称

$$\overline{f}(y) = \max_{x\in X} f(x,y)$$

为保底亏本函数；称

$$\overline{f}^* = \min_{y\in Y} \overline{f}(y) = \min_{y\in Y}\max_{x\in X} f(x,y)$$

为最小最大值；称

$$y^* \in \operatorname*{Argmin}_{y\in Y} \overline{f}(y)$$

为最小最大策略。

下面介绍双变量函数的性质。求双变量函数的整体最大值等于分别求每个变量的最大值，这里对顺序没有要求。也就是如下的简单性质。

性质 3.1 X, Y 是两个集合，函数 $f: X \times Y \to \mathbb{R}^1$，那么整体最大值为

$$f^*_{\max} = \max_{x\in X, y\in Y} f(x,y) = \max_{x\in X}\max_{y\in Y} f(x,y) = \max_{y\in Y}\max_{x\in X} f(x,y) = \max_{y\in Y} \overline{f}(y)$$

整体最大策略表示为

$$(x^*, y^*), \forall y^* \in \operatorname*{Argmax}_{y\in Y} \overline{f}(y), x^* \in \operatorname*{Argmax}_{x\in X} f(x, y^*)$$

求双变量函数的整体最小值等于分别求每个变量的最小值，这里对顺序没有要求。也就是如下的简单性质。

性质 3.2 X,Y 是两个集合，函数 $f: X\times Y\to\mathbb{R}^1$，那么整体最小值为

$$f^*_{\min}=\min_{x\in X,y\in Y}f(x,y)=\min_{y\in Y}\min_{x\in X}f(x,y)=\min_{x\in X}\min_{y\in Y}f(x,y)=\min_{x\in X}\underline{f}(x)$$

整体最小策略表示为

$$(x^*,y^*),\forall x^*\in\operatorname*{Argmin}_{x\in X}\underline{f}(x),y^*\in\operatorname*{Argmin}_{y\in Y}f(x^*,y)$$

上面保底盈利函数和最大最小策略是从 x 变量的角度定义的，也可以从 y 变量的角度定义 $\underline{f}(y)$，本质上是一样的，这里不再赘述。同理，上面的保底亏本函数和最小最大策略是从 y 变量的角度定义的，也可以从 x 变量的角度来定义 $\overline{f}(x)$，本质上是一样的，这里不再赘述。

例 3.1 假设

$$X=[0,1],Y=[0,1]$$

的函数为

$$f(x,y)=4xy-2x-y+3$$

计算可得

$$\underline{f}(x)=\min_{y\in Y}f(x,y),\overline{f}(y)=\max_{x\in X}f(x,y)$$

$$f^*_{\max}=\max_{y\in Y}\overline{f}(y),f^*_{\min}=\min_{x\in X}\underline{f}(x)$$

$$\underline{f}^*=\max_{x\in X}\underline{f}(x),\overline{f}^*=\min_{y\in Y}\overline{f}(y)$$

$$\operatorname*{Argmin}_{x\in X}\underline{f}(x),\operatorname*{Argmax}_{y\in Y}\overline{f}(y)$$

$$\operatorname*{Argmin}_{x\in X,y\in Y}f(x,y),\operatorname*{Argmax}_{x\in X,y\in Y}f(x,y)$$

$$\operatorname*{Argmax}_{x\in X}\underline{f}(x),\operatorname*{Argmin}_{y\in Y}\overline{f}(y)$$

解答 根据定义，可知

$$\begin{aligned}\underline{f}(x)&=\min_{y\in Y}f(x,y)\\&=\min_{y\in[0,1]}(4xy-2x-y+3)\\&=\min_{y\in[0,1]}(4x-1)y+(3-2x)\end{aligned}$$

Note

$$=\begin{cases}3-2x, x\in(1/4,1]\\5/2, x=1/4\\2+2x, x\in[0,1/4)\end{cases}$$

$$\overline{f}(y)=\max_{x\in X}f(x,y)$$

$$=\max_{x\in[0,1]}(4xy-2x-y+3)$$

$$=\max_{x\in[0,1]}(4y-2)x+(3-y)$$

$$=\begin{cases}1+3y, y\in(1/2,1]\\5/2, y=1/2\\3-y, y\in[0,1/2)\end{cases}$$

$$f^*_{\min}=\min_{x\in X}\underline{f}(x)=\min_{x\in[0,1]}\underline{f}(x)=1$$

$$\operatorname*{Argmin}_{x\in[0,1]}\underline{f}(x)=\{1\}$$

$$f^*_{\max}=\max_{y\in Y}\overline{f}(y)=\max_{y\in[0,1]}\overline{f}(y)=4$$

$$\operatorname*{Argmax}_{y\in[0,1]}\overline{f}(y)=\{1\}$$

$$\underline{f}^*=\max_{x\in X}\underline{f}(x)=\max_{x\in[0,1]}\underline{f}(x)=5/2$$

$$\operatorname*{Argmax}_{x\in[0,1]}\underline{f}(x)=\{1/4\}$$

$$\overline{f}^*=\min_{y\in Y}\overline{f}(y)=\min_{y\in[0,1]}\overline{f}(y)=5/2$$

$$\operatorname*{Argmin}_{y\in[0,1]}\overline{f}(y)=\{1/2\}$$

$$f(1,y)=3y+1,\operatorname*{Argmin}_{y\in[0,1]}f(1,y)=\{0\}$$

$$\operatorname*{Argmin}_{X,Y}f(x,y)=\{(1,0)\}$$

$$f(x,1)=2x+2,\operatorname*{Argmax}_{x\in[0,1]}f(x,1)=\{1\}$$

$$\operatorname*{Argmax}_{X,Y}f(x,y)=\{(1,1)\}$$

通过计算可得，本题中双变量函数的各项值和策略如下：整体最大值是 4，整体最大策略是 $(1,1)$；整体最小值是 1，整体最小策略是 $(1,0)$；最大最小值是 $5/2$，最大最小策略是 $x=1/4$；最小最大值是 $5/2$，最小最大策略是 $y=1/2$。

双变量函数的最大最小策略、最小最大策略和函数的鞍点有密切联系。鞍点类似于“马鞍”上的一个特殊点，沿着“马身”的方向（y 方向）是最小值点，垂直于“马身”的方向（x 方向）是最大值点。

定义 3.5　X, Y 是两个集合，函数 $f: X \times Y \to \mathbb{R}^1$，称

$$(x^*, y^*) \in X \times Y$$

为鞍点，满足

$$f(X, y^*) \leqslant f(x^*, y^*) \leqslant f(x^*, Y)$$

的所有鞍点形成的集合记为 Saddle(f)。

为了探索双变量函数的最大最小策略、最小最大策略和鞍点之间的关系，有必要给出一个著名的引理。

引理 3.1　X, Y 是两个集合，函数 $f: X \times Y \to \mathbb{R}^1$，那么一定有

$$\max_{x \in X} \min_{y \in Y} f(x, y) \leqslant \min_{y \in Y} \max_{x \in X} f(x, y)$$

进一步可得

$$\underline{f}(x) \leqslant \underline{f}^* \leqslant \overline{f}^* \leqslant \overline{f}(y)$$

证明　首先一定有

$$f(x, y) \leqslant \max_{x \in X} f(x, y)$$

两边同时对 y 取最小，可得

$$\min_{y \in Y} f(x, y) \leqslant \min_{y \in Y} \max_{x \in X} f(x, y)$$

两边同时对 x 取最大，可得

$$\max_{x \in X} \min_{y \in Y} f(x, y) \leqslant \max_{x \in X} \min_{y \in Y} \max_{x \in X} f(x, y)$$

右边项 $\min_{y \in Y} \max_{x \in X} f(x, y)$ 已经是一个确定的数值，所以

$$\max_{x \in X} \min_{y \in Y} \max_{x \in X} f(x, y) = \min_{y \in Y} \max_{x \in X} f(x, y)$$

综上可得

$$\max_{x \in X} \min_{y \in Y} f(x, y) \leqslant \min_{y \in Y} \max_{x \in X} f(x, y)$$

根据定义可得

$$\max_{x \in X} \underline{f}(x) \leqslant \min_{y \in Y} \overline{f}(y)$$

进一步可得

$$\underline{f}(x) \leqslant \max_{x\in X} \underline{f}(x) \leqslant \min_{y\in Y} \overline{f}(y) \leqslant \overline{f}(y)$$

也就是

$$\underline{f}(x) \leqslant \underline{f}^* \leqslant \overline{f}^* \leqslant \overline{f}(y)$$

■

简言之，根据引理 3.1，最大最小值小于或等于最小最大值，这是数学中的普适准则。下面介绍最大最小策略、最小最大策略和鞍点之间的关系。

定理 3.1　X, Y 是两个集合，函数 $f: X \times Y \to \mathbb{R}^1$，如果

$$\underline{f}^* = \overline{f}^*$$

那么

$$\forall x^* \in \operatorname*{Argmax}_{x\in X} \underline{f}(x), \forall y^* \in \operatorname*{Argmin}_{y\in Y} \overline{f}(y)$$

一定有

$$(x^*, y^*) \in \text{Saddle}(f), \underline{f}^* = \overline{f}^* = f(x^*, y^*)$$

证明　假设

$$\underline{f}^* = \overline{f}^*$$

取

$$x^* \in \operatorname*{Argmax}_{x\in X} \underline{f}(x), y^* \in \operatorname*{Argmin}_{y\in Y} \overline{f}(y)$$

那么有

$$f(x, y^*) \leqslant \max_x f(x, y^*) = \overline{f}(y^*) = \overline{f}^* = \underline{f}^* = \underline{f}(x^*) = \min_{y\in Y} f(x^*, y) \leqslant f(x^*, y^*)$$

$$\leqslant \max_x f(x, y^*) = \overline{f}(y^*) = \overline{f}^* = \underline{f}^* = \underline{f}(x^*) = \min_{y\in Y} f(x^*, y) \leqslant f(x^*, y)$$

观察公式第一行之首、第一行之尾和第二行之尾，可得

$$f(x, y^*) \leqslant f(x^*, y^*) \leqslant f(x^*, y)$$

这就证明了

$$(x^*, y^*) \in \text{Saddle}(f)$$

观察到

$$\overline{f}^* = \underline{f}^* = \underline{f}(x^*) = \min_{y\in Y} f(x^*, y) \leqslant f(x^*, y^*) \leqslant \max_x f(x, y^*) = \overline{f}(y^*) = \overline{f}^* = \underline{f}^*$$

可得

$$\underline{f}^* = \overline{f}^* = f(x^*, y^*)$$

■

定理 3.2　X, Y 是两个集合，函数 $f : X \times Y \to \mathbb{R}^1$，如果

$$(x^*, y^*) \in \mathrm{Saddle}(f)$$

那么一定有

$$\underline{f}^* = \overline{f}^* = f(x^*, y^*)$$
$$x^* \in \underset{x \in X}{\mathrm{Argmax}}\, \underline{f}(x)$$
$$y^* \in \underset{y \in Y}{\mathrm{Argmin}}\, \overline{f}(y)$$

证明　令

$$(x^*, y^*) \in \mathrm{Saddle}(f)$$

根据定义，可得

$$f(x, y^*) \leqslant f(x^*, y^*) \leqslant f(x^*, y)$$

由此可得

$$\overline{f}^* \leqslant \overline{f}(y^*) = \max_x f(x, y^*) \leqslant f(x^*, y^*) \leqslant \min_y f(x^*, y) = \underline{f}(x^*) \leqslant \underline{f}^* \leqslant \overline{f}^*$$

所以一切都变成等号，可得

$$\overline{f}^* = \overline{f}(y^*) = \max_x f(x, y^*) = f(x^*, y^*) = \min_y f(x^*, y) = \underline{f}(x^*) = \underline{f}^* = \overline{f}^*$$

也就是

$$\underline{f}^* = \overline{f}^* = f(x^*, y^*)$$
$$x^* \in \underset{x \in X}{\mathrm{Argmax}}\, \underline{f}(x)$$
$$y^* \in \underset{y \in Y}{\mathrm{Argmin}}\, \overline{f}(y)$$

■

从定理 3.2 可以得出一个推论：如果双变量函数有鞍点，那么鞍点对应的函数值是唯一的，就是这个函数的最大最小值和最小最大值。

借助以下两个引理可以优化计算最大最小值和最小最大值的方法。

引理 3.2 假设 Ω 是个集合，函数 $f:\Omega\to\mathbb{R}^1$，那么优化问题：

$$\max_{x\in\Omega} f(x)$$

等价于

$$\begin{aligned}&\max t\\&\text{s.t. } f(x)\geqslant t\\&\quad x\in\Omega\end{aligned}$$

引理 3.3 假设 Ω 是个集合，函数 $f:\Omega\to\mathbb{R}^1$，那么优化问题：

$$\min_{x\in\Omega} f(x)$$

等价于

$$\begin{aligned}&\min s\\&\text{s.t. } f(x)\leqslant s\\&\quad x\in\Omega\end{aligned}$$

上面两个引理可以把最大最小值、最大最小策略、最小最大值、最小最大策略的双层求解转化为单层多约束求解。

定理 3.3 X,Y 是两个集合，函数 $f:X\times Y\to\mathbb{R}^1$，最大最小值

$$\max_{x\in X}\min_{y\in Y} f(x,y)$$

等价于

$$\begin{aligned}&\max\ t\\&\text{s.t.}\quad f(x,y)\geqslant t,\forall y\in Y\\&\qquad x\in X\end{aligned}$$

定理 3.4 X,Y 是两个集合，函数 $f:X\times Y\to\mathbb{R}^1$，最小最大值

$$\min_{y\in Y}\max_{x\in X} f(x,y)$$

等价于

$$\begin{aligned}&\min\ s\\&\text{s.t.}\quad f(x,y)\leqslant s,\forall x\in X\\&\qquad y\in Y\end{aligned}$$

3.2 有限集合上的概率分布

假设 $\mathbb{R}^m$ 是 m 维实数空间，$\boldsymbol{e}_i$ 表示 m 维列向量，其中，第 i 个分量为 1，其余分量都为 0；$\mathbb{R}^n$ 是 n 维实数空间，$\boldsymbol{\eta}_j$ 表示 n 维列向量，其中，第 j 个分量为 1，其余分量都为 0。

定义 3.6　A 是一个有限集合：

$$A = \{a_1, a_2, \cdots, a_m\}$$

其上的概率分布表示为

$$\Delta(A) = \Delta_m = \{x | x \in \mathbb{R}^m; x_i \geqslant 0, \forall i; \sum_i x_i = 1\}$$

还可以表示为映射：

$$\Delta(A) = \Delta_m = \{\alpha | \alpha : A \to [0,1]; \sum_{a \in A} \alpha(a) = 1\}$$

定义 3.7　A 是一个有限集合：

$$A = \{a_1, a_2, \cdots, a_m\}$$

其上的概率分布表示为

$$\Delta_+(A) = \Delta_{+,m} = \{x | x \in \mathbb{R}^m; x_i > 0, \forall i; \sum_i x_i = 1\}$$

还可以表示为映射：

$$\Delta_+(A) = \Delta_{+,m} = \{\alpha | \alpha : A \to (0,1]; \sum_{a \in A} \alpha(a) = 1\}$$

定义 3.8　A 是一个有限集合：

$$A = \{a_1, a_2, \cdots, a_m\}$$

任意取 $\alpha \in \Delta(A)$，则

$$\text{Supp}(\alpha) = \{a | \ a \in A, \alpha(a) > 0\}$$

称为分布 α 的支撑集，而

$$\text{Zero}(\alpha) = \{a | \ a \in A, \alpha(a) = 0\}$$

称为分布 α 的零测集。

Note

定义 3.9 A 是一个有限集合：

$$A = \{a_1, \cdots, a_m\}$$

任意取 $x \in \Delta(A)$，则

$$\text{Supp}(x) = \{i | x_i > 0\}$$

称为分布 x 的支撑集，而

$$\text{Zero}(x) = \{i | x_i = 0\}$$

称为分布 x 的零测集。

现在给定一个数据集 $A = \{a_i\}_{i \in I} \subseteq \mathbb{R}^1, \#I = m$，函数 $f: A \to \mathbb{R}^1$，或者把数据集 $f(A)$ 写为列向量 $f(a) = (f(a_i))_{i \in I} \in \mathbb{R}^m$，我们给定如下符号。

用 $\min f(A) = \min\limits_{i \in I} f(a_i) = \min\limits_{i \in I} \boldsymbol{e}_i^{\mathrm{T}} f(a)$ 表示集合 $f(A)$ 的最小值；

用 $\max f(A) = \max\limits_{i \in I} f(a_i) = \max\limits_{i \in I} \boldsymbol{e}_i^{\mathrm{T}} f(a)$ 表示集合 $f(A)$ 的最大值；

用 $\text{Argmin}\ f(A) = \text{Argmin}\limits_{i} f(a_i) = \{i|\ i \in I, f(a_i) = \min f(A)\}$ 表示取最小值的指标；

用 $\text{Argmax}\ f(A) = \text{Argmax}\limits_{i} f(a_i) = \{i|\ i \in I, f(a_i) = \max f(A)\}$ 表示取最大值的指标。

用 $I \backslash (\text{Argmin}\ f(A) \bigcup \text{Argmin}\ f(A)) = I \backslash \left(\text{Argmin}\limits_{i} f(a_i) \bigcup \text{Argmax}\limits_{i} f(a_i) \right) = \{i|\ i \in I, \min f(A) < f(a_i) < \max f(A)\}$ 表示取值在最大值和最小值之间的指标。

下面的定理和推论不再给出证明，请读者自行完成。

定理 3.5 一个数据集 $A = \{a_i\}_{i \in I} \subseteq \mathbb{R}^1, \#I = m$，函数 $f: A \to \mathbb{R}^1$，那么任取 $x = (x_i)_{i \in I} \in \Delta(A)$，则

$$\min_{i \in I} f(a_i) \leqslant \sum_{i \in I} x_i f(a_i) \leqslant \max_{i \in I} f(a_i)$$

一定成立。

推论 3.1 一个数据集 $A = \{a_i\}_{i \in I} \subseteq \mathbb{R}^1, \#I = m$，函数 $f: A \to \mathbb{R}^1$，那么任取 $\alpha \in \Delta(A)$，则

$$\min_{a \in A} f(a) \leqslant E_\alpha\{f(a)\} =: \sum_{a \in A} \alpha(a) f(a) \leqslant \max_{a \in A} f(a)$$

一定成立。

定理 3.6　一个数据集 $A=\{a_i\}_{i\in I}\subseteq\mathbb{R},\#I=m$，函数 $f:A\to\mathbb{R}^1$，那么

$$\min_{x\in\Delta(A)}\left(\sum_{i\in I}x_if(a_i)\right)=\min_{i\in I}\ f(a_i),\quad \max_{x\in\Delta(A)}\left(\sum_{i\in I}x_if(a_i)\right)=\max_{i\in I}f(a_i)$$

一定成立。

推论 3.2　一个数据集 $A=\{a_i\}_{i\in I}\subseteq\mathbb{R},\#I=m$，函数 $f:A\to\mathbb{R}^1$，那么

$$\min_{\alpha\in\Delta(A)}\left(\sum_{a\in A}\alpha(a)f(a)\right)=\min_{a\in A}\ f(a),\quad \max_{\alpha\in\Delta(A)}\left(\sum_{a\in A}\alpha(a)f(a)\right)=\max_{a\in A}f(a)$$

一定成立。

定理 3.7　一个数据集 $A=\{a_i\}_{i\in I}\subseteq\mathbb{R}^1,\#I=m$，函数 $f:A\to\mathbb{R}^1$，取定

$$x=(x_i)_{i\in I}\in\Delta(A)$$

如果有

$$\min_{i\in I}f(a_i)=\sum_{i\in I}x_if(a_i)$$

那么

$$x_i=0,\forall i\in I\setminus\operatorname*{Argmin}_{i\in I}f(a_i)$$

一定成立。

推论 3.3　一个数据集 $A=\{a_i\}_{i\in I}\subseteq\mathbb{R}^1,\#I=m$，函数 $f:A\to\mathbb{R}^1$，取定

$$\alpha\in\Delta(A)$$

如果有

$$\min_{a\in A}f(a)=\sum_{a\in A}\alpha(a)f(a)$$

那么

$$\alpha(a)=0,\forall a\in A\setminus\operatorname*{Argmin}_{a\in A}f(a)$$

一定成立。

定理 3.8　一个数据集 $A=\{a_i\}_{i\in I}\subseteq\mathbb{R},\#I=m$，函数 $f:A\to\mathbb{R}^1$，取定

$$x=(x_i)_{i\in I}\in\Delta(A)$$

如果有

$$\max_{i\in I}f(a_i)=\sum_{i\in I}x_if(a_i)$$

Note

那么

$$x_i = 0, \forall i \in I \setminus \operatorname*{Argmax}_{i \in I} f(a_i)$$

一定成立。

推论 3.4 一个数据集 $A = \{a_i\}_{i \in I} \subseteq \mathbb{R}^1, \#I = m$，函数 $f : A \to \mathbb{R}^1$，取定

$$\alpha \in \Delta(A)$$

如果有

$$\max_{a \in A} f(a) = \sum_{a \in A} \alpha(a) f(a)$$

那么

$$\alpha(a) = 0, \forall a \in A \setminus \operatorname*{Argmax}_{a \in A} f(a)$$

一定成立。

3.3 优化模型与线性对偶定理

对偶的思想是人类思维的重要篇章，建筑的中轴线对称、太极图的中心对称、"横看成岭侧成峰，远近高低各不同"等都体现了对偶的朴素思想。在近代物理学中，质量守恒、动量守恒、能量守恒等定律体现了物理量对时间的不变性，某种意义上也是关于时间的对偶。

几何学中的对偶：在周长固定的长方形中，正方形的面积最大；在面积固定的长方形中，正方形的周长最小。

针对前者，假设长方形的周长固定为 L，那么面积最大的问题可以建模为

$$\begin{aligned} \max \ & xy \\ \text{s.t.} \quad & x + y = \frac{L}{2} \\ & x, y \geqslant 0 \end{aligned}$$

针对后者，假设长方形的面积固定为 A，那么周长最小的问题可以建模为

$$\begin{aligned} \min \ & 2(x + y) \\ \text{s.t.} \quad & xy = A \\ & x, y \geqslant 0 \end{aligned}$$

可以发现上面两个数学规划模型具有别样的对称美，这也是对偶。对偶理论是线性规划模型最优美的篇章，例如，线性优化的对偶还是线性优化，对偶的对偶是原始模型，原始模型与对偶模型的最优解和最优值之间存在很好的关系，原始模型与对偶模型可以通过单纯形法和对偶单纯形法同时求解。

3.3.1 数学优化模型

最优化作为数学的一个重要分支，与分析学、代数学、几何学一样，无法给出精确的数学定义，但是可以根据数学家框定的最优化给出最优化的描述性定义。

定义 3.10　在一组可行的方案中，按照一定的目标和规则选择最优、次优、满意解的数学理论、计算方法、实践应用等称为最优化。

从以上描述性定义可以看出，最优化不仅强调最优，还强调次优甚至满意。

以下优化问题：

$$\min_{x\in[0,1]} \left(ax^2+bx+c\right)$$

是二次函数在闭区间上的最小值和最小值点。目标函数是连续的，函数的可行域也是连续的，这一类优化问题称为连续优化问题。

一般而言，学术界将最优化模型按照函数的性质划分为线性模型和非线性模型：线性模型是指目标函数、不等式约束和等式约束都是线性函数的优化问题，这是最简单、最基础的优化模型；非线性模型是指目标函数、不等式约束和等式约束中至少有一个函数是非线性函数的模型，数学中的绝大多数函数都是非线性函数，所以非线性模型比线性模型多。

定义 3.11　假设 $\Omega\subseteq\mathbb{R}^n$ 是一个非空集合，函数 $f:\Omega\to\mathbb{R}$，极小抽象优化模型定义为

$$\min_{\Omega}\ f(x)$$

即在 Ω 上寻求函数 $f(x)$ 的最小值和最小值点。

定义 3.12　假设 $\Omega\subseteq\mathbb{R}^n$ 是一个非空集合，函数 $f:\Omega\to\mathbb{R}$，极大抽象优化模型定义为

$$\max_{\Omega}\ f(x)$$

即在 Ω 上寻求函数 $f(x)$ 的最大值和最大值点。

极大抽象优化模型可以很容易转化为极小抽象优化模型，因此一般只考虑极小抽象优化模型。

定义 3.13　假设 $\Omega\subseteq\mathbb{R}^n$ 是一个非空集合，函数 $f:\Omega\to\mathbb{R}$，点 $x^*\in\Omega$ 称为极小抽象优化模型

$$\min_{\Omega}\ f(x)$$

Note

的最小值点，如果满足

$$f(x^*) \leqslant f(\Omega)$$

那么所有的最小值点记为

$$\underset{\Omega}{\text{Argmin}}\ f(x)$$

所有的最小值点对应一样的最小值：

$$p^* = f(x^*), \forall x^* \in \underset{\Omega}{\text{Argmin}}\ f(x)$$

可记为

$$\underset{\Omega}{\text{Argmin}}\ f(x) = f^{-1}(p^*)$$

定义 3.14 假设 $\Omega \subseteq \mathbb{R}^n$ 是一个非空集合，函数 $f: \Omega \to \mathbb{R}$，极小抽象优化模型

$$\min_{\Omega}\ f(x)$$

的最小值为 p^*，取 $\epsilon > 0$，那么抽象优化模型的 ϵ-次优解为

$$\epsilon - \underset{\Omega}{\text{Argmin}}\ f(x) = f^{-1}((-\infty, p^* + \epsilon])$$

定义 3.15 假设 $\Omega \subseteq \mathbb{R}^n$ 是一个非空集合，函数 $f: \Omega \to \mathbb{R}$，点 $x^* \in \Omega$ 称为极小抽象优化模型

$$\min_{\Omega}\ f(x)$$

的严格最小值点，如果满足

$$f(x^*) < f(\Omega \setminus \{x^*\})$$

那么所有的严格最小值点记为

$$\underset{\Omega}{\text{Argstrimin}}\ f(x)$$

严格最小值点要么不存在，要么唯一存在，对应的最小值为

$$p^* = f(x^*), \forall x^* \in \underset{\Omega}{\text{Argstrimin}}\ f(x)$$

定义 3.16 假设 $\Omega \subseteq \mathbb{R}^n$ 是一个非空集合，函数 $f: \Omega \to \mathbb{R}$，点 $x^* \in \Omega$ 称为极小抽象优化模型

$$\min_{\Omega}\ f(x)$$

的局部极小值点，如果满足

$$\exists r > 0, \text{s.t.} f(x^*) \leqslant f(\varOmega \cap B(x^*, r))$$

那么所有的局部极小值点记为

$$\underset{\varOmega}{\text{Arglocmin}}\ f(x)$$

定义 3.17　假设 $\varOmega \subseteq \mathbb{R}^n$ 是一个非空集合，函数 $f : \varOmega \to \mathbb{R}$，点 $x^* \in \varOmega$ 称为极小抽象优化模型

$$\min_{\varOmega}\ f(x)$$

的严格局部极小值点，如果满足

$$\exists r > 0, \text{s.t.} f(x^*) < f(\varOmega \cap \check{B}(x^*, r))$$

那么所有的严格局部最小值点记为

$$\underset{\varOmega}{\text{Argstrilocmin}}\ f(x)$$

上面的优化模型过于抽象，不具有理论和实践意义，需要将可行域 $\varOmega$ 具体化，一般而言，用不等式约束和等式约束进行具体化。

定义 3.18　假设 $D_1 \subseteq \mathbb{R}^n$ 是非空集合，函数 $f = f(x) = f(x_1, x_2, \cdots, x_n) : D_1 \to \mathbb{R}$ 称为目标函数，D_1 称为目标函数的定义域。

定义 3.19　假设 $D_2 \subseteq \mathbb{R}^n$ 是非空集合，向量函数 $\boldsymbol{g} = (g_1(x), g_2(x), \cdots, g_m(x)) : D_2 \to \mathbb{R}^m$ 称为不等式约束函数，D_2 称为不等式约束函数的定义域。集合 $I = \{1, 2, \cdots, m\}$ 称为不等式约束指标，因此不等式约束函数可以记为 $g(x) = (g_i(x))_{i \in I}$。

定义 3.20　假设 $D_3 \subseteq \mathbb{R}^n$ 是非空集合，向量函数 $\boldsymbol{h} = (h_1(x), h_2(x), \cdots, h_l(x)) : D_3 \to \mathbb{R}^l$ 称为等式约束函数，D_3 称为等式约束函数的定义域。集合 $J = \{1, 2, \cdots, l\}$ 称为等式约束指标，因此等式约束函数可以记为 $h(x) = (h_j(x))_{j \in J}$。

定义 3.21　给定目标函数 $f : D_1 \to \mathbb{R}$、不等式约束函数 $g : D_2 \to \mathbb{R}^m$ 和等式约束函数 $h : D_3 \to \mathbb{R}^l$ 结合在一起构成的极小一般优化模型为

$$\begin{aligned} \min\ & f(x) \\ \text{s.t.}\ & g(x) \leqslant 0 \\ & h(x) = 0 \end{aligned}$$

或者表示为

$$\min\ f(x)$$

$$\begin{aligned} \text{s.t.} \quad & g_i(x) \leqslant 0, \forall i \in I \\ & h_j(x) = 0, \forall j \in J \end{aligned}$$

极大一般优化模型可以很容易地转化为极小一般优化模型，因此只考虑极小一般优化模型。

定义 3.22 目标函数 $f: D_1 \to \mathbb{R}$、不等式约束函数 $g: D_2 \to \mathbb{R}^m$ 和等式约束函数 $h: D_3 \to \mathbb{R}^l$ 结合在一起构成的一般优化模型为

$$\begin{aligned} \min \ & f(x) \\ \text{s.t.} \quad & g(x) \leqslant 0 \\ & h(x) = 0 \end{aligned}$$

其定义域记为

$$D = D_1 \cap D_2 \cap D_3$$

定义 3.23 目标函数 $f: D_1 \to \mathbb{R}$、不等式约束函数 $g: D_2 \to \mathbb{R}^m$ 和等式约束函数 $h: D_3 \to \mathbb{R}^l$ 结合在一起构成的一般优化模型为

$$\begin{aligned} \min \ & f(x) \\ \text{s.t.} \quad & g(x) \leqslant 0 \\ & h(x) = 0 \end{aligned}$$

其可行域记为

$$\Omega = \{x |\ x \in D, g(x) \leqslant 0, h(x) = 0\}$$

定义 3.24 目标函数 $f: D_1 \to \mathbb{R}$、不等式约束函数 $g: D_2 \to \mathbb{R}^m$ 和等式约束函数 $h: D_3 \to \mathbb{R}^l$ 结合在一起构成的一般优化模型为

$$\begin{aligned} \min \ & f(x) \\ \text{s.t.} \quad & g(x) \leqslant 0 \\ & h(x) = 0 \end{aligned}$$

对应的抽象模型为

$$\min_{\Omega} \ f(x)$$

定义 3.25 目标函数 $f: D_1 \to \mathbb{R}$、不等式约束函数 $g: D_2 \to \mathbb{R}^m$ 和等式约束函数 $h: D_3 \to \mathbb{R}^l$ 结合在一起构成的一般优化模型为

$$\min \ f(x)$$

$$
\begin{aligned}
\text{s.t.}\quad & g(x) \leqslant 0 \\
& h(x) = 0
\end{aligned}
$$

该模型的各种解概念 (最小值点、ϵ 次优解、最小值、严格最小值点、局部极小值点、严格局部极小值点) 为其对应的抽象模型

$$\min_{\Omega}\ f(x)$$

的相应解概念 (最小值点、ϵ 次优解、最小值、严格最小值点、局部极小值点、严格局部极小值点)。

3.3.2　拉格朗日对偶理论

在微积分的论述中，我们知道无约束的优化问题是比较好处理的，有约束的优化问题往往难以处理，那么能不能将一个有约束的问题变为一个无约束的问题呢？这种思想就是拉格朗日对偶。

在数学优化模型:

$$
\begin{aligned}
\min\ & f(x) \\
\text{s.t.}\quad & g(x) \leqslant 0 \\
& h(x) = 0
\end{aligned}
$$

的转化中，线性化是个好方法。

定义 3.26　数学优化模型

$$
\begin{aligned}
\min\ & f(x) \\
\text{s.t.}\quad & g(x) \leqslant 0 \\
& h(x) = 0
\end{aligned}
$$

的拉格朗日函数为

$$L(x, \boldsymbol{\alpha}, \boldsymbol{\beta}) = f(x) + \boldsymbol{\alpha}^{\mathrm{T}} g(x) + \boldsymbol{\beta}^{\mathrm{T}} h(x), x \in D, \boldsymbol{\alpha} \in \mathbb{R}^m, \boldsymbol{\beta} \in \mathbb{R}^p$$

模型的拉格朗日对偶函数为

$$r(\boldsymbol{\alpha}, \boldsymbol{\beta}) = \min_{x \in D} L(x, \boldsymbol{\alpha}, \boldsymbol{\beta}), \boldsymbol{\alpha} \in \mathbb{R}^m, \boldsymbol{\beta} \in \mathbb{R}^p$$

下面探索拉格朗日对偶函数与原始模型目标函数 $f(x)$ 的关系。首先需要限定 $\boldsymbol{\alpha} \geqslant 0$，推导过程如下。

$r(\boldsymbol{\alpha}, \boldsymbol{\beta})$

$$
\begin{aligned}
&= \min_{x\in D} L(x,\boldsymbol{\alpha},\boldsymbol{\beta}) \\
&\leqslant \min_{x\in \Omega} L(x,\boldsymbol{\alpha},\boldsymbol{\beta}),\ \ (\text{因为 } \Omega\subseteq D) \\
&= \min_{x\in \Omega} f(x)+\boldsymbol{\alpha}^{\mathrm{T}}g(x)+\boldsymbol{\beta}^{\mathrm{T}}h(x) \\
&= \min_{x\in \Omega} f(x)+\boldsymbol{\alpha}^{\mathrm{T}}g(x)\ \ (\text{因为在 } \Omega \text{ 上}, h(x)=0) \\
&\leqslant \min_{x\in \Omega} f(x)\ \ (\text{因为 } \boldsymbol{\alpha}\geqslant 0 \text{ 且在 } \Omega \text{ 上 } g(x)\leqslant 0\text{，所以一定有 } \boldsymbol{\alpha}^{\mathrm{T}}g(x)\leqslant 0)=p^*)
\end{aligned}
$$

这是一个简单但是有用的结论：

$$\forall\boldsymbol{\alpha}\in\mathbb{R}^m,\boldsymbol{\alpha}\geqslant 0,\ \forall\boldsymbol{\beta}\in\mathbb{R}^p\Longrightarrow r(\boldsymbol{\alpha},\boldsymbol{\beta})\leqslant p^*$$

自然就有

$$d^* =: \max_{\boldsymbol{\alpha}\geqslant 0,\boldsymbol{\beta}} r(\boldsymbol{\alpha},\boldsymbol{\beta})\leqslant p^*$$

定义 3.27 数学优化模型

$$
\begin{aligned}
\min\ \ & f(x) \\
\text{s.t.}\ \ & g(x)\leqslant 0 \\
& h(x)=0
\end{aligned}
$$

的拉格朗日对偶模型为

$$
\begin{aligned}
\max\ \ & r(\boldsymbol{\alpha},\boldsymbol{\beta}) \\
\text{s.t.}\ \ & \boldsymbol{\alpha}\geqslant 0
\end{aligned}
$$

根据上面的推导，一个数学优化模型的最优值为 p^*，它的对偶模型的最优值为 d^*，一定有 $d^*\leqslant p^*$，这个简单的不等式称为弱对偶不等式。有弱自然有强，如果 $d^*=p^*$，那么就称为强对偶不等式。如果一个数学优化模型满足强对偶，那么只需要计算其对偶模型的最优值，也就算出了原始模型的最优值。

3.3.3 线性优化对偶模型

本节用拉格朗日的严格数学视角来重新审视线性优化的对偶理论，给出了 18 类线性优化模型的对偶模型。

定理 3.9 线性优化问题

$$\min\ \ \boldsymbol{c}^{\mathrm{T}}x$$

$$\begin{aligned} \text{s.t.} \quad & \boldsymbol{A}x \leqslant \boldsymbol{b} \\ & x \geqslant 0 \end{aligned}$$

的对偶模型为

$$\begin{aligned} \min \ & \boldsymbol{b}^{\mathrm{T}} y \\ \text{s.t.} \quad & \boldsymbol{c} + \boldsymbol{A}^{\mathrm{T}} y \geqslant 0 \\ & y \geqslant 0 \end{aligned}$$

证明 首先将模型转化为标准形式：

$$\begin{aligned} \min \ & \boldsymbol{c}^{\mathrm{T}} x \\ \text{s.t.} \quad & \boldsymbol{A}x - \boldsymbol{b} \leqslant 0 \\ & -x \leqslant 0 \end{aligned}$$

其次考察模型的定义域，显然为 $D = \mathbb{R}^n$，再次构造拉格朗日函数：

$$L(x, \boldsymbol{\alpha}_1, \boldsymbol{\alpha}_2) = \boldsymbol{c}^{\mathrm{T}} x + \boldsymbol{\alpha}_1^{\mathrm{T}} (\boldsymbol{A}x - \boldsymbol{b}) - \boldsymbol{\alpha}_2^{\mathrm{T}} x = (\boldsymbol{c} + \boldsymbol{A}^{\mathrm{T}} \boldsymbol{\alpha}_1 - \boldsymbol{\alpha}_2)^{\mathrm{T}} x - \boldsymbol{\alpha}_1^{\mathrm{T}} \boldsymbol{b}$$

然后计算拉格朗日函数在定义域上的最小值：

$$\inf_{x \in \mathbb{R}^n} L(x, \boldsymbol{\alpha}_1, \boldsymbol{\alpha}_2) = \begin{cases} -\boldsymbol{\alpha}_1^{\mathrm{T}} \boldsymbol{b}, & \boldsymbol{c} + \boldsymbol{A}^{\mathrm{T}} \boldsymbol{\alpha}_1 - \boldsymbol{\alpha}_2 = 0 \\ -\infty, \text{其他} \end{cases}$$

注意到 $\boldsymbol{\alpha}_1 \geqslant 0, \boldsymbol{\alpha}_2 \geqslant 0$，所以对偶模型为

$$\begin{aligned} \max \ & -\boldsymbol{\alpha}_1^{\mathrm{T}} \boldsymbol{b} \\ \text{s.t.} \quad & \boldsymbol{c} + \boldsymbol{A}^{\mathrm{T}} \boldsymbol{\alpha}_1 - \boldsymbol{\alpha}_2 = 0 \\ & \boldsymbol{\alpha}_1 \geqslant 0, \boldsymbol{\alpha}_2 \geqslant 0 \end{aligned}$$

进一步整理可得

$$\begin{aligned} \min \ & \boldsymbol{\alpha}_1^{\mathrm{T}} \boldsymbol{b} \\ \text{s.t.} \quad & \boldsymbol{c} + \boldsymbol{A}^{\mathrm{T}} \boldsymbol{\alpha}_1 \geqslant 0 \\ & \boldsymbol{\alpha}_1 \geqslant 0 \end{aligned}$$

改变决策变量的符号，可得对偶模型为

$$\min \ \boldsymbol{b}^{\mathrm{T}} y$$

$$
\begin{aligned}
\text{s.t.}\quad & \boldsymbol{c}+\boldsymbol{A}^{\mathrm{T}}y \geqslant 0 \\
& y \geqslant 0
\end{aligned}
$$

■

推论 3.5 线性优化问题

$$
\begin{aligned}
\min\ & \boldsymbol{c}^{\mathrm{T}}x \\
\text{s.t.}\quad & \boldsymbol{A}x \geqslant \boldsymbol{b} \\
& x \geqslant 0
\end{aligned}
$$

的对偶模型为

$$
\begin{aligned}
\max\ & \boldsymbol{b}^{\mathrm{T}}y \\
\text{s.t.}\quad & \boldsymbol{A}^{\mathrm{T}}y \leqslant \boldsymbol{c} \\
& y \geqslant 0
\end{aligned}
$$

推论 3.6 线性优化问题

$$
\begin{aligned}
\min\ & \boldsymbol{c}^{\mathrm{T}}x \\
\text{s.t.}\quad & \boldsymbol{A}x = \boldsymbol{b} \\
& x \geqslant 0
\end{aligned}
$$

的对偶模型为

$$
\begin{aligned}
\min\ & \boldsymbol{b}^{\mathrm{T}}y \\
\text{s.t.}\quad & \boldsymbol{c}+\boldsymbol{A}^{\mathrm{T}}y \geqslant 0
\end{aligned}
$$

推论 3.7 线性优化问题

$$
\begin{aligned}
\min\ & \boldsymbol{c}^{\mathrm{T}}x \\
\text{s.t.}\quad & \boldsymbol{A}x = \boldsymbol{b} \\
& x \leqslant 0
\end{aligned}
$$

的对偶模型为

$$
\begin{aligned}
\min\ & \boldsymbol{b}^{\mathrm{T}}y \\
\text{s.t.}\quad & \boldsymbol{c}+\boldsymbol{A}^{\mathrm{T}}y \leqslant 0 \\
& y \geqslant 0
\end{aligned}
$$

推论 3.8 线性优化问题

$$\begin{aligned} \min\ & \boldsymbol{c}^{\mathrm{T}}x \\ \text{s.t.}\quad & \boldsymbol{A}x \geqslant \boldsymbol{b} \\ & x \leqslant 0 \end{aligned}$$

的对偶模型为

$$\begin{aligned} \max\ & \boldsymbol{b}^{\mathrm{T}}y \\ \text{s.t.}\quad & \boldsymbol{A}^{\mathrm{T}}y \geqslant \boldsymbol{c} \\ & y \geqslant 0 \end{aligned}$$

推论 3.9 线性优化问题

$$\begin{aligned} \min\ & \boldsymbol{c}^{\mathrm{T}}x \\ \text{s.t.}\quad & \boldsymbol{A}x = \boldsymbol{b} \\ & x \leqslant 0 \end{aligned}$$

的对偶模型为

$$\begin{aligned} \min\ & \boldsymbol{b}^{\mathrm{T}}y \\ \text{s.t.}\quad & \boldsymbol{c} + \boldsymbol{A}^{\mathrm{T}}y \leqslant 0 \end{aligned}$$

推论 3.10 线性优化问题

$$\begin{aligned} \min\ & \boldsymbol{c}^{\mathrm{T}}x \\ \text{s.t.}\quad & \boldsymbol{A}x \leqslant \boldsymbol{b} \end{aligned}$$

的对偶模型为

$$\begin{aligned} \min\ & \boldsymbol{b}^{\mathrm{T}}y \\ \text{s.t.}\quad & \boldsymbol{c} + \boldsymbol{A}^{\mathrm{T}}y = 0 \\ & y \geqslant 0 \end{aligned}$$

推论 3.11 线性优化问题

$$\begin{aligned} \min\ & \boldsymbol{c}^{\mathrm{T}}x \\ \text{s.t.}\quad & \boldsymbol{A}x \geqslant \boldsymbol{b} \end{aligned}$$

Note

的对偶模型为

$$\begin{aligned}&\max\ \boldsymbol{b}^{\mathrm{T}}y\\&\text{s.t.}\quad \boldsymbol{A}^{\mathrm{T}}y=\boldsymbol{c}\\&\qquad\ \ y\geqslant 0\end{aligned}$$

推论 3.12 线性优化问题

$$\begin{aligned}&\min\ \boldsymbol{c}^{\mathrm{T}}x\\&\text{s.t.}\quad \boldsymbol{A}x=\boldsymbol{b}\end{aligned}$$

的对偶模型为

$$\begin{aligned}&\min\ \boldsymbol{b}^{\mathrm{T}}y\\&\text{s.t.}\quad \boldsymbol{c}+\boldsymbol{A}^{\mathrm{T}}y=0\end{aligned}$$

推论 3.13 线性优化问题

$$\begin{aligned}&\max\ \boldsymbol{c}^{\mathrm{T}}x\\&\text{s.t.}\quad \boldsymbol{A}x\leqslant\boldsymbol{b}\\&\qquad\ \ x\geqslant 0\end{aligned}$$

的对偶模型为

$$\begin{aligned}&\min\ \boldsymbol{b}^{\mathrm{T}}y\\&\text{s.t.}\quad \boldsymbol{A}^{\mathrm{T}}y\geqslant c\\&\qquad\ \ y\geqslant 0\end{aligned}$$

推论 3.14 线性优化问题

$$\begin{aligned}&\max\ \boldsymbol{c}^{\mathrm{T}}x\\&\text{s.t.}\quad \boldsymbol{A}x\geqslant\boldsymbol{b}\\&\qquad\ \ x\geqslant 0\end{aligned}$$

的对偶模型为

$$\begin{aligned}&\max\ \boldsymbol{b}^{\mathrm{T}}y\\&\text{s.t.}\quad \boldsymbol{A}^{\mathrm{T}}y+\boldsymbol{c}\leqslant 0\\&\qquad\ \ y\geqslant 0\end{aligned}$$

推论 3.15　线性优化问题

$$\begin{aligned} &\max\ \boldsymbol{c}^{\mathrm{T}}x \\ &\text{s.t.}\quad \boldsymbol{A}x=\boldsymbol{b} \\ &\qquad\ \ x\geqslant 0 \end{aligned}$$

的对偶模型为

$$\begin{aligned} &\min\ \boldsymbol{b}^{\mathrm{T}}y \\ &\text{s.t.}\quad \boldsymbol{A}^{\mathrm{T}}y\geqslant \boldsymbol{c} \end{aligned}$$

推论 3.16　线性优化问题

$$\begin{aligned} &\max\ \boldsymbol{c}^{\mathrm{T}}x \\ &\text{s.t.}\quad \boldsymbol{A}x\leqslant\boldsymbol{b} \\ &\qquad\ \ x\leqslant 0 \end{aligned}$$

的对偶模型为

$$\begin{aligned} &\min\ \boldsymbol{b}^{\mathrm{T}}y \\ &\text{s.t.}\quad \boldsymbol{A}^{\mathrm{T}}y\leqslant \boldsymbol{c} \\ &\qquad\ \ y\geqslant 0 \end{aligned}$$

推论 3.17　线性优化问题

$$\begin{aligned} &\max\ \boldsymbol{c}^{\mathrm{T}}x \\ &\text{s.t.}\quad \boldsymbol{A}x\geqslant\boldsymbol{b} \\ &\qquad\ \ x\leqslant 0 \end{aligned}$$

的对偶模型为

$$\begin{aligned} &\max\ \boldsymbol{b}^{\mathrm{T}}y \\ &\text{s.t.}\quad \boldsymbol{A}^{\mathrm{T}}y+\boldsymbol{c}\geqslant 0 \\ &\qquad\ \ y\geqslant 0 \end{aligned}$$

推论 3.18　线性优化问题

$$\max\ \boldsymbol{c}^{\mathrm{T}}x$$

$$\begin{aligned} \text{s.t.} \quad & \boldsymbol{A}x = \boldsymbol{b} \\ & x \leqslant 0 \end{aligned}$$

的对偶模型为

$$\begin{aligned} \min \ & \boldsymbol{b}^{\mathrm{T}}y \\ \text{s.t.} \quad & \boldsymbol{A}^{\mathrm{T}}y \leqslant \boldsymbol{c} \end{aligned}$$

推论 3.19 线性优化问题

$$\begin{aligned} \max \ & \boldsymbol{c}^{\mathrm{T}}x \\ \text{s.t.} \quad & \boldsymbol{A}x \leqslant \boldsymbol{b} \end{aligned}$$

的对偶模型为

$$\begin{aligned} \min \ & \boldsymbol{b}^{\mathrm{T}}y \\ \text{s.t.} \quad & \boldsymbol{A}^{\mathrm{T}}y = \boldsymbol{c} \\ & y \geqslant 0 \end{aligned}$$

推论 3.20 线性优化问题

$$\begin{aligned} \max \ & \boldsymbol{c}^{\mathrm{T}}x \\ \text{s.t.} \quad & \boldsymbol{A}x \geqslant \boldsymbol{b} \end{aligned}$$

的对偶模型为

$$\begin{aligned} \max \ & \boldsymbol{b}^{\mathrm{T}}y \\ \text{s.t.} \quad & \boldsymbol{A}^{\mathrm{T}}y + \boldsymbol{c} = 0 \\ & y \geqslant 0 \end{aligned}$$

推论 3.21 线性优化问题

$$\begin{aligned} \max \ & \boldsymbol{c}^{\mathrm{T}}x \\ \text{s.t.} \quad & \boldsymbol{A}x = \boldsymbol{b} \end{aligned}$$

的对偶模型为

$$\begin{aligned} \min \ & \boldsymbol{b}^{\mathrm{T}}y \\ \text{s.t.} \quad & \boldsymbol{A}^{\mathrm{T}}y = \boldsymbol{c} \end{aligned}$$

定理 3.10 (线性优化的强对偶) 如果线性优化的原始问题有最优解，那么对偶问题一定有最优解，并且最优值相等；如果线性优化的对偶问题有最优解，那么原始问题也有最优解，并且最优值相等。

3.4　盈利函数形成的线性空间

假设 N 是一个具有 n 个元素的有限集合，$\mathcal{P}(N)$ 表示 N 的所有子集构成的集族，则

$$f:\mathcal{P}(N)\to\mathbb{R}^1$$

为财富函数，要求 $f(\varnothing)=0$。

对于财富函数 $f:\mathcal{P}(N)\to\mathbb{R}^1$，因为空集的值已经确定，因此其他子集的财富值可以表示为

$$(f(A))_{A\in\mathcal{P}_0(N)}$$

其中，$\mathcal{P}_0(N)$ 表示 N 的所有非空子集构成的集族。

固定一个集合 N，其上的所有财富函数记为 G_N，那么在向量表示的意义下可以看作如下的整个空间：

$$\mathbb{R}^{2^n-1}$$

这个空间的维数为 2^n-1.

向量空间 $\mathbb{R}^{2^n-1}$ 在财富函数空间 G_N 上诱导了线性结构：

加法：$\forall f,g\in G_N,(f+g)(A)=f(A)+g(A),\forall A\in\mathcal{P}(N)$。

数乘：$\forall f\in G_N,\alpha\in\mathbb{R}^1,(\alpha f)(A)=\alpha f(A),\forall A\in\mathcal{P}(N)$。

定义 3.28　假设 N 是一个具有 n 个元素的有限集合，选定非空子集：

$$A\in\mathcal{P}_0(N)$$

定义一个特殊的财富函数：

$$f_A:\mathcal{P}(N)\to\mathbb{R}^1$$

其中

$$f_A(B)=\begin{cases}1, & B\supseteq A\\ 0, & \text{其他}\end{cases}$$

称 f_A 为承载子。

定理 3.11　假设 N 是一个具有 n 个元素的有限集合，承载子

$$\{f_A\},\forall A\in\mathcal{P}_0(N)$$

是线性空间 G_N 的一个基。

证明 根据合作博弈的向量表示，可知 G_N 是一个线性空间，并且

$$G_N \cong \mathbb{R}^{2^n-1}$$

因此只需要证明 $\{f_A\}, \forall A \in \mathcal{P}_0(N)$ 构成了 G_N 的基。如果不然，那么必定有

$$\exists \boldsymbol{\alpha} = (\alpha_A)_{A\in\mathcal{P}_0(N)} \neq 0, \text{s.t.} \sum_{A\in\mathcal{P}_0(N)} \alpha_A f_A(B) = 0, \forall B \in \mathcal{P}(N)$$

令

$$\tau = \{A|\ A \in \mathcal{P}_0(N); \alpha_A \neq 0\}$$

因为 $\boldsymbol{\alpha} \neq \mathbf{0}$，所以 $\tau \neq \varnothing$，按照集合的包含关系，取定 B_0 是 τ 中的极小集合，即没有 τ 中的其他集合严格被它包含。我们需要证明

$$\sum_{A\in\mathcal{P}_0(N)} \alpha_A f_A(B_0) \neq 0$$

从而产生矛盾。根据前面的推导可知

$$\begin{aligned}&\sum_{A\in\mathcal{P}_0(N)} \alpha_A f_A(B_0)\\ =& \sum_{A\in\mathcal{P}_0(N),A\subset B_0} \alpha_A f_A(B_0) + \alpha_{B_0} f_{B_0}(B_0) + \sum_{A\in\mathcal{P}_0(N),A\not\subseteq B_0} \alpha_A f_A(B_0)\end{aligned}$$

因为 $B_0 = \min \tau$，所以一定有

$$\forall A \in \mathcal{P}_0(N), A \subset B_0, \alpha_A = 0$$

根据承载子的定义可知

$$\forall A \in \mathcal{P}_0(N), A \not\subseteq B_0, f_A(B_0) = 0$$

综合可得

$$\begin{aligned}&\sum_{A\in\mathcal{P}_0(N)} \alpha_A f_A(B_0)\\ =& \sum_{A\in\mathcal{P}_0(N),A\subset B_0} \alpha_A f_A(B_0) + \alpha_{B_0} f_{B_0}(B_0) + \sum_{A\in\mathcal{P}_0(N),A\not\subseteq B_0} \alpha_A f_A(B_0)\\ =& \alpha_{B_0} f_{B_0}(B_0) = \alpha_{B_0} \neq 0\end{aligned}$$

与前文矛盾。因此 $\{f_A\}, \forall A \in \mathcal{P}_0(N)$ 构成了 G_N 的基。由此证明了结论。 ■

第4章

二人博弈的纯粹策略解

Note

二人有限零和博弈是非合作博弈中最经典、最简单的内容，可为后面多人博弈（完全信息静态博弈）中的诸多抽象概念提供丰富的案例。二人有限零和博弈在早期博弈论的发展中发挥了重要作用，1928 年数学家冯·诺依曼定义了二人有限零和博弈的解概念，并证明了著名的最小最大定理，这是一般博弈论发展史上的一个里程碑定理。时至今日，在智能时代，最小最大定理依然发挥着重要的作用。

4.1 案例：俾斯麦海战

1943 年 2 月，在争夺新几内亚的关键阶段，盟军谍报员获悉一支日本舰队集结在南太平洋的大不列颠拉包尔港，打算通过俾斯麦海开往巴布亚新几内亚的莱城。盟军西南太平洋空军奉命拦截并炸沉这支日本舰队。从拉包尔港到莱城有南北两条航线，航程都是三天。气象预报表明，未来三天，北路航线上阴雨连绵、气候恶劣，南路航线上天气晴好。盟军指挥部必须对日军的航线做出判断，以便派出轰炸机进行搜索，一旦发现日本舰队，即可出动轰炸机进行轰炸。

盟军参谋部提供了以下几种结局。

结局 1：将搜索重点放在北路，日舰也走北路。由于气候恶劣，能见度低，日舰将在第二天被发现，于是有两天轰炸时间。

结局 2：将搜索重点放在北路而日舰走南路。由于南路只有很少的侦察机，虽然天气晴好，但也需要一天时间才能发现日舰，同样有两天轰炸时间。

结局 3：将搜索重点放在南路而日舰走北路。这时北路只有极少的侦察机，加之天气恶劣，故需用两天时间才能发现日舰，只有一天的轰炸时间。

结局 4：将搜索重点放在南路，日舰也走南路，则日舰将很快被发现，有三天轰炸时间。

可以建立如下的博弈模型：

$$\begin{pmatrix} 策略 & 北路 & 南路 \\ 北路 & (2,-2) & (2,-2) \\ 南路 & (1,-1) & (3,-3) \end{pmatrix}$$

在上面的博弈表中，博弈双方的收益是用日军遭受轰炸的时间来表示的。例如，日军走北路，盟军搜索北路，则日军遭受两天的轰炸，盟军的收益为 2，日军的收益为 -2。观察这个博弈模型，参与人只有两方，每方的策略是有限的，双方的收益之和为 0。

4.2　二人有限零和博弈的模型要素

二人有限零和博弈，顾名思义，是两个人进行的博弈，每个人的策略都是有限的。

定义 4.1　三元组 $G=(S_1,S_2,\boldsymbol{A})$ 称为二人有限零和博弈，满足：

（1）$S_1=\{a_1,a_2,\cdots,a_m\}$ 是参与人 1 的策略集；

（2）$S_2=\{b_1,b_2,\cdots,b_n\}$ 是参与人 2 的策略集；

（3）矩阵 $\boldsymbol{A}=(a_{ij})_{m\times n}$ 是参与人 1 的盈利矩阵，其中 a_{ij} 指参与人 1 持策略 a_i，参与人 2 持策略 b_j，此时参与人 1 的盈利为 a_{ij}；

（4）矩阵 $\boldsymbol{A}=(a_{ij})_{m\times n}$ 是参与人 2 的亏本矩阵，其中 a_{ij} 指参与人 1 持策略 a_i，参与人 2 持策略 b_j，此时参与人 2 的亏本为 a_{ij}。

注释 4.1　亏本 a_{ij} 意味着盈利为 $-a_{ij}$，所以参与人 2 的盈利矩阵为 $-\boldsymbol{A}$，$\boldsymbol{A}+(-\boldsymbol{A})=\boldsymbol{0}$，这也是称为零和博弈的原因，一方盈利是另一方的亏本。

4.3　二人有限零和博弈的值与解

定义 4.2　假设 $G=(S_1,S_2,\boldsymbol{A})$ 是一个二人零和博弈，博弈的盈利上界定义为

$$U=\max_{i,j} a_{ij}$$

定义 4.3　假设 $G=(S_1,S_2,\boldsymbol{A})$ 是一个二人零和博弈，博弈的盈利下界定

Note

义为

$$L = \min_{i,j} a_{ij}$$

定义 4.4 假设 $G = (S_1, S_2, \boldsymbol{A})$ 是一个二人零和博弈，参与人 1 取定策略 a_i，那么此策略的保底盈利函数定义为

$$\underline{f}(i) =: \min_j a_{ij}$$

定义 4.5 假设 $G = (S_1, S_2, \boldsymbol{A})$ 是一个二人零和博弈，博弈的最大最小值定义为

$$\underline{f}^* = \max_i \underline{f}(i) = \max_i \min_j a_{ij}$$

即参与人 1 的保底盈利值，也就是参与人 1 所有策略的保底盈利值中的最大值。

定义 4.6 假设 $G = (S_1, S_2, \boldsymbol{A})$ 是一个二人零和博弈，博弈的最大最小策略定义为

$$a_{i^*}, i^* \in \operatorname*{Argmax}_i \underline{f}(i)$$

也就是

$$a_{i^*}, \underline{f}(i^*) = \max_i \underline{f}(i)$$

定理 4.1 假设 $G = (S_1, S_2, \boldsymbol{A})$ 是一个二人零和博弈，a_{i^*} 是博弈的最大最小策略当且仅当

$$\underline{f}(i^*) \geqslant \underline{f}(i), \forall i \in \{1, 2, \cdots, m\}$$

证明 根据定义，a_{i^*} 是最大最小策略当且仅当

$$\underline{f}(i^*) = \max_i \underline{f}(i)$$

也就是

$$\underline{f}(i^*) \geqslant \underline{f}(i), \forall i \in \{1, 2, \cdots, m\}$$

由此证明了结论。 ■

推论 4.1 假设 $G = (S_1, S_2, \boldsymbol{A})$ 是一个二人零和博弈，a_{i^*} 是博弈的最大最小策略当且仅当

$$\min_j a_{i^*j} \geqslant \min_k a_{ik}, \forall i \in \{1, 2, \cdots, m\}$$

证明 根据定理 4.1，可知 a_{i^*} 是博弈的最大最小策略当且仅当

$$\underline{f}(i^*) \geqslant \underline{f}(i), \forall i \in \{1, 2, \cdots, m\}$$

根据 $\underline{f}(i)$ 的定义可得

$$\min_j a_{i^*j} \geqslant \min_k a_{ik}, \forall i \in \{1, 2, \cdots, m\}$$

由此证明了结论。 ■

推论 4.2　假设 $G = (S_1, S_2, \boldsymbol{A})$ 是一个二人零和博弈，a_{i^*} 是博弈的最大最小策略当且仅当

$$\underline{f}(i^*) \geqslant \underline{f}^*$$

证明　根据推论 4.1，a_{i^*} 是博弈的最大最小策略可知当且仅当

$$\underline{f}(i^*) \geqslant \underline{f}(i), \forall i \in \{1, 2, \cdots, m\}$$

可以推出

$$\underline{f}(i^*) \geqslant \max_i \underline{f}(i)$$

也就是

$$\underline{f}(i^*) \geqslant \underline{f}^*$$

由此证明了结论。 ■

推论 4.3　假设 $G = (S_1, S_2, \boldsymbol{A})$ 是一个二人零和博弈，a_{i^*} 是博弈的最大最小策略当且仅当

$$a_{i^*j} \geqslant \underline{f}^*, \forall j \in \{1, 2, \cdots, n\}$$

证明　根据推论 4.2，可知 a_{i^*} 是博弈的最大最小策略当且仅当

$$\underline{f}(i^*) \geqslant \underline{f}^*, \forall j \in \{1, 2, \cdots, n\}$$

根据定义可得

$$\min_j a_{i^*j} \geqslant \underline{f}^*$$

也就是

$$a_{i^*j} \geqslant \underline{f}^*, \forall j \in \{1, 2, \cdots, n\}$$

由此证明了结论。 ■

定义 4.7　假设 $G = (S_1, S_2, \boldsymbol{A})$ 是一个二人零和博弈，参与人 2 取定策略 b_j，那么此策略的保底亏本函数定义为

$$\overline{f}(j) =: \max_i a_{ij}$$

定义 4.8 假设 $G=(S_1,S_2,\boldsymbol{A})$ 是一个二人零和博弈，博弈的最小最大值定义为

$$\overline{f}^*=\min_j \overline{f}(j)=\min_j \max_i a_{ij}$$

也就是参与人 2 所有策略的保底亏本值的最小值。

定义 4.9 假设 $G=(S_1,S_2,\boldsymbol{A})$ 是一个二人零和博弈，博弈的最小最大策略定义为

$$b_{j^*}, j^* \in \operatorname*{Argmin}_j \overline{f}(j)$$

也就是

$$b_{j^*}, \overline{f}(j^*)=\min_j \overline{f}(j)$$

定理 4.2 假设 $G=(S_1,S_2,\boldsymbol{A})$ 是一个二人零和博弈，b_{j^*} 是博弈的最小最大策略当且仅当

$$\overline{f}(j^*)\leqslant \overline{f}(j), \forall j\in\{1,2,\cdots,n\}$$

证明 根据定义 4.9，b_{j^*} 是博弈的最小最大策略当且仅当

$$\overline{f}(j^*)=\min_j \overline{f}(j)$$

也就是

$$\overline{f}(j^*)\leqslant \overline{f}(j), \forall j\in\{1,2,\cdots,n\}$$

由此证明了结论。■

推论 4.4 假设 $G=(S_1,S_2,\boldsymbol{A})$ 是一个二人零和博弈，b_{j^*} 是博弈的最小最大策略当且仅当

$$\max_i a_{ij^*}\leqslant \max_k a_{kj}, \forall j\in\{1,2,\cdots,n\}$$

证明 根据定理 4.2，可知 b_{j^*} 是博弈的最小最大策略当且仅当

$$\overline{f}(j^*)\leqslant \overline{f}(j), \forall j\in\{1,2,\cdots,n\}$$

根据 $\overline{f}(j)$ 的定义可得

$$\max_i a_{ij^*}\leqslant \max_k a_{kj}, \forall j\in\{1,2,\cdots,n\}$$

由此证明了结论。■

推论 4.5 假设 $G=(S_1,S_2,\boldsymbol{A})$ 是一个二人零和博弈，b_{j^*} 是博弈的最小最大策略当且仅当

$$\overline{f}(j^*)\leqslant \overline{f}^*$$

证明　根据推论 4.4，可知 b_{j^*} 是博弈的最小最大策略当且仅当

$$\overline{f}(j^*) \leqslant \overline{f}(j), \forall j \in \{1, 2, \cdots, n\}$$

可以推出

$$\overline{f}(j^*) \leqslant \min_j \overline{f}(j)$$

也就是

$$\overline{f}(j^*) \leqslant \overline{f}^*$$

由此证明了结论。■

推论 4.6　假设 $G = (S_1, S_2, \boldsymbol{A})$ 是一个二人零和博弈，b_{j^*} 是博弈的最小最大策略当且仅当

$$a_{ij^*} \leqslant \overline{f}^*, \forall i \in \{1, 2, \cdots, m\}$$

证明　根据推论 4.5，可知 b_{j^*} 是博弈的最小最大策略当且仅当

$$\overline{f}(j^*) \leqslant \overline{f}^*$$

根据定义 4.7 可得

$$\max_i a_{ij^*} \leqslant \overline{f}^*$$

也就是

$$a_{ij^*} \leqslant \overline{f}^*, \forall i \in \{1, 2, \cdots, m\}$$

由此证明了结论。■

定理 4.3　假设 $G = (S_1, S_2, \boldsymbol{A})$ 是一个二人零和博弈，必定有

$$\underline{f}^* \leqslant \overline{f}^*$$

证明　首先一定有

$$\min_j a_{ij} \leqslant a_{ij}$$

然后可得

$$\max_i \min_j a_{ij} \leqslant \max_i a_{ij}$$

进一步可得

$$\max_i \min_j a_{ij} \leqslant \min_j \max_i a_{ij}$$

Note

也就是

$$\underline{f}^* \leqslant \overline{f}^*$$

由此证明了结论。 ■

上面的定理说明了最大最小值一定小于最小最大值。根据上面的定理，对于一个二人零和博弈，什么时候实现 $\underline{f}^* = \overline{f}^*$？也就是什么时候最大最小值刚好等于最小最大值呢？此时保底盈利值是最大的，保底亏本值也是最小的，由此给出如下的定义。

定义 4.10 假设 $G = (S_1, S_2, \boldsymbol{A})$ 是一个二人零和博弈，博弈有一个值，如果 $\underline{f}^* = \overline{f}^*$，那么此时数值 $v = \underline{f}^* = \overline{f}^*$ 称为博弈值，记为 $v(G)$。那么此时博弈的最大最小策略和最小最大策略分别称为参与人的最优策略，参与人 1 的最优策略和参与人 2 的最优策略形成的策略对称为博弈解，博弈解集合记为

$$\text{Sol}(G) = \{(a_{i^*}, b_{j^*})|\ \ i^* \in \underset{i}{\text{Argmax}}\, \underline{f}(i), j^* \in \underset{j}{\text{Argmin}}\, \overline{f}(j)\}$$

定理 4.4 假设 $G = (S_1, S_2, \boldsymbol{A})$ 是一个二人零和博弈，如果博弈有一个值，那么博弈值是唯一的、确定的，此时参与人 1 的最优策略和参与人 2 的最优策略可以自由组合，形成博弈解。

证明 根据定义 4.10，博弈 $(S_1, S_2, \boldsymbol{A})$ 有值，那么

$$\underline{f}^* = \overline{f}^*$$

也就是

$$v =: \min_j \max_i a_{ij} = \max_i \min_j a_{ij}$$

这个值只与 $\min\limits_j \max\limits_i a_{ij}$ 和 $\max\limits_i \min\limits_j a_{ij}$ 是否相等有关，也就是只与矩阵 $\boldsymbol{A}$ 有关，所以如果博弈有值，那么就一定是唯一的、确定的。

博弈有了值，也就是

$$\max_i \underline{f}(i) = \min_j \overline{f}(j)$$

此时取定 $a_{i^*}, i^* \in \underset{i}{\text{Argmax}}\, \underline{f}(i)$ 和 $b_{j^*}, j^* \in \underset{j}{\text{Argmin}}\, \overline{f}(j)$, 根据定义 4.10，两者都为参与人的最优策略，那么

$$(a_{i^*}, b_{j^*}), \forall i^* \in \underset{i}{\text{Argmax}}\, \underline{f}(i), \forall j^* \in \underset{j}{\text{Argmin}}\, \overline{f}(j)$$

都是博弈的解。由此证明了结论。 ■

对于二人有限零和博弈，有了值就一定有解，值是唯一的，但是解不一定唯一，没有值就一定没有解。这个定理揭示了求博弈解的方法：先判断有没有博弈值，如果没有博弈值，那么没有博弈解；如果有博弈值，那么继续计算可得博弈解。

4.4　二人有限零和博弈的解的刻画

定义 4.11　假设 $G=(S_1,S_2,\boldsymbol{A})$ 是二人有限零和博弈，策略组 (a_{i^*},b_{j^*}) 称为均衡解，满足

$$a_{ij^*}\leqslant a_{i^*j^*}\leqslant a_{i^*j},\forall i=1,2,\cdots,m,j=1,2,\cdots,n$$

博弈 G 的所有均衡解记为

$$\mathrm{Equm}(G)$$

那么均衡解 (a_{i^*},b_{j^*}) 对应的盈利值 $a_{i^*j^*}$ 称为均衡值。

接下来要探索均衡解和博弈解、均衡值和博弈值之间的关系。

定理 4.5　假设 $G=(S_1,S_2,\boldsymbol{A})$ 是二人有限零和博弈，那么任何一个博弈解都是均衡解，此时均衡解的均衡值就是博弈值。

证明　假设 (a_{i^*},b_{j^*}) 是博弈解，那么

$$v=\underline{f}^*=\overline{f}^*$$

并且

$$i^*\in\mathop{\mathrm{Argmax}}_i\underline{f}(i),j^*\in\mathop{\mathrm{Argmin}}_j\overline{f}(j)$$

也就是

$$\begin{aligned}&a_{ij^*}\leqslant\max_i a_{ij^*}=\overline{f}(j^*)=\underline{f}(i^*)=\min_j a_{i^*j}\leqslant\\&a_{i^*j^*}\leqslant\max_i a_{ij^*}=\overline{f}(j^*)=\underline{f}(i^*)=\min_j a_{i^*j}\leqslant\\&a_{i^*j}\end{aligned}$$

所以可得

$$a_{ij^*}\leqslant a_{i^*j^*}\leqslant a_{i^*j}$$

并且

$$a_{i^*j^*}=\underline{f}(i^*)=\overline{f}(j^*)=v$$

由此证明了结论。 ■

Note

定理 4.6 假设 $G=(S_1,S_2,\boldsymbol{A})$ 是二人有限零和博弈，(a_{i^*},b_{j^*}) 是一组均衡解，那么博弈一定有值 $v=a_{i^*j^*}$，并且 (a_{i^*},b_{j^*}) 是一组博弈解。

证明 因为 (a_{i^*},b_{j^*}) 是一组均衡解，根据定义 4.11 可得

$$a_{ij^*}\leqslant a_{i^*j^*}\leqslant a_{i^*j},\forall i=1,2,\cdots,m,j=1,2,\cdots,n$$

进一步可得

$$\overline{f}(j^*)\leqslant a_{i^*j^*}\leqslant \underline{f}(i^*)$$

又因为

$$\underline{f}(i^*)\leqslant \underline{f}^*\leqslant \overline{f}^*\leqslant \overline{f}(j^*)$$

二者结合可得

$$\underline{f}(i^*)\leqslant \underline{f}^*\leqslant \overline{f}^*\leqslant \overline{f}(j^*)\leqslant a_{i^*j^*}\leqslant \underline{f}(i^*)$$

因此所有的不等式变为等式，也就是

$$\underline{f}(i^*)=\underline{f}^*=\overline{f}^*=\overline{f}(j^*)=a_{i^*j^*}=\underline{f}(i^*)$$

推得博弈有博弈值

$$v=a_{i^*j^*}$$

并且

$$i^*\in\operatorname*{Argmax}_i\underline{f}(i),j^*\in\operatorname*{Argmin}_j\overline{f}(j)$$

也就是说 (a_{i^*},b_{j^*}) 是一组博弈解。由此证明了结论。 ■

由上面的两个定理可知，二人零和博弈的均衡解集就是博弈解集，所有均衡值都是一样的，都是博弈值。

推论 4.7 假设 $G=(S_1,S_2,\boldsymbol{A})$ 是一个二人零和博弈，如果

$$(a_{i^*},b_{j^*}),(a_{k^*},b_{l^*})\in\mathrm{Equm}(G)=\mathrm{Sol}(G)$$

那么有

$$(a_{k^*},b_{j^*}),(a_{i^*},b_{l^*})\in\mathrm{Equm}(G)=\mathrm{Sol}(G)$$

我们可以用函数论中的鞍点定理来刻画二人有限零和博弈的均衡解或博弈解。

定义 4.12 函数 $f:X\times Y\to\mathbb{R}$，点 $(x^*,y^*)\in X\times Y$ 称为函数 f 的鞍点，满足

$$f(x^*,y^*)\geqslant f(X,y^*)$$
$$f(x^*,y^*)\leqslant f(x^*,Y)$$

定理 4.7　假设 $G=(S_1,S_2,\boldsymbol{A})$ 是一个二人零和博弈，(a_{i^*},b_{j^*}) 是鞍点当且仅当 (a_{i^*},b_{j^*}) 是博弈解或均衡解。

Note

证明　鞍点是均衡点的另一种说法，根据定理 4.5 和定理 4.6 易证。■

4.5　俾斯麦海战案例的求解

已知俾斯麦海战的博弈模型为

$$\begin{pmatrix} \text{策略} & \text{北路} & \text{南路} \\ \text{北路} & 2 & 2 \\ \text{南路} & 1 & 3 \end{pmatrix}$$

计算最大最小值和最小最大值：

$$\begin{aligned} &\underline{f}(\text{北路})=2\\ &\underline{f}(\text{南路})=1\\ &\underline{f}^*=2\\ &\overline{f}(\text{北路})=2\\ &\overline{f}(\text{南路})=3\\ &\overline{f}^*=2 \end{aligned}$$

可知该博弈有纯粹策略博弈解为 (北路, 北路)，此时的博弈值为 2。

计算该博弈的鞍点可得

$$\begin{pmatrix} \text{策略} & \text{北路} & \text{南路} \\ \text{北路} & \underline{\underline{2}} & \underline{2} \\ \text{南路} & \underline{1} & \underline{3} \end{pmatrix}$$

可知 (北路, 北路) 为鞍点，也就是博弈均衡解，对应的博弈值为 2。

第5章

二人博弈的混合策略解

在纯粹策略意义下，二人有限零和博弈不一定有解，这与以下数学哲学是矛盾的：好的解概念必须对问题和解概念进行扩充，使得大部分问题都有解。在这样的哲学思想的指导下，思考二人有限零和博弈的模型，因为盈利函数是无法进行大幅度修改的，所以只能从策略集上进行修改，也不能毫无原则地修改，最好的方式是进行概率扩张，这种方法产生的策略称为混合策略。混合策略按照博弈模板进行大规模博弈实验，一定比例的参与人选择某种纯粹策略，这种比例关系就解释为概率，这与智能时代的行为大数据分析十分相似。

5.1　案例：猜硬币游戏

两个人同时出示硬币的正面或者反面，如果他们出示的是相同的一面，那么参与人 2 向参与人 1 支付 1 美元；如果他们出示不同的面，那么参与人 1 向参与人 2 支付 1 美元。每个人只关心自己的收益，并且越多越好。

可以很简洁地将上面的问题表示为一个矩阵，第一列表示参与人 1 的策略，第一行表示参与人 2 的策略，括号中的第一个数字表示参与人 1 的盈利，第二个数字表示参与人 2 的盈利：

$$\begin{pmatrix} \text{策略} & H & T \\ H & (1,-1) & (-1,1) \\ T & (-1,1) & (1,-1) \end{pmatrix}$$

通过鞍点定义，求解过程如下：

$$\begin{pmatrix} \text{策略} & H & T \\ H & (\underline{1},-1) & (-1,\underline{1}) \\ T & (-1,\underline{1}) & (\underline{1},-1) \end{pmatrix}$$

可知猜硬币游戏没有纯粹策略博弈解。

Note

博弈过程的第一条路径：假设参与人 1 先做决策，选择策略 H，此时参与人 2 的最好选择是 T；参与人 1 再做决策，选择 T，参与人 2 选择 H，到此陷入了循环。第二条路径：假设参与人 1 先做决策，选择策略 T，此时参与人 2 的最好选择是 H；参与人 1 再做决策，选择 H，参与人 2 选择 T，到此陷入了循环。第三条路径：假设参与人 2 先做决策，选择策略 H，此时参与人 1 的最好选择是 H；参与人 2 再做决策，选择 T，参与人 1 选择 T，到此陷入了循环。第四条路径：假设参与人 2 先做决策，选择策略 T，此时参与人 1 的最好选择是 T；参与人 2 再做决策，选择 H，参与人 1 选择 H，到此陷入了循环。由此可见，任何一条路径的博弈都会陷入循环，而且达不到稳定，所以没有纯粹策略的博弈解。

对于数学上定义的一个解概念而言，我们希望大量的模型都有解，不希望大量的模型没有解。猜硬币游戏是个简单的博弈模型，如果这个模型没有博弈解，那么需要对解概念或者模型进行适当的修改。首先博弈解的概念是需要坚持的，然后模型不能大幅度修改，否则就变成了全新的模型了，所以只需要小幅度修改。由此看来，对策略集进行小幅度修改是合适的，一个恰当的工具是有限集合上的概率分布。

5.2 二人零和博弈的混合模型

第 4 章讨论了二人有限零和博弈，博弈有解的充要条件是

$$\max_i \min_j a_{ij} = \min_j \max_i a_{ij}$$

但是一般无法满足这样的条件，因此很多博弈问题是没有纯粹策略解的，这就需要修改博弈模型。

在一个博弈模型中，参与人是不用修改的，盈利函数是参与人的主观反应，基本上不用修改，可以修改的部分是策略集。在现实决策中，大量的事实表明，参与人采取的是混合策略，即以概率分布在有限纯粹策略集上进行混合选择，这就是混合扩张。

定义 5.1 假设 S 是包含 m 个元素的集合，其上的混合扩张定义为集合 S 上的概率分布空间，记为 Σ_S：

$$\Sigma_S = \{\boldsymbol{x} | \ \boldsymbol{x} \in \mathbb{R}^m, \boldsymbol{x} \geqslant \boldsymbol{0}, \sum_{i=1}^{m} x_i = 1\}$$

定义 5.2　假设 S 是包含有 m 个元素的集合，其上的混合扩张集合为 Σ_S，对于其中的任意一个混合扩张 $\boldsymbol{x} \in \Sigma_S$，其支撑集和零测集分别为

$$\mathrm{Supp}(\boldsymbol{x}) = \{i|\ x_i > 0, i = 1, 2, \cdots, m\}, \mathrm{Zero}(\boldsymbol{x}) = \{i|\ x_i = 0, i = 1, 2, \cdots, m\}$$

定义 5.3　假设 S_1, S_2 分别是参与人 1 和参与人 2 的有限策略集，元素数量分别为 m 和 n，此时称 S_1, S_2 分别为参与人 1 和参与人 2 的纯粹策略集，参与人 1,2 基于 S_1, S_2 的混合策略集记为

$$\Sigma_1 = \{\boldsymbol{x}|\ \boldsymbol{x} \in \mathbb{R}^m, \boldsymbol{x}\ \geqslant \boldsymbol{0}, \sum_{i=1}^{m} x_i = 1\}$$

$$\Sigma_2 = \{\boldsymbol{y}|\ \boldsymbol{y} \in \mathbb{R}^n, \boldsymbol{y}\ \geqslant \boldsymbol{0}, \sum_{j=1}^{n} y_j = 1\}$$

记 $\Sigma = \Sigma_1 \times \Sigma_2$。

定义 5.4　假设 S_1, S_2 分别是参与人 1 和参与人 2 的纯粹策略集，Σ_1, Σ_2 分别是参与人 1 和参与人 2 的混合策略集，$G = (S_1, S_2, \boldsymbol{A})$ 是二人有限零和博弈，那么可以混合扩张为零和博弈：

$$G_{\mathrm{mix}} = (\Sigma_1, \Sigma_2, F)$$

其中，函数 F 是参与人 1 在混合策略意义下的盈利函数，定义为

$$F(\boldsymbol{x}, \boldsymbol{y}) = \boldsymbol{x}^{\mathrm{T}} \boldsymbol{A} \boldsymbol{y}, \forall \boldsymbol{x} \in \Sigma_1, \boldsymbol{y} \in \Sigma_2$$

为了方便起见，我们把 $\mathbb{R}^m$ 空间中的标准正交基记为

$$\boldsymbol{e}_1, \boldsymbol{e}_2, \cdots, \boldsymbol{e}_m$$

把 $\mathbb{R}^n$ 空间中的标准正交基记为

$$\boldsymbol{\eta}_1, \boldsymbol{\eta}_2, \cdots, \boldsymbol{\eta}_n$$

这样 Σ_1 中的元素 $\boldsymbol{x}$ 可以记为

$$\boldsymbol{x} = \sum_{i=1}^{m} x_i \boldsymbol{e}_i$$

Note

同理 Σ_2 中的元素 $\boldsymbol{y}$ 可以记为

$$\boldsymbol{y}=\sum_{j=1}^{n} y_j \boldsymbol{\eta}_j$$

根据 5.1 节的基本的初等代数结论，可以得到如下的一些结论。

定理 5.1 假设 $G=(S_1,S_2,\boldsymbol{A})$ 是二人有限零和博弈，$G_{\text{mix}}=(\Sigma_1,\Sigma_2,F)$ 是其混合扩张，那么有

$$\min_{\boldsymbol{y}} \boldsymbol{x}^{\mathrm{T}}\boldsymbol{A}\boldsymbol{y}=\min_{j} \boldsymbol{x}^{\mathrm{T}}\boldsymbol{A}\boldsymbol{\eta}_j$$

$$\max_{\boldsymbol{x}} \boldsymbol{x}^{\mathrm{T}}\boldsymbol{A}\boldsymbol{y}=\max_{i} \boldsymbol{e}_i^{\mathrm{T}}\boldsymbol{A}\boldsymbol{y}$$

5.3 二人有限零和博弈的混合值与解

定义 5.5 假设 $G=(S_1,S_2,\boldsymbol{A})$ 是二人有限零和博弈，$G_{\text{mix}}=(\Sigma_1,\Sigma_2,F)$ 是其混合扩张，混合博弈的盈利上界定义为

$$U(G_{\text{mix}})=\max_{\boldsymbol{x},\boldsymbol{y}} \boldsymbol{x}^{\mathrm{T}}\boldsymbol{A}\boldsymbol{y}$$

定义 5.6 假设 $G=(S_1,S_2,\boldsymbol{A})$ 是二人有限零和博弈，$G_{\text{mix}}=(\Sigma_1,\Sigma_2,F)$ 是其混合扩张，混合博弈的盈利下界定义为

$$L(G_{\text{mix}})=\min_{\boldsymbol{x},\boldsymbol{y}} \boldsymbol{x}^{\mathrm{T}}\boldsymbol{A}\boldsymbol{y}$$

定义 5.7 假设 $G=(S_1,S_2,\boldsymbol{A})$ 是二人有限零和博弈，$G_{\text{mix}}=(\Sigma_1,\Sigma_2,F)$ 是其混合扩张，对于参与人 1 的混合策略 $\boldsymbol{x}$，混合博弈的保底盈利函数定义为

$$\underline{F}(\boldsymbol{x})=\min_{\boldsymbol{y}} \boldsymbol{x}^{\mathrm{T}}\boldsymbol{A}\boldsymbol{y}$$

定理 5.2 假设 $G=(S_1,S_2,\boldsymbol{A})$ 是二人有限零和博弈，$G_{\text{mix}}=(\Sigma_1,\Sigma_2,F)$ 是其混合扩张，那么有

$$\underline{F}(\boldsymbol{x})=\min_{j} \boldsymbol{x}^{\mathrm{T}}\boldsymbol{A}\boldsymbol{\eta}_j$$

定义 5.8 假设 $G=(S_1,S_2,\boldsymbol{A})$ 是二人有限零和博弈，$G_{\text{mix}}=(\Sigma_1,\Sigma_2,F)$ 是其混合扩张，混合博弈的最大最小值定义为

$$\underline{F}^*=\max_{\boldsymbol{x}} \underline{F}(\boldsymbol{x})=\max_{\boldsymbol{x}}\min_{\boldsymbol{y}} \boldsymbol{x}^{\mathrm{T}}\boldsymbol{A}\boldsymbol{y}=\max_{\boldsymbol{x}}\min_{j} \boldsymbol{x}^{\mathrm{T}}\boldsymbol{A}\boldsymbol{\eta}_j,$$

即参与人 1 的保底盈利值。

定义 5.9　假设 $G=(S_1,S_2,\boldsymbol{A})$ 是二人有限零和博弈，$G_{\mathrm{mix}}=(\Sigma_1,\Sigma_2,F)$ 是其混合扩张，博弈的最大最小策略定义为

$$\boldsymbol{x}^*,\boldsymbol{x}^*\in \underline{F}^{-1}(\underline{F}^*),\boldsymbol{x}^*\in \underset{\boldsymbol{x}}{\mathrm{Argmax}}\,\underline{F}(\boldsymbol{x})$$

定理 5.3　假设 $G=(S_1,S_2,\boldsymbol{A})$ 是二人有限零和博弈，$G_{\mathrm{mix}}=(\Sigma_1,\Sigma_2,F)$ 是其混合扩张，那么函数

$$\underline{F}:\Sigma_1\to\mathbb{R}^1$$

是连续函数，$\underline{F}^*$ 一定存在，最大最小策略也一定存在。

证明　Σ_1 是有界闭的凸集，函数 $\underline{F}$ 是多个线性函数的取小函数，所以一定连续，根据波尔查诺–维尔斯特拉斯定理，最大值点一定存在，最大值一定可以取到。■

定理 5.4　假设 $G=(S_1,S_2,\boldsymbol{A})$ 是二人有限零和博弈，$G_{\mathrm{mix}}=(\Sigma_1,\Sigma_2,F)$ 是其混合扩张，$\boldsymbol{x}^*$ 是博弈的最大最小策略当且仅当

$$\underline{F}(\boldsymbol{x}^*)\geqslant \underline{F}(\boldsymbol{x}),\forall\boldsymbol{x}\in\Sigma_1$$

推论 5.1　假设 $G=(S_1,S_2,\boldsymbol{A})$ 是二人有限零和博弈，$G_{\mathrm{mix}}=(\Sigma_1,\Sigma_2,F)$ 是其混合扩张，$\boldsymbol{x}^*$ 是博弈的最大最小策略当且仅当

$$\min_{\boldsymbol{y}}\boldsymbol{x}^{*\mathrm{T}}\boldsymbol{A}\boldsymbol{y}\geqslant\min_{\boldsymbol{z}}\boldsymbol{x}^{\mathrm{T}}\boldsymbol{A}\boldsymbol{z},\forall\boldsymbol{x}\in\Sigma_1$$

推论 5.2　假设 $G=(S_1,S_2,\boldsymbol{A})$ 是二人有限零和博弈，$G_{\mathrm{mix}}=(\Sigma_1,\Sigma_2,F)$ 是其混合扩张，$\boldsymbol{x}^*$ 是博弈的最大最小策略当且仅当

$$\min_{j}\boldsymbol{x}^{*\mathrm{T}}\boldsymbol{A}\boldsymbol{\eta}_j\geqslant\min_{k}\boldsymbol{x}^{\mathrm{T}}\boldsymbol{A}\boldsymbol{\eta}_k,\forall\boldsymbol{x}\in\Sigma_1$$

推论 5.3　假设 $G=(S_1,S_2,\boldsymbol{A})$ 是二人有限零和博弈，$G_{\mathrm{mix}}=(\Sigma_1,\Sigma_2,F)$ 是其混合扩张，$\boldsymbol{x}^*$ 是博弈的最大最小策略当且仅当

$$\boldsymbol{x}^{*\mathrm{T}}\boldsymbol{A}\boldsymbol{y}\geqslant\underline{F}^*,\forall\boldsymbol{y}\in\Sigma_2$$

推论 5.4　假设 $G=(S_1,S_2,\boldsymbol{A})$ 是二人有限零和博弈，$G_{\mathrm{mix}}=(\Sigma_1,\Sigma_2,F)$ 是其混合扩张，$\boldsymbol{x}^*$ 是博弈的最大最小策略当且仅当

$$\boldsymbol{x}^{*\mathrm{T}}\boldsymbol{A}\boldsymbol{\eta}_j\geqslant\underline{F}^*$$

证明 定理 5.4 和推论 5.1~ 推论 5.4 都是最大最小策略的定义和基本的代数结论，读者可自行证明。 ■

定义 5.10 假设 $G=(S_1,S_2,\boldsymbol{A})$ 是二人有限零和博弈，$G_{\text{mix}}=(\Sigma_1,\Sigma_2,F)$ 是其混合扩张，博弈的最大亏本函数定义为

$$\overline{F}(\boldsymbol{y})=\max_{\boldsymbol{x}}\boldsymbol{x}^{\mathrm{T}}\boldsymbol{A}\boldsymbol{y}$$

定理 5.5 假设 $G=(S_1,S_2,\boldsymbol{A})$ 是二人有限零和博弈，$G_{\text{mix}}=(\Sigma_1,\Sigma_2,F)$ 是其混合扩张，那么有

$$\overline{F}(\boldsymbol{y})=\max_{i}\boldsymbol{e}_i^{\mathrm{T}}\boldsymbol{A}\boldsymbol{y}$$

定义 5.11 假设 $G=(S_1,S_2,\boldsymbol{A})$ 是二人有限零和博弈，$G_{\text{mix}}=(\Sigma_1,\Sigma_2,F)$ 是其混合扩张，博弈的最小最大值定义为

$$\overline{F}^*=\min_{\boldsymbol{y}}\overline{F}(\boldsymbol{y})=\min_{\boldsymbol{y}}\max_{\boldsymbol{x}}\boldsymbol{x}^{\mathrm{T}}\boldsymbol{A}\boldsymbol{y}=\min_{\boldsymbol{y}}\max_{i}\boldsymbol{e}_i^{\mathrm{T}}\boldsymbol{A}\boldsymbol{y}$$

即参与人 2 的保底亏本值。

定义 5.12 假设 $G=(S_1,S_2,\boldsymbol{A})$ 是二人有限零和博弈，$G_{\text{mix}}=(\Sigma_1,\Sigma_2,F)$ 是其混合扩张，博弈的最小最大策略定义为

$$\boldsymbol{y}^*,\boldsymbol{y}^*\in\overline{F}^{-1}(\overline{F}^*),\boldsymbol{y}^*\in\operatorname*{Argmin}_{\boldsymbol{y}}\overline{F}(\boldsymbol{y})$$

定理 5.6 假设 $G=(S_1,S_2,\boldsymbol{A})$ 是二人有限零和博弈，$G_{\text{mix}}=(\Sigma_1,\Sigma_2,F)$ 是其混合扩张，那么

$$\overline{F}:\Sigma_2\to\mathbb{R}^1$$

是连续函数，$\overline{F}^*$ 一定存在，最小最大策略也一定存在。

证明 Σ_2 是有界闭的凸集，函数 $\overline{F}$ 是多个线性函数的取大函数，所以一定连续，根据波尔查诺–维尔斯特拉斯定理，最小值点一定存在，最小值一定可以取到。 ■

定理 5.7 假设 $G=(S_1,S_2,\boldsymbol{A})$ 是二人有限零和博弈，$G_{\text{mix}}=(\Sigma_1,\Sigma_2,F)$ 是其混合扩张，$\boldsymbol{y}^*$ 是博弈的最小最大策略当且仅当

$$\overline{F}(\boldsymbol{y}^*)\leqslant\overline{F}(\boldsymbol{y}),\forall\boldsymbol{y}\in\Sigma_2$$

推论 5.5 假设 $G=(S_1,S_2,\boldsymbol{A})$ 是二人有限零和博弈，$G_{\text{mix}}=(\Sigma_1,\Sigma_2,F)$ 是其混合扩张，$\boldsymbol{y}^*$ 是博弈的最小最大策略当且仅当

$$\max_{\boldsymbol{x}}\boldsymbol{x}^{\mathrm{T}}\boldsymbol{A}\boldsymbol{y}^*\leqslant\max_{\boldsymbol{z}}\boldsymbol{z}^{\mathrm{T}}\boldsymbol{A}\boldsymbol{y},\forall\boldsymbol{y}\in\Sigma_2$$

推论 5.6　假设 $G=(S_1,S_2,\boldsymbol{A})$ 是二人有限零和博弈，$G_{\text{mix}}=(\Sigma_1,\Sigma_2,F)$ 是其混合扩张，$\boldsymbol{y}^*$ 是博弈的最小最大策略当且仅当

$$\max_i \boldsymbol{e}_i^{\mathrm{T}}\boldsymbol{A}\boldsymbol{y}^* \leqslant \max_k \boldsymbol{e}_k^{\mathrm{T}}\boldsymbol{A}\boldsymbol{y}, \forall \boldsymbol{y}\in\Sigma_2$$

推论 5.7　假设 $G=(S_1,S_2,\boldsymbol{A})$ 是二人有限零和博弈，$G_{\text{mix}}=(\Sigma_1,\Sigma_2,F)$ 是其混合扩张，$\boldsymbol{y}^*$ 是博弈的最小最大策略当且仅当

$$\boldsymbol{x}^{\mathrm{T}}\boldsymbol{A}\boldsymbol{y}^* \leqslant \overline{F}^*, \forall \boldsymbol{x}\in\Sigma_1$$

推论 5.8　假设 $G=(S_1,S_2,\boldsymbol{A})$ 是二人有限零和博弈，$G_{\text{mix}}=(\Sigma_1,\Sigma_2,F)$ 是其混合扩张，$\boldsymbol{y}^*$ 是博弈的最小最大策略当且仅当

$$\boldsymbol{e}_i^{\mathrm{T}}\boldsymbol{A}\boldsymbol{y}^* \leqslant \overline{F}^*$$

证明　定理 5.7 和推论 5.5～ 推论 5.8 都是最小最大策略的定义和基本的代数结论，证明由读者自己完成。■

定理 5.8　假设 $G=(S_1,S_2,\boldsymbol{A})$ 是二人有限零和博弈，$G_{\text{mix}}=(\Sigma_1,\Sigma_2,F)$ 是其混合扩张，必定有

$$\underline{F}^* \leqslant \overline{F}^*$$

证明　首先自然成立

$$\min_{\boldsymbol{y}} \boldsymbol{x}^{\mathrm{T}}\boldsymbol{A}\boldsymbol{y} \leqslant \boldsymbol{x}^{\mathrm{T}}\boldsymbol{A}\boldsymbol{y}$$

两边同时取 $\max\limits_{\boldsymbol{x}}$ 可得

$$\max_{\boldsymbol{x}}\min_{\boldsymbol{y}} \boldsymbol{x}^{\mathrm{T}}\boldsymbol{A}\boldsymbol{y} \leqslant \max_{\boldsymbol{x}} \boldsymbol{x}^{\mathrm{T}}\boldsymbol{A}\boldsymbol{y}$$

两边再同时取 $\min\limits_{\boldsymbol{y}}$ 可得

$$\min_{\boldsymbol{y}}\max_{\boldsymbol{x}}\min_{\boldsymbol{y}} \boldsymbol{x}^{\mathrm{T}}\boldsymbol{A}\boldsymbol{y} \leqslant \min_{\boldsymbol{y}}\max_{\boldsymbol{x}} \boldsymbol{x}^{\mathrm{T}}\boldsymbol{A}\boldsymbol{y}$$

左边最外层的 $\min\limits_{\boldsymbol{y}}$ 没有作用价值，可得

$$\max_{\boldsymbol{x}}\min_{\boldsymbol{y}} \boldsymbol{x}^{\mathrm{T}}\boldsymbol{A}\boldsymbol{y} \leqslant \min_{\boldsymbol{y}}\max_{\boldsymbol{x}} \boldsymbol{x}^{\mathrm{T}}\boldsymbol{A}\boldsymbol{y}$$

也就是

$$\underline{F}^* \leqslant \overline{F}^*$$

Note

由此证明了结论。 ■

根据定理 5.8，对于一个二人零和混合博弈，可以讨论什么时候实现

$$\underline{F}^* = \overline{F}^*$$

此时参与人 1 的保底盈利函数最大，参与人 2 的保底亏本函数最小，这是一个特殊的情形，可以作为博弈解定义的出发点。

定义 5.13 假设 $G = (S_1, S_2, \boldsymbol{A})$ 是二人有限零和博弈，$G_{\text{mix}} = (\Sigma_1, \Sigma_2, F)$ 是其混合扩张，称混合博弈有一个值，如果

$$\underline{F}^* = \overline{F}^*$$

那么此时数值

$$v_{\text{mix}} = \underline{F}^* = \overline{F}^*$$

称为混合博弈值，此时博弈的最大最小策略和最小最大策略称为博弈的混合最优策略。参与人 1 和参与人 2 的任意混合最优策略形成的策略对称为博弈的混合解，所有的混合解记为

$$\text{MixSol}(G) = \{(\boldsymbol{x}^*, \boldsymbol{y}^*) | \ \boldsymbol{x}^* \in \underline{F}^{-1}(v_{\text{mix}}); \boldsymbol{y}^* \in \overline{F}^{-1}(v_{\text{mix}})\}$$

定理 5.9 假设 $G = (S_1, S_2, \boldsymbol{A})$ 是一个二人零和博弈，$G_{\text{mix}} = (\Sigma_1, \Sigma_2, F)$ 是其混合扩张，如果博弈有一个混合值，那么混合博弈值一定是唯一的、确定的，此时参与人 1 的混合最优策略和参与人 2 的混合最优策略可以自由组合，形成混合博弈解。

证明 根据定义，博弈 $(S_1, S_2, \boldsymbol{A})$ 有混合值，那么

$$\overline{F}^* = \underline{F}^*$$

也就是

$$v_{\text{mix}} = \min_{\boldsymbol{y}} \max_{\boldsymbol{x}} \boldsymbol{x}^{\text{T}} \boldsymbol{A} \boldsymbol{y} = \max_{\boldsymbol{x}} \min_{\boldsymbol{y}} \boldsymbol{x}^{\text{T}} \boldsymbol{A} \boldsymbol{y}$$

这个值只与 $\min\limits_{\boldsymbol{y}} \max\limits_{\boldsymbol{x}} \boldsymbol{x}^{\text{T}} \boldsymbol{A} \boldsymbol{y}$ 和 $\max\limits_{\boldsymbol{x}} \min\limits_{\boldsymbol{y}} \boldsymbol{x}^{\text{T}} \boldsymbol{A} \boldsymbol{y}$ 是否相等有关，所以如果博弈有混合值，那么就一定是唯一的、确定的。 ■

对于二人有限零和博弈，有了混合值就一定有混合解，混合值是唯一的，但是混合解不一定唯一，没有混合值就一定没有混合解。定理 5.9 说明了求博弈混合解的方法，即先判断有没有混合博弈值，如果没有混合博弈值，那么没有混合博弈解；如果有混合博弈值，那么继续计算可得博弈解。

5.4　二人有限零和博弈的混合解的刻画

定义 5.14　假设 $G=(S_1,S_2,\boldsymbol{A})$ 是二人有限零和博弈，$G_{\text{mix}}=(\Sigma_1,\Sigma_2,F)$ 是其混合扩张，称

$$(\boldsymbol{x}^*,\boldsymbol{y}^*)\in\Sigma=\Sigma_1\times\Sigma_2$$

是混合均衡解，如果满足

$$\boldsymbol{x}^{\mathrm{T}}\boldsymbol{A}\boldsymbol{y}^*\leqslant\boldsymbol{x}^{*\mathrm{T}}\boldsymbol{A}\boldsymbol{y}^*\leqslant\boldsymbol{x}^{*\mathrm{T}}\boldsymbol{A}\boldsymbol{y},\forall\boldsymbol{x}\in\Sigma_1,\boldsymbol{y}\in\Sigma_2$$

那么所有的混合均衡解记为 MixEqum(G)，混合均衡解对应的均衡值称为混合均衡值。

接下来探索混合均衡解和混合博弈解、混合均衡值和混合博弈值之间的关系。

定理 5.10　假设 $G=(S_1,S_2,\boldsymbol{A})$ 是二人有限零和博弈，$G_{\text{mix}}=(\Sigma_1,\Sigma_2,F)$ 是其混合扩张，那么任何一个混合博弈解都是混合均衡解，此时混合均衡值就是混合博弈值。

证明　假设 $(\boldsymbol{x}^*,\boldsymbol{y}^*)$ 是混合博弈解，那么

$$v_{\text{mix}}=\overline{F}^*=\underline{F}^*$$

并且

$$\boldsymbol{x}^*\in\operatorname*{Argmax}_{\boldsymbol{x}}\underline{F}(\boldsymbol{x}),\boldsymbol{y}^*\in\operatorname*{Argmin}_{\boldsymbol{y}}\overline{F}(\boldsymbol{y})$$

也就是

$$\begin{aligned}&\boldsymbol{x}^{\mathrm{T}}\boldsymbol{A}\boldsymbol{y}^*\leqslant\max_{\boldsymbol{x}}\boldsymbol{x}^{\mathrm{T}}\boldsymbol{A}\boldsymbol{y}^*=\overline{F}(\boldsymbol{y}^*)=\underline{F}(\boldsymbol{x}^*)=\min_{\boldsymbol{y}}\boldsymbol{x}^{*\mathrm{T}}\boldsymbol{A}\boldsymbol{y}\leqslant\\&\boldsymbol{x}^{*\mathrm{T}}\boldsymbol{A}\boldsymbol{y}^*\leqslant\max_{\boldsymbol{x}}\boldsymbol{x}^{\mathrm{T}}\boldsymbol{A}\boldsymbol{y}^*=\overline{F}(\boldsymbol{y}^*)=\underline{F}(\boldsymbol{x}^*)=\min_{\boldsymbol{y}}\boldsymbol{x}^{*\mathrm{T}}\boldsymbol{A}\boldsymbol{y}\leqslant\\&\boldsymbol{x}^{*\mathrm{T}}\boldsymbol{A}\boldsymbol{y}\end{aligned}$$

所以可得

$$\boldsymbol{x}^{\mathrm{T}}\boldsymbol{A}\boldsymbol{y}^*\leqslant\boldsymbol{x}^{*\mathrm{T}}\boldsymbol{A}\boldsymbol{y}^*\leqslant\boldsymbol{x}^{*\mathrm{T}}\boldsymbol{A}\boldsymbol{y}$$

并且

$$\boldsymbol{x}^{*\mathrm{T}}\boldsymbol{A}\boldsymbol{y}^*=\overline{F}(\boldsymbol{y}^*)=\underline{F}(\boldsymbol{x}^*)=v_{\text{mix}}$$

由此证明了结论。■

Note

定理 5.11 假设 $G=(S_1,S_2,\boldsymbol{A})$ 是二人有限零和博弈，$G_{\text{mix}}=(\Sigma_1,\Sigma_2,F)$ 是其混合扩张，$(\boldsymbol{x}^*,\boldsymbol{y}^*)$ 是一组混合均衡解，那么博弈一定有混合值

$$v_{\text{mix}}=\boldsymbol{x}^{*\mathrm{T}}\boldsymbol{A}\boldsymbol{y}^*$$

且 $(\boldsymbol{x}^*,\boldsymbol{y}^*)$ 是一组混合博弈解。

证明 因为 $(\boldsymbol{x}^*,\boldsymbol{y}^*)$ 是一组混合均衡解，根据定义可得

$$\boldsymbol{x}^{\mathrm{T}}\boldsymbol{A}\boldsymbol{y}^* \leqslant \boldsymbol{x}^{*\mathrm{T}}\boldsymbol{A}\boldsymbol{y}^* \leqslant \boldsymbol{x}^{*\mathrm{T}}\boldsymbol{A}\boldsymbol{y},\forall \boldsymbol{x},\boldsymbol{y}$$

进一步可得

$$\overline{F}(\boldsymbol{y}^*) \leqslant \boldsymbol{x}^{*\mathrm{T}}\boldsymbol{A}\boldsymbol{y}^* \leqslant \underline{F}(\boldsymbol{x}^*)$$

又因为

$$\underline{F}(\boldsymbol{x}^*) \leqslant \underline{F}^* \leqslant \overline{F}^* \leqslant \overline{F}(\boldsymbol{y}^*)$$

二者结合可得

$$\underline{F}(\boldsymbol{x}^*) \leqslant \underline{F}^* \leqslant \overline{F}^* \leqslant \overline{F}(\boldsymbol{y}^*) \leqslant \boldsymbol{x}^{*\mathrm{T}}\boldsymbol{A}\boldsymbol{y}^* \leqslant \underline{F}(\boldsymbol{x}^*)$$

将所有的不等式变为等式，即

$$\underline{F}(\boldsymbol{x}^*)=\underline{F}^*=\overline{F}^*=\overline{F}(\boldsymbol{y}^*)=\boldsymbol{x}^{*\mathrm{T}}\boldsymbol{A}\boldsymbol{y}^*=\underline{F}(\boldsymbol{x}^*)$$

可得有混合博弈值为

$$v_{\text{mix}}=\boldsymbol{x}^{*\mathrm{T}}\boldsymbol{A}\boldsymbol{y}^*$$

并且

$$\boldsymbol{x}^*\in \operatorname*{Argmax}_{\boldsymbol{x}}\underline{F}(\boldsymbol{x}),\boldsymbol{y}^*\in \operatorname*{Argmin}_{\boldsymbol{y}}\overline{F}(\boldsymbol{y})$$

也就是说 $(\boldsymbol{x}^*,\boldsymbol{y}^*)$ 是一组混合博弈解。由此证明了结论。 ■

定理 5.10 和定理 5.11 表明二人零和博弈的混合均衡解集就是混合博弈解集，所有混合均衡值都是一样的，都是混合博弈值。

推论 5.9 假设 $G=(S_1,S_2,\boldsymbol{A})$ 是二人有限零和博弈，$G_{\text{mix}}=(\Sigma_1,\Sigma_2,F)$ 是其混合扩张，如果

$$(\boldsymbol{x}^*,\boldsymbol{y}^*),(\boldsymbol{z}^*,\boldsymbol{w}^*)\in \text{MixEqum}(G)=\text{MixSol}(G)$$

那么有

$$(\boldsymbol{x}^*,\boldsymbol{w}^*),(\boldsymbol{z}^*,\boldsymbol{y}^*)\in \text{MixEqum}(G)=\text{MixSol}(G)$$

可以用函数论中的鞍点定理来刻画二人有限零和博弈的均衡解或者博弈解。

定义 5.15　函数 $f: X \times Y \to \mathbb{R}$，如果满足

$$\begin{aligned} f(\boldsymbol{x}^*, \boldsymbol{y}^*) &\geqslant f(X, \boldsymbol{y}^*) \\ f(\boldsymbol{x}^*, \boldsymbol{y}^*) &\leqslant f(\boldsymbol{x}^*, Y) \end{aligned}$$

那么点 $(\boldsymbol{x}^*, \boldsymbol{y}^*) \in X \times Y$ 称为函数 f 的鞍点。

定理 5.12　假设 $G = (S_1, S_2, \boldsymbol{A})$ 是二人有限零和博弈，$G_{\text{mix}} = (\Sigma_1, \Sigma_2, F)$ 是其混合扩张，$(\boldsymbol{x}^*, \boldsymbol{y}^*)$ 是函数 F 的鞍点当且仅当 $(\boldsymbol{x}^*, \boldsymbol{y}^*)$ 是混合博弈解或者混合均衡解。

证明　鞍点是均衡点的另一种说法，根据定理 5.10 和定理 5.11 易证。 ■

5.5　二人有限零和博弈的混合解的存在性

二人有限零和博弈混合扩张以后，有混合解吗？这是一个基本的问题。对于二人有限零和博弈，纯粹策略下的博弈解是不一定存在的，但是对于混合情形，可以给出肯定的回答。本质上就是要证明

$$\underline{F}^* = \overline{F}^*$$

在介绍下面的关键定理之前，需要先了解线性优化的基本对偶定理。

引理 5.1 (一般形式的线性优化的对偶)　假设 $\boldsymbol{c} \in \mathbb{R}^n, d \in \mathbb{R}^1, \boldsymbol{G} \in M_{m\times n}(\mathbb{R})$, $\boldsymbol{h} \in \mathbb{R}^m, \boldsymbol{A} \in M_{l\times n}(\mathbb{R}), \boldsymbol{b} \in \mathbb{R}^l$，一般形式的线性优化模型为

$$\begin{aligned} \min\ & \boldsymbol{c}^{\mathrm{T}}\boldsymbol{x} + d \\ \text{s.t.}\ & \boldsymbol{G}\boldsymbol{x} - \boldsymbol{h} \leqslant \boldsymbol{0} \\ & \boldsymbol{A}\boldsymbol{x} - \boldsymbol{b} = \boldsymbol{0} \end{aligned}$$

其对偶问题为

$$\begin{aligned} \min\ & \boldsymbol{\alpha}^{\mathrm{T}}\boldsymbol{h} + \boldsymbol{\beta}^{\mathrm{T}}\boldsymbol{b} - d \\ \text{s.t.}\ & \boldsymbol{\alpha} \geqslant \boldsymbol{0}, \boldsymbol{G}^{\mathrm{T}}\boldsymbol{\alpha} + \boldsymbol{A}^{\mathrm{T}}\boldsymbol{\beta} + \boldsymbol{c} = \boldsymbol{0} \end{aligned}$$

二者等价。

引理 5.2 (标准形式的线性优化的对偶)　假设 $\boldsymbol{c} \in \mathbb{R}^n, d \in \mathbb{R}^1, \boldsymbol{A} \in M_{l\times n}(\mathbb{R})$, $\boldsymbol{b} \in \mathbb{R}^l$，标准形式的线性优化模型为

$$\min\ \boldsymbol{c}^{\mathrm{T}}\boldsymbol{x} + d$$

Note

$$
\begin{aligned}
\text{s.t.}\quad & \boldsymbol{x} \geqslant \boldsymbol{0} \\
& \boldsymbol{A}\boldsymbol{x} - \boldsymbol{b} = 0
\end{aligned}
$$

其对偶问题为

$$
\begin{aligned}
\min\ & \boldsymbol{\beta}^{\mathrm{T}}\boldsymbol{b} - d \\
\text{s.t.}\quad & \boldsymbol{\alpha} \geqslant \boldsymbol{0}, -\boldsymbol{\alpha} + \boldsymbol{A}^{\mathrm{T}}\boldsymbol{\beta} + \boldsymbol{c} = \boldsymbol{0}
\end{aligned}
$$

二者等价。

引理5.3(不等式形式的线性规划的对偶)　假设 $\boldsymbol{c}\in\mathbb{R}^n, d\in\mathbb{R}^1, \boldsymbol{A}\in M_{m\times n}(\mathbb{R})$, $\boldsymbol{b}\in\mathbb{R}^m$，求解不等式形式的线性规划模型

$$
\begin{aligned}
\min\ & \boldsymbol{c}^{\mathrm{T}}\boldsymbol{x} + d \\
\text{s.t.}\quad & \boldsymbol{A}\boldsymbol{x} \leqslant \boldsymbol{b}
\end{aligned}
$$

的对偶问题为

$$
\begin{aligned}
\min\ & \boldsymbol{\alpha}^{\mathrm{T}}\boldsymbol{b} - d \\
\text{s.t.}\quad & \boldsymbol{\alpha} \geqslant \boldsymbol{0}, \boldsymbol{A}^{\mathrm{T}}\boldsymbol{\alpha} + \boldsymbol{c} = \boldsymbol{0}
\end{aligned}
$$

二者等价。

定理 5.13　假设 $G = (S_1, S_2, \boldsymbol{A})$ 是二人有限零和博弈，$G_{\text{mix}} = (\Sigma_1, \Sigma_2, F)$ 是其混合扩张，那么一定有

$$\overline{F}^* = \underline{F}^*$$

也就是博弈一定有混合值，一定也有混合博弈解，也就是混合均衡解。

证明　根据定义 $\overline{F}^*$ 等价于

$$\min_{\boldsymbol{y}} \ (\max_{\boldsymbol{x}} \boldsymbol{x}^{\mathrm{T}}\boldsymbol{A}\boldsymbol{y})$$

也就是

$$\min_{\boldsymbol{y}} \ (\max_{i} \boldsymbol{e}_i^{\mathrm{T}}\boldsymbol{A}\boldsymbol{y})$$

转化为

$$
\begin{aligned}
\min\ & (\max_{i} \boldsymbol{e}_i^{\mathrm{T}}\boldsymbol{A}\boldsymbol{y}) \\
\text{s.t.}\quad & \sum_{j=1} y_j = 1, \boldsymbol{y} \geqslant \boldsymbol{0}
\end{aligned}
$$

进一步转化为

$$\begin{aligned} \min \quad & \boldsymbol{v} \\ \text{s.t.} \quad & \max_i \boldsymbol{e}_i^{\mathrm{T}} \boldsymbol{A}\boldsymbol{y} \leqslant \boldsymbol{v} \\ & \sum_{j=1} y_j = 1, \boldsymbol{y} \geqslant \boldsymbol{0} \end{aligned}$$

整理可得

$$\begin{aligned} \min \quad & \boldsymbol{v} \\ \text{s.t.} \quad & \boldsymbol{A}\boldsymbol{y} \leqslant \boldsymbol{v}\boldsymbol{1}_m \\ & \boldsymbol{1}_n^{\mathrm{T}}\boldsymbol{y} = 1, \boldsymbol{y} \geqslant \boldsymbol{0} \end{aligned}$$

整理成典范形式可得

$$\begin{aligned} \min \quad & \boldsymbol{v} \\ \text{s.t.} \quad & \boldsymbol{A}\boldsymbol{y} - \boldsymbol{v}\boldsymbol{1}_m \leqslant \boldsymbol{0} \\ & -\boldsymbol{y} \leqslant \boldsymbol{0} \\ & \boldsymbol{1}_n^{\mathrm{T}}\boldsymbol{y} - 1 = 0 \end{aligned}$$

这是以 $(\boldsymbol{v}, \boldsymbol{y})$ 为自变量的线性优化问题，一定有最小值和最小值点，最小值就是 $\overline{F}^*$，最小值点就是最小最大策略。

同样根据定义 $\underline{F}^*$ 等价于

$$\max_{\boldsymbol{x}} \quad (\min_{\boldsymbol{y}} \boldsymbol{x}^{\mathrm{T}} \boldsymbol{A}\boldsymbol{y})$$

也就是

$$\max_{\boldsymbol{x}} \quad (\min_{j} \boldsymbol{x}^{\mathrm{T}} \boldsymbol{A}\boldsymbol{\eta}_j)$$

转化为

$$\begin{aligned} \max \quad & (\min_{j} \boldsymbol{x}^{\mathrm{T}} \boldsymbol{A}\boldsymbol{\eta}_j) \\ \text{s.t.} \quad & \sum_{i=1} x_i = 1, \boldsymbol{x} \geqslant \boldsymbol{0} \end{aligned}$$

进一步转化为

$$\max \quad \boldsymbol{w}$$

$$
\begin{aligned}
\text{s.t.} \quad & \min_j \boldsymbol{x}^{\mathrm{T}} \boldsymbol{A} \boldsymbol{\eta}_j \geqslant \boldsymbol{w} \\
& \sum_{i=1} x_i = 1, \boldsymbol{x} \geqslant \mathbf{0}
\end{aligned}
$$

整理可得

$$
\begin{aligned}
\max \quad & \boldsymbol{w} \\
\text{s.t.} \quad & \boldsymbol{x}^{\mathrm{T}} \boldsymbol{A} \geqslant \boldsymbol{w} \mathbf{1}_n^{\mathrm{T}} \\
& \mathbf{1}_m^{\mathrm{T}} \boldsymbol{x} = 1, \boldsymbol{x} \geqslant \mathbf{0}
\end{aligned}
$$

整理为典范形式可得

$$
\begin{aligned}
\max \quad & \boldsymbol{w} \\
\text{s.t.} \quad & -\boldsymbol{A}^{\mathrm{T}} \boldsymbol{x} + \boldsymbol{w} \mathbf{1}_n \leqslant \mathbf{0} \\
& -\boldsymbol{x} \leqslant \mathbf{0} \\
& \mathbf{1}_m^{\mathrm{T}} \boldsymbol{x} - 1 = 0
\end{aligned}
$$

这是以 $(\boldsymbol{w}, \boldsymbol{x})$ 为自变量的线性优化问题，可知一定有最大值和最大值点，最大值就是 $\underline{F}^*$，最大值点就是最大最小策略。

要论证

$$
\overline{F}^* = \underline{F}^*
$$

只需要论证

$$
\begin{aligned}
\min \quad & \boldsymbol{v} \\
\text{s.t.} \quad & \boldsymbol{A} \boldsymbol{y} - \boldsymbol{v} \mathbf{1}_m \leqslant \mathbf{0} \\
& -\boldsymbol{y} \leqslant \mathbf{0} \\
& \mathbf{1}_n^{\mathrm{T}} \boldsymbol{y} - 1 = 0
\end{aligned}
$$

和

$$
\begin{aligned}
\max \quad & \boldsymbol{w} \\
\text{s.t.} \quad & -\boldsymbol{A}^{\mathrm{T}} \boldsymbol{x} + \boldsymbol{w} \mathbf{1}_n \leqslant \mathbf{0} \\
& -\boldsymbol{x} \leqslant \mathbf{0} \\
& \mathbf{1}_m^{\mathrm{T}} \boldsymbol{x} - 1 = 0
\end{aligned}
$$

是对偶的。如果能证明这一点，那么根据线性优化对偶定理可知，这两个模型的最优值相等。

下面计算模型

$$
\begin{aligned}
\min \quad & \boldsymbol{v} \\
\text{s.t.} \quad & \boldsymbol{A}\boldsymbol{y} - \boldsymbol{v}\mathbf{1}_m \leqslant \mathbf{0} \\
& -\boldsymbol{y} \leqslant \mathbf{0} \\
& \mathbf{1}_n^{\mathrm{T}}\boldsymbol{y} - 1 = 0
\end{aligned}
$$

的对偶模型，整理得到

$$
\begin{aligned}
\min \quad & (\mathbf{0}_n^{\mathrm{T}}, 1)\begin{pmatrix} \boldsymbol{y} \\ \boldsymbol{v} \end{pmatrix} \\
\text{s.t.} \quad & \begin{pmatrix} \boldsymbol{A} & -\mathbf{1}_m \\ -\boldsymbol{I}_n & \mathbf{0}_n \end{pmatrix}\begin{pmatrix} \boldsymbol{y} \\ \boldsymbol{v} \end{pmatrix} \leqslant \mathbf{0} \\
& (\mathbf{1}_n^{\mathrm{T}}, \mathbf{0})\begin{pmatrix} \boldsymbol{y} \\ \boldsymbol{v} \end{pmatrix} - 1 = 0
\end{aligned}
$$

可得对偶模型为

$$
\begin{aligned}
\min \quad & \boldsymbol{\beta} \\
\text{s.t.} \quad & \begin{pmatrix} \boldsymbol{A}^{\mathrm{T}} & -\boldsymbol{I}_n \\ -\mathbf{1}_m^{\mathrm{T}} & \mathbf{0}_n^{\mathrm{T}} \end{pmatrix}\boldsymbol{\alpha} + \boldsymbol{\beta}(\mathbf{1}_n^{\mathrm{T}}, 0)^{\mathrm{T}} + (\mathbf{0}_n^{\mathrm{T}}, 1)^{\mathrm{T}} = \mathbf{0} \\
& \boldsymbol{\alpha} \geqslant \mathbf{0}
\end{aligned}
$$

整理可得

$$
\begin{aligned}
\min \quad & \boldsymbol{\beta} \\
\text{s.t.} \quad & \boldsymbol{A}^{\mathrm{T}}\boldsymbol{\alpha}_1 - \boldsymbol{\alpha}_2 + \boldsymbol{\beta}\mathbf{1}_n = 0 \\
& -\mathbf{1}_m^{\mathrm{T}}\boldsymbol{\alpha}_1 + 1 = \mathbf{0} \\
& \boldsymbol{\alpha}_1 \geqslant \mathbf{0}, \boldsymbol{\alpha}_2 \geqslant \mathbf{0}
\end{aligned}
$$

进一步可得

$$
\begin{aligned}
\min \quad & -\boldsymbol{\beta} \\
\text{s.t.} \quad & \boldsymbol{A}^{\mathrm{T}}\boldsymbol{\alpha}_1 + (-\boldsymbol{\beta})\mathbf{1}_n \geqslant \mathbf{0} \\
& -\boldsymbol{\alpha}_1 \leqslant \mathbf{0} \\
& \mathbf{1}_m^{\mathrm{T}}\boldsymbol{\alpha}_1 - 1 = 0
\end{aligned}
$$

也就是

$$
\begin{aligned}
\max \quad & \boldsymbol{\beta} \\
\text{s.t.} \quad & -\boldsymbol{A}^{\mathrm{T}}\boldsymbol{\alpha}_1+\boldsymbol{\beta}\mathbf{1}_n \leqslant \mathbf{0} \\
& -\boldsymbol{\alpha}_1 \leqslant \mathbf{0} \\
& \mathbf{1}_m^{\mathrm{T}}\boldsymbol{\alpha}_1-1=0
\end{aligned}
$$

修改变量得到

$$
\begin{aligned}
\max \quad & \boldsymbol{w} \\
\text{s.t.} \quad & -\boldsymbol{A}^{\mathrm{T}}\boldsymbol{x}+\boldsymbol{w}\mathbf{1}_n \leqslant \mathbf{0} \\
& -\boldsymbol{x} \leqslant \mathbf{0} \\
& \mathbf{1}_m^{\mathrm{T}}\boldsymbol{x}-1=0
\end{aligned}
$$

由此证明了结论。 ■

推论 5.10 假设 $G=(S_1,S_2,\boldsymbol{A})$ 是二人有限零和博弈，$G_{\text{mix}}=(\Sigma_1,\Sigma_2,F)$ 是其混合扩张，混合策略对

$$
(\boldsymbol{x}^*,\boldsymbol{y}^*)\in\Sigma=\Sigma_1\times\Sigma_2
$$

是混合博弈解，当且仅当使得 $(\boldsymbol{x}^*,\boldsymbol{y}^*)$ 是如下线性优化的对偶解：

$$
\begin{aligned}
\min \quad & \boldsymbol{v} \\
\text{s.t.} \quad & \boldsymbol{A}\boldsymbol{y} \leqslant \boldsymbol{v}\mathbf{1}_m \\
& \sum_{j=1} y_j=1,\boldsymbol{y} \geqslant \mathbf{0}
\end{aligned}
$$

和

$$
\begin{aligned}
\max \quad & \boldsymbol{w} \\
\text{s.t.} \quad & \boldsymbol{x}^{\mathrm{T}}\boldsymbol{A} \geqslant \boldsymbol{w}\mathbf{1}_n^{\mathrm{T}} \\
& \sum_{i=1} x_i=1,\boldsymbol{x} \geqslant \mathbf{0}
\end{aligned}
$$

5.6　猜硬币游戏的计算

猜硬币游戏的二人有限零和博弈的模型如下：

$$\begin{pmatrix} \text{策略} & H & T \\ H & (1,-1) & (-1,1) \\ T & (-1,1) & (1,-1) \end{pmatrix}$$

已知这个模型没有纯粹策略解，于是进行混合扩张

$$(\Sigma_1, \Sigma_1, F)$$

其中

$$\begin{aligned} &\Sigma_1 = \{\alpha_1 |\ \alpha_1 = (x, 1-x), x \in [0,1]\} \\ &\Sigma_2 = \{\alpha_2 |\ \alpha_2 = (y, 1-y), y \in [0,1]\} \\ &F(\alpha_1, \alpha_2) = xy - x(1-y) - (1-x)y + (1-x)(1-y) \end{aligned}$$

计算得到的混合博弈解为

$$\alpha_1^* = (1/2, 1/2), \alpha_2^* = (1/2, 1/2)$$

即参与人 1 采用 $(1/2H, 1/2T)$ 策略，参与人 2 采用 $(1/2H, 1/2T)$ 策略。

5.7　人物故事：冯・诺依曼

5.7.1　人物简历

约翰・冯・诺依曼 (John von Neumann) 是著名美籍匈牙利裔数学家、计算机科学家、物理学家和化学家。冯・诺依曼于 1903 年 12 月 28 日出生在匈牙利布达佩斯的一个犹太人家庭。冯・诺依曼的父亲麦克斯年轻有为、风度翩翩，凭着勤奋、机智和善于经营，年轻时就已跻身于布达佩斯的银行家行列。冯・诺依曼的母亲是一位善良的妇女，受过良好教育。

冯・诺依曼从小就显示出在数学和记忆方面的天赋，自孩提时代起，就有过目不忘的天赋，六岁时就能用希腊语同父亲开玩笑。六岁时他能心算做八位数除法，八岁时掌握微积分，十岁时花费数月读完了一部四十八卷的世界史，并可以

对当前发生的事件与历史上某个事件进行对比，并讨论两者的军事理论和政治策略，十二岁就读懂且领会了波莱尔的大作《函数论》的要义。

微积分的实质是对无穷小量进行数学分析。人类探索有限、无限及它们之间的关系由来已久，17 世纪由牛顿发现的微积分，是人类在探索无限方面取得的一项激动人心的伟大成果。三百年来，微积分一直是高等学府的教学内容。随着时代的发展，微积分在不断地改变形式，概念愈发精确，基础理论愈发扎实，甚至有不少简明恰当的陈述。但无论如何，八岁的儿童要弄懂微积分，仍然是罕见的。虽然上述种种传闻不尽可信，但冯・诺依曼的才智过人是与他相识的人们的一致看法。

1914 年夏天，冯・诺依曼进入了大学预科班学习，时年 7 月 28 日，奥匈帝国借故向塞尔维亚宣战，揭开了第一次世界大战的序幕。由于战争动乱连年不断，冯・诺依曼全家离开过匈牙利，以后又重返布达佩斯。当然他的学业也受到了影响，但是在毕业考试时，冯・诺依曼的成绩仍名列前茅，除体育和书写外，都是 A。

1921 年，冯・诺依曼通过毕业考试时，已被大家当作数学家了。他的父亲麦克斯考虑到经济原因，请人劝阻 17 岁的冯・诺依曼不要专攻数学，后来父子俩达成协议，冯・诺依曼便去攻读化学。

其后的四年间，冯・诺依曼成为布达佩斯大学数学专业的学生，但并不听课，只是每年按时参加考试，考试都得 A。与此同时，冯・诺依曼进入柏林大学（1921 年），1923 年又进入瑞士苏黎世联邦工业大学学习化学。1926 年他在苏黎世联邦工业大学获得化学专业的学士学位，在每学期期末回到布达佩斯大学参加课程考试，他也获得了布达佩斯大学的数学博士学位。

冯・诺依曼这种不听课、只参加考试的求学方式当时是非常特殊的，就整个欧洲来说也是不合规则的，但是这不合规则的学习方法却又非常适合他。

逗留在苏黎世期间，冯・诺依曼常常利用空余时间研读数学、写文章和数学家通信。在此期间，冯・诺依曼受到了希尔伯特和他的学生施密特和外尔的思想影响，开始研究数理逻辑。当时外尔和波伊亚两位也在苏黎世，他们之间有过交往。一次外尔短期离开苏黎世，冯・诺依曼还代他上过课。聪慧加上得天独厚的栽培，冯・诺依曼茁壮地成长，结束学生时代的时候，他已经漫步在数学、物理、化学三个领域的某些方向的前沿。

1926 年春，冯・诺依曼到哥廷根大学任希尔伯特的助手。1927 年至 1929 年，冯・诺依曼在柏林大学任兼职讲师，其间他发表了集合论、代数和量子理论方面的文章。1927 年，冯・诺依曼到波兰里沃夫出席数学家会议，那时他在数学基础和集合论方面已颇有建树。

1929 年，冯・诺依曼转任汉堡大学兼职讲师。1930 年，他首次赴美，成为普林斯顿大学的客座讲师，不久后冯·诺依曼被聘为客座教授。

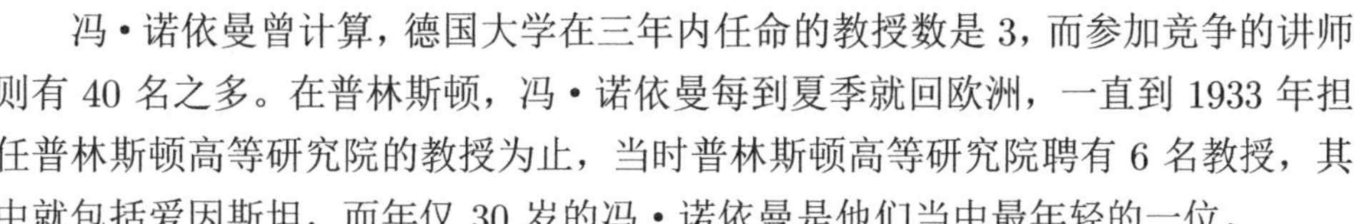

冯·诺依曼曾计算，德国大学在三年内任命的教授数是 3，而参加竞争的讲师则有 40 名之多。在普林斯顿，冯·诺依曼每到夏季就回欧洲，一直到 1933 年担任普林斯顿高等研究院的教授为止，当时普林斯顿高等研究院聘有 6 名教授，其中就包括爱因斯坦，而年仅 30 岁的冯·诺依曼是他们当中最年轻的一位。

在普林斯顿高等研究院的欧洲来访者发现，那里充满着一种不拘礼节的、浓厚的研究风气。教授的办公室设置在“优美大厦”里，生活安定，思想活跃，高质量的研究成果层出不穷。可以这样说，那里汇聚了有史以来最多的有数学和物理头脑的人才。

1930 年，冯·诺依曼和玛丽达·柯维斯结婚。1935 年，他们的女儿玛丽娜出生在普林斯顿。冯·诺依曼家里常办持续很久的社交聚会，这是远近皆知的。1937 年，冯·诺依曼与妻子离婚，1938 年他又与克拉拉·丹结婚，并一起回到普林斯顿，冯·诺依曼的家仍是科学家聚会的场所，还是那样殷勤好客，在那里人人都会感到聪慧的气氛。

第二次世界大战欧洲战事爆发后，冯·诺依曼参与了同反法西斯战争有关的多项科学研究计划。1943 年起他成为制造原子弹的顾问，战后仍在政府诸多部门和委员会中任职，1954 年又成为美国原子能委员会成员。

冯·诺依曼的多年老友、美国原子能委员会主席斯特劳斯曾这样评价他：从他被任命到 1955 年深秋，冯·诺依曼干得很漂亮，他有一种令人望尘莫及的能力，最困难的问题到他手里都会被分解成一件件看起来十分简单的事情，他极大地推进了美国原子能委员会的工作。

冯·诺依曼一直很健康，可是由于工作繁忙，到 1954 年他开始感到十分疲劳。1955 年的夏天他患上癌症，但他还是不停地工作，后来他被安置在轮椅上，继续思考、演说及参加会议。长期而无情的疾病折磨着他，慢慢地终止了他所有的活动。1956 年 4 月，他进入华盛顿的沃尔特·里德医院，1957 年 2 月 8 日在医院逝世，享年 53 岁。

5.7.2　学术贡献一：数学公理化

冯·诺依曼的第一篇论文是与菲克特合写的，关于切比雪夫多项式求根法的菲叶定理推广，注明的日期是 1922 年，那时冯·诺依曼还不满 18 岁。另一篇文章讨论一致稠密数列，用匈牙利文写就，冯·诺依曼将代数技巧与集合论结合，立意明确，证明过程简洁。

1923 年冯·诺依曼还是苏黎世的大学生时，发表了超限序数的论文。文章的第一句话是“本文的目的是将康托的序数概念具体化、精确化”，他提出的序数的

定义已被普遍采用。

强烈探讨公理化是冯·诺依曼的愿望，大约从 1925 年到 1929 年，他的大多数文章都尝试着贯彻这种公理化精神，以至于在理论物理研究中也是如此。当时，他认为集合论的表述不够形式化，在 1925 年关于集合论公理系统的博士论文中，他开始就说“本文的目的是要给集合论以逻辑上无可非议的公理化论述”。有趣的是，冯·诺依曼在论文中预感到任何形式的公理系统都具有局限性，使人联想到后来由哥德尔证明的不完全性定理。对此文章，著名逻辑学家、公理集合论奠基人之一的弗兰克尔教授曾评价：“我不能说我已完全理解了诺依曼的文章，但可以有把握地说这是一件杰出的工作，并且可以透过它看到一位巨人”。

1928 年冯·诺依曼发表了论文《集合论的公理化》，是对集合论的公理化处理。该系统十分简洁，它用第一型对象和第二型对象表示朴素集合论中的集合及其性质，用了一页多一点的纸写就的系统公理已足够建立朴素集合论的所有内容，并借此确立了整个现代数学。

冯·诺依曼的公理系统给出了集合的第一个基础性刻画，所用的有限公理具有像初等几何那样简单的逻辑结构。冯·诺依曼从公理出发，巧妙地使用代数方法推导出集合论中的许多重要概念，令人惊叹不已，这些也为他未来在计算机和机械化证明方面的成就奠定了基础。

20 年代后期，冯·诺依曼参与了希尔伯特的元数学计划，发表过数篇证明部分算术公理无矛盾性的论文。1927 年的论文《关于希尔伯特证明论》最为引人注目，它的主题是讨论如何把数学从矛盾中解脱出来。这篇文章指出阿克曼排除矛盾的证明并不能在古典分析中实现。为此，冯·诺依曼对某个子系统进行了严格的有限性证明，这与希尔伯特企求的最终解答似乎相距不远了。恰在此时，1930 年哥德尔证明了不完全性定理，断言在包含初等算术（或集合论）的无矛盾的形式系统中，系统的无矛盾性在系统内是不可证明的。至此，冯·诺依曼只能中止这方面的研究。冯·诺依曼还得到过有关集合论本身的结果，他在数学基础和集合论方面的兴趣一直延续到生命的结束。

5.7.3 学术贡献二：纯粹数学

在 1930 年至 1940 年间，冯·诺依曼在纯粹数学方面取得的成就较为集中，创作趋于成熟，声誉愈发高涨。后来在美国国家科学院的一张问答表中，冯·诺依曼选择了量子理论的数学基础、算子环理论、各态遍历定理三项作为他最重要的数学工作。

1927 年，冯 • 诺依曼开始在量子力学领域内从事研究工作，他和希尔伯特及诺戴姆联名发表了论文《量子力学基础》，该文章基于希尔伯特 1926 年关于量子力学新发展的演讲，诺戴姆帮忙准备了演讲，冯 • 诺依曼则负责该主题的数学形式化方面的工作。文章的目的是用概率关系代替经典力学中的精确函数关系。希尔伯特的元数学、公理化的方案在这个生机勃勃的领域里获得了施展，并且获得了理论物理和对应的数学体系间的同构关系，因此这篇文章的重要性和影响不容忽视。冯 • 诺依曼在文章中还讨论了物理学中可观察算符的运算轮廓和埃尔米特算子的性质，这些内容无疑构成了《量子力学的数学基础》一书的序曲。

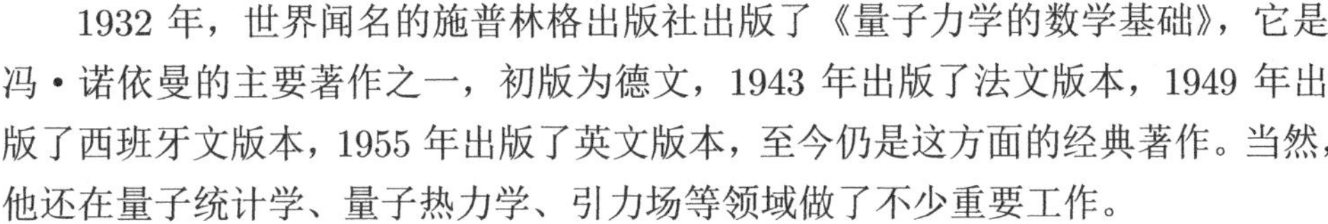
1932 年，世界闻名的施普林格出版社出版了《量子力学的数学基础》，它是冯 • 诺依曼的主要著作之一，初版为德文，1943 年出版了法文版本，1949 年出版了西班牙文版本，1955 年出版了英文版本，至今仍是这方面的经典著作。当然，他还在量子统计学、量子热力学、引力场等领域做了不少重要工作。

客观地说，在量子力学的发展史上，冯 • 诺依曼至少有两个重要贡献：狄拉克对量子理论的数学处理在某种意义上是不够严格的，冯 • 诺依曼通过对无界算子的研究，发展了希尔伯特算子理论，弥补了这个不足；此外，冯 • 诺依曼明确指出，量子理论的统计特征并非由于从事测量的观察者状态未知，借助于希尔伯特的空间算子理论，他证明凡包括一般物理量缔合性的量子理论假设都必然导致这种结果。对于冯 • 诺依曼的贡献，诺贝尔物理学奖获得者威格纳曾评价，“在量子力学方面的贡献足以确保他在当代物理学领域中的特殊地位”。

在冯 • 诺依曼的工作中，希尔伯特空间上的算子谱论和算子环论占有重要的支配地位，这方面的文章大约占了他发表论文的三分之一，包括对线性算子性质的极为详细的分析和对无限维空间中算子环进行代数方面的研究。

算子环理论始于 1930 年下半年，冯 • 诺依曼十分熟悉诺特和阿丁的非交换代数，很快就把它用于希尔伯特空间上有界线性算子组成的代数，后人把它称为冯 • 诺依曼算子代数。

1936 年至 1940 年间，冯 • 诺依曼发表了六篇关于非交换算子环的论文，可谓 20 世纪分析学方面的杰作，其影响延伸至今。冯 • 诺依曼曾在《量子力学的数学基础》中说过，由希尔伯特最早提出的思想就能够为物理学的量子论奠定基础，而无须再为这些物理理论引进新的数学构思。冯 • 诺依曼在算子环方面的研究成果实现了这个目标，对这个课题的兴趣贯穿了其整个生涯。

算子环理论的一个惊人的生长点是由冯 • 诺依曼命名的连续几何。普通几何学的维数为整数 1、2、3 等，冯 • 诺依曼在著作中阐述，决定空间的维数结构的实际上是它所容许的旋转群，因此维数可以不是整数，连续维度空间的几何学应

运而生。

1932 年，冯•诺依曼发表了关于遍历定理的论文，解决了遍历定理的证明，并用算子理论加以表述，它是在遍历假设条件下的统计力学领域中获得的第一项精确的数学结果。冯•诺依曼的这一成就可能再次归功于他掌握的且受到集合论影响的数学分析方法和他在希尔伯特算子研究中创造的那些方法，它是 20 世纪数学分析领域中取得的最有影响力的成就之一。

此外, 冯•诺依曼在实变函数论、测度论、拓扑、连续群、格论等数学领域也取得了不少成果。1900 年，希尔伯特在著名的演说中为 20 世纪数学研究提出了 23 个问题，冯•诺依曼也曾为解决希尔伯特的第五个问题做了决定性贡献。

5.7.4 学术贡献三：应用数学

1940 年是冯•诺依曼科学生涯的一个转换点，在此之前，他是一位通晓物理学的登峰造极的纯粹数学家，此后则成了一位牢固掌握纯粹数学的应用数学家。他开始关注当时把数学应用于物理领域的最主要工具——偏微分方程。

冯•诺依曼的这个转变一方面来自长期对数学物理问题的钟情，另一方面来自当时的社会需要。第二次世界大战爆发后，冯•诺依曼应召参与了许多军事科学研究计划和工程项目。1940 年至 1957 年，任马里兰阿伯丁试验弹道研究实验室科学顾问；1941 年至 1955 年，就职于华盛顿海军军械局；1943 年至 1955 年，任洛斯阿拉莫斯国家实验室顾问；1950 年至 1955 年，任陆军特种武器设计委员会委员；1951 年至 1957 年，任美国空军华盛顿科学顾问委员会成员；1953 年至 1957 年，任原子能技术顾问小组成员；1954 年至 1957 年，任导弹顾问委员会主席。

冯•诺依曼还研究过连续介质力学，他对湍流现象一直感兴趣。1937 年，他关注纳维–斯托克斯方程的统计处理可能性的讨论，1949 年为海军研究部撰写《湍流的最新理论》。

冯•诺依曼研究过激波问题，他在这个领域中的大部分工作直接出自国防需要。他在碰撞激波相互作用方面的贡献引人注目，其中有一结果首先严格证明了恰普曼–儒格假设，该假设与激波所引起的燃烧有关，关于激波反射理论的系统研究从他的《激波理论进展报告》开始。

冯•诺依曼研究过气象学，地球大气运动的流体力学方程组提出的极为困难的问题一直吸引着他，计算机的出现使此问题的数值研究分析成为可能。冯•诺依曼提出的第一个高度规模化的计算处理是一个二维模型，与地转近似有关，他相信人们最终能够了解、计算、控制和改变气候。

冯•诺依曼还曾提出用聚变引爆核燃料的建议，并支持发展氢弹。1947 年，军队表扬他是物理学家、工程师、武器设计师和爱国主义者。

5.7.5 学术贡献四：博弈论

除武器研究外，冯·诺依曼还曾投身于社会研究。由他创建的博弈论无疑是其在应用数学方面取得的杰出成就。现如今，博弈论主要是指研究社会现象的特定数学方法，它的基本思想就是分析多个主体之间的利害关系时，关注棋类、扑克牌等室内游戏中竞赛者之间的讨价还价、利益分配等行为的类似性。

冯·诺依曼于 1928 年正式提出了博弈论，他证明了最大最小定理，这个定理用于处理一类最基本的二人博弈问题。在同一篇论文中，冯·诺依曼也明确表述了 n 个参与人之间的一般博弈。

博弈论也被用于经济学，经济理论中的数学研究方法大致可分为以定性研究为目标的数理经济学和以实证的、统计的研究为目标的计量经济学，前者正式确立于 20 世纪 40 年代之后，无论在思想上或方法上，都明显地受到博弈论的影响。

数理经济学过去模仿经典数学物理的技巧，所用的数学工具主要是微积分和微分方程，将经济问题当作经典力学问题处理。显然，若用经典数学分析数十个商人参加的贸易洽谈会，其复杂程度远远超过太阳系行星的运动，这种方法的效果往往很难达到预期。冯·诺依曼毅然放弃这种机械类比，代之以新颖的博弈论观点和新的数学思想。

1944 年，冯·诺依曼和摩根斯特恩合著的《博弈论和经济行为》出版，这本奠基性著作将二人博弈推广到 n 人博弈结构，并将博弈论系统应用于经济领域，奠定了这一学科的基础理论体系。该书包含了博弈论的纯粹数学形式阐述及对于实际应用的详细说明，该书及其关于经济理论的基本问题的讨论对经济行为和社会学问题的研究具有重要意义。时至今日，博弈论已是一门应用广泛、羽翼丰满的学科，堪称“20 世纪前半期最伟大的科学贡献之一”。

5.7.6 学术贡献五：计算机

冯·诺依曼的另一学术贡献是计算机和自动化理论。

冯·诺依曼早在洛斯阿拉莫斯就发现理论物理的研究只是为了得到定性结果，单靠解析研究已不够，必须辅以数值计算，而手动计算的时间开销巨大，于是冯·诺依曼开始从事计算机和计算方法的研究工作。

1944 年至 1945 年间，冯·诺依曼提出了将数学过程转变为计算机语言的基本方法。当时的计算机缺乏灵活性、普适性，冯·诺依曼提出的固定的普适线路系统、“流图”概念、“代码”概念为克服以上缺点做出了重大贡献。

计算机工程的发展也在很大程度上归功于冯·诺依曼。计算机的逻辑图式，存储、速度、基本指令的选取，以及线路间相互作用的设计都深受冯·诺依曼思想的影响。他不仅参与了电子管元件的计算机（ENIAC）的研制，并且还在普林斯顿高等研究院亲自督造了一台计算机。稍前，冯·诺依曼还和摩尔小组一起写出了一个全新的存储程序通用计算机方案（EDVAC），长达 101 页的报告轰动了数学界，连一向专搞理论研究的普林斯顿高等研究院也批准让冯·诺依曼建造计算机。

速度超过人工计算千万倍的计算机不仅极大地推动了数值分析的发展，而且催生了一系列崭新的数学分析方法，如冯·诺依曼等使用随机数处理确定性问题的蒙特卡洛法。

19 世纪数学物理原理的精确数学表述在现代物理中较为缺乏，基本粒子研究中出现的纷繁复杂的结构令人眼花缭乱，快速找到数学综合理论的希望还很渺茫。除处理某些偏微分方程时所遇到的分析困难外，单从综合角度来看，获得精确解的希望也不大。因此，人们不得不寻求计算机来处理的新数学模式。冯·诺依曼提出了许多方法，它们大多出现在各种实验报告中，如求解偏微分方程的数值近似解、长期天气数值预报、最终达到控制气候等。

在冯·诺依曼生命的最后几年，他的思想仍十分活跃，他综合早年对逻辑研究的成果和关于计算机的工作，以特有的胆识解决最为复杂的问题：怎样使用不可靠元件去设计可靠的自动机，以及建造能自动再生产的自动机。他意识到计算机和人脑机制的某些近似性，这方面的研究反映在系列讲演中，逝世后才有人基于此出版了单行本《计算机和人脑》。尽管这是未完成的著作，但是他对人脑和计算机系统的精确分析和比较后所得到的定量分析结果仍具有重要的学术价值。

5.7.7 著作与荣誉等身

冯·诺依曼早期的著作包括《经典力学的算子方法》和《量子力学的数学基础》。冯·诺依曼逝世后，未完成的手稿于 1958 年以《计算机与人脑》为名出版，他的主要著作收集在六卷《冯·诺依曼全集》中，于 1961 年出版。

另外，冯·诺依曼在 20 世纪 40 年代出版的著作《博弈论和经济行为》使其在经济学和决策科学领域竖立了一块丰碑，他也因此被经济学家称为“博弈论之父”。当时约翰·纳什在普林斯顿大学求学期间开始研究这一领域，并于 1994 年凭借对博弈论的突出贡献获得了诺贝尔经济学奖。

《程序内存》是冯·诺依曼的另一杰作，他敏锐地抓住了它的最大弱点——没有真正的存储器。ENIAC 只有 20 个暂存器，它的程序是外插型的，指令存储在

计算机的其他电路中，因此使用之前必须先想好所需的全部指令，并需要手动连通相应的电路。这种准备工作要花数小时甚至数天时间，而计算本身只需几分钟。针对这个问题，冯·诺依曼提出了程序内存的思想：把运算程序存储在计算机的存储器中，程序设计员只需要在存储器中寻找运算指令，计算机就会自行计算，这样就不必重新编程每个问题，从而大大加快了运算进程。这一思想标志着自动运算的实现，标志着计算机的成熟，已成为计算机设计的基本原则。

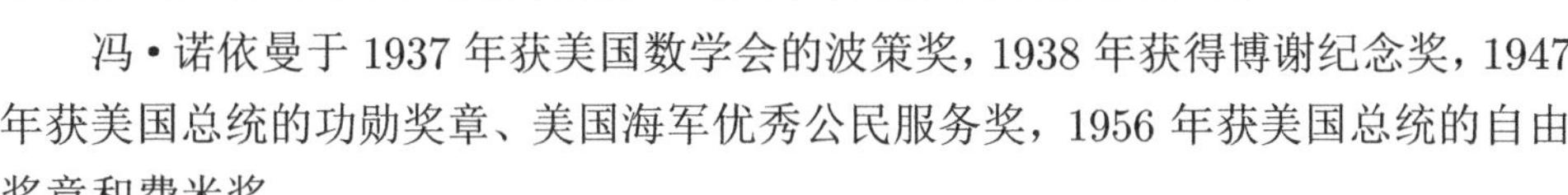

冯·诺依曼于 1937 年获美国数学会的波策奖，1938 年获得博谢纪念奖，1947 年获美国总统的功勋奖章、美国海军优秀公民服务奖，1956 年获美国总统的自由奖章和费米奖。

5.7.8　有趣的轶事

在一个数学聚会上，有一个年轻人兴致昂扬地找到冯·诺依曼，向他请教一个问题，他看了看就报出了正确答案。年轻人高兴地请求他告诉自己简便方法，并抱怨其他数学家用无穷级数求解十分烦琐。冯·诺依曼却说道：“你误会了，我正是用无穷级数求出的。”可见他拥有过人的心算能力。

据说有一天，冯·诺依曼心神不定地被同事拉上了牌桌，一边打牌，一边还在想他的课题，狼狈不堪地“输掉”了 10 美元。这位同事也是数学家，突然心生一计，想要捉弄一下他的朋友，于是用赢得的 5 美元购买了一本冯·诺依曼撰写的《博弈论和经济行为》，并把剩下的 5 美元贴在书的封面，以表明他“战胜”了“赌博经济理论家”。

在 ENIAC 研制时期，有几个数学家聚在一起切磋数学难题，百思不得其解，有人决定带着台式计算器回家继续演算。次日清晨，他面带倦容地走进办公室，颇为得意地对大家炫耀：“我从昨天晚上一直算到早晨 4 点半，总算找到那道题的 5 种特殊解答。它们一个比一个难咧！”说话间，冯·诺依曼推门进来，“什么难题？”虽只听到后面半句话，但“难”使他马上来了劲。有人把题目讲给他听，冯·诺依曼顿时把自己该办的事抛在脑后，兴致勃勃地提议道：“让我们一起算算这 5 种特殊的解答吧。”大家都想见识一下他的“神算”本领，只见他眼望天花板，不言不语，大约过了 5 分钟，就说出了前 4 种解答，又在沉思着第 5 种。青年数学家再也忍不住了，脱口讲出答案。冯·诺依曼吃了一惊，沉默了 1 分钟，他才说道：“你算得对！”那位数学家怀着崇敬的心情离去，心想：“还造什么计算机哟，教授的大脑不就是一台‘超高速计算机’吗？”然而，冯·诺依曼却待在原地，陷入苦苦思索，许久都不能自拔。有人轻声向他询问缘由，他不安地回答说：“我在想，他究竟用的是什么方法，这么快就算出了答案。”听到此言，大家不禁哈哈大笑：“他用台式计算器算了整整一个夜晚！”冯·诺依曼一愣，也跟着开怀大笑

起来。

冯·诺依曼的驾驶水平很低，经常发生事故，有一次他撞坏了车头，在警局里解释道："我正在路上正常驾驶，右方窗外的树正在以 60km/h 的速度从我车旁穿过，突然，一棵树站在了我的车前，咚！"

在冯·诺依曼去世的前几天，肿瘤已经占据了他的大脑，但记忆力有时还是不可思议得好，乌拉姆坐在他的病榻前用希腊语朗诵亚丁人进攻梅洛思的故事和佩里莱的演说时，他仍在纠正乌拉姆的错误发音。

第6章

多人博弈的纯粹纳什均衡

本章主要将二人零和博弈推广到多人非零和博弈的情形，这里的多人博弈主要是指完全信息静态博弈，这也是纳什提出纳什均衡的主要模型。本章从三个角度阐述完全信息静态博弈的纯粹策略的均衡解概念：第一个角度是支配均衡解概念，第二个角度是安全均衡解概念，第三个角度是稳定导致的纳什均衡解概念。

6.1 案例：囚徒困境

完全信息静态博弈的典型模型是“囚徒困境”，它有多种变形，参与者与故事中犯罪嫌疑人有同样的动机。

例 6.1 案件中的两个犯罪嫌疑人被分别关在两个单身牢房中，有足够的证据证明两个人都犯有较小的罪，但是没有足够的证据证明两人中的任何一个人是主犯，除非他们中间有一个人告发另一个人。如果他们都保持沉默，那么每个人都将因犯有轻度罪而被判刑 1 年；如果他们中间的一个且只有一个人告密，那么告密者将被释放并作为指控另一个人的证人，而另一个人将被判刑 4 年；如果他们两个都告密，那么每个人均被判刑 3 年。

此问题可以构建为一个完全信息静态博弈模型：

$$(N,(A_i)_{i\in N},(f_i)_{i\in N})$$

此问题中参与人的集合为 $N=\{1,2\}$，分别表示嫌疑人 1 和嫌疑人 2；若将沉默记为 S，将告密记为 C，那么参与人 1 的策略集为 $A_1=\{S,C\}$，参与人 2 的策略集为 $A_2=\{S,C\}$，因此策略集合为

$$A=A_1\times A_2=\{(S,S),(S,C),(C,S),(C,C)\}$$

参与人 1 的盈利函数 f_1 为

$$f_1(S,S)=-1;f_1(S,C)=-4;f_1(C,S)=0;f_1(C,C)=-3$$

参与人 2 的盈利函数 f_2 为

$$f_2(S,S)=-1;f_2(S,C)=0;f_2(C,S)=-4;f_2(C,C)=-3$$

可以很简洁地将上面的模型表示为一个矩阵，第一列表示参与人 1 的策略，第一行表示参与人 2 的策略，括号中的第一个数字表示参与人 1 的盈利，第二个数字表示参与人 2 的盈利：

$$\begin{pmatrix} \text{策略} & S & C \\ S & (-1,-1) & (-4,0) \\ C & (0,-4) & (-3,-3) \end{pmatrix}$$

6.2　纯粹策略的基本模型

定义 6.1　完全信息静态博弈包含如下三个要素与一个假设：

（1）参与人要素：参与人集合记为 N，单个参与人记为 $i \in N$；

（2）策略集要素：每个参与人 $\forall i \in N$ 都有一个策略集合 A_i；

（3）盈利函数要素：每个参与人 $\forall i \in N$ 都有一个盈利函数 $f_i : A \to \mathbb{R}$，其中 $A = \times_{i \in N} A_i$；

（4）完全信息假设：参与人集合 N、策略集合 $(A_i)_{i \in N}$、盈利函数 $(f_i)_{i \in N}$ 都是参与人的公共知识。

完全信息静态博弈模型一般记为一个三元组：

$$(N, (A_i)_{i \in N}, (f_i)_{i \in N})$$

为了行文方便，需要定义以下特别的符号。

定义 6.2　假设 $(N, (A_i)_{i \in N}, (f_i)_{i \in N})$ 是一个完全信息静态博弈，$I \subseteq N$ 是参与人的一个子集，$-I = N \setminus I$ 称为子集 I 的对手集。

$A_I = \times_{i \in I} A_i, A_{-I} = \times_{j \in -I} A_j$ 分别称为子集 I 的策略集及其对手集 $-I$ 的策略集。

$a_I = (a_i)_{i \in I}, a_{-I} = (a_j)_{j \in -I}$ 分别称为子集 I 的策略及其对手集 $-I$ 的策略。

特别地，当子集 $I = \{i\}$ 时，$-i = N \setminus \{i\}, A_{-i} = \times_{j \in -i} A_j, a_{-i} = (a_j)_{j \in -i}$ 分别称为参与人 i 的对手、对手的策略集、对手的策略。

策略向量可以表示为 $\boldsymbol{a} = (a_i)_{i \in N} = (a_I, a_{-I}) = (a_1, a_{-1}) = \cdots = (a_i, a_{-i}) = \cdots$。

定义 6.3　完全信息静态博弈 $(N, (A_i)_{i \in N}, (f_i)_{i \in N})$ 若满足 $\#N < +\infty$，则称为参与人有限博弈；若满足 $\#A < +\infty$，则称为策略集有限博弈；若满足 $\#N < +\infty, \#A < +\infty$，则称为有限博弈。

注释 6.1 一般而言，为了阐述方便，本章研究的完全信息静态博弈都是参与人的有限博弈，当然也有关于可数无限参与人和不可数无限参与人的博弈论的研究，这部分内容超出了本章的范畴，因此不予讨论。策略集可以是有限的，也可以是可数无限的，甚至可以是不可数无限的，本章不做特别限制。

注释 6.2 博弈论与最优化的区别在于盈利函数对所有参与人行动的依赖性。这里需要注意，在完美信息静态博弈的定义中，盈利函数 f_i 的定义域是 $A = \times_{i\in N} A_i$ 而不是 A_i，如果定义域是 A_i，那么就变化为最优化的情形。

6.3 纯粹策略的支配均衡

从帕累托最优出发可以产生一种解概念，即支配均衡。

定义 6.4 假设 $(N,(A_i)_{i\in N},(f_i)_{i\in N})$ 是一个完全信息静态博弈，参与人 i 有两个策略 $a_i, b_i \in A_i$，如果满足

$$f_i(a_i, c_{-i}) < f_i(b_i, c_{-i}), \forall c_{-i} \in A_{-i}$$

那么称 a_i 被 b_i 严格支配，记为 $a_i \prec\prec b_i$，上面的条件可以简写为

$$a_i \prec\prec b_i \Leftrightarrow f_i(a_i, A_{-i}) < f_i(b_i, A_{-i})$$

为了体现支配关系与当前策略集合的关系，有时也将 $a_i \prec\prec b_i$ 记作 $a_i \prec\prec_A b_i$。

定义 6.5 假设 $(N,(A_i)_{i\in N},(f_i)_{i\in N})$ 是一个完全信息静态博弈，如果满足

$$\exists b_i \in A_i, \text{s.t.} a_i \prec\prec b_i$$

那么参与人 i 的策略 $a_i \in A_i$ 称为严格被支配策略，为了体现出支配关系和当前策略集合的关系，有时也将 $a_i \prec\prec b_i$ 记作 $a_i \prec\prec_A b_i$。

注释 6.3 参与人的严格被支配策略与当前的博弈模型有关，如果参与人的策略集合发生了变化，那么一般而言，严格被支配策略也会发生变化；如果参与人的盈利函数发生了变化，那么严格被支配策略也会发生变化。随着策略集合的变换，一些先前不是严格被支配策略的策略也会变为严格被支配策略。直观来讲，一个理性的参与人不会选择严格被支配策略作为自己的策略，因此参与人会逐次剔除严格被支配策略，这个过程需要严格的逻辑基础。

公理 6.1 理性的参与人不会选择严格被支配策略。

公理 6.2 完全信息静态博弈中的参与人都是理性的。

公理 6.3 参与人是理性的这一事实是所有参与人的公共知识。

逐次剔除严格被支配策略的过程需要上面的三个公理作为逻辑基础，缺一不可。

定理 6.1　假设 $(N,(A_i)_{i\in N},(f_i)_{i\in N})$ 是一个完全信息静态博弈，满足公理 6.1~ 公理 6.3，那么严格被支配策略的剔除与次序无关。

证明　容易验证，留作练习。除严格被支配策略的剔除外，还可以考虑弱被支配策略的剔除。■

定义 6.6　假设 $(N,(A_i)_{i\in N},(f_i)_{i\in N})$ 是一个完全信息静态博弈，参与人 i 有两个策略 $a_i,b_i\in A_i$，如果满足

$$f_i(a_i,c_{-i})\leqslant f_i(b_i,c_{-i}),\forall c_{-i}\in A_{-i},\exists d_{-i}\in A_{-i},\text{s.t.}f_i(a_i,d_{-i})<f_i(b_i,d_{-i})$$

那么称 a_i 被 b_i 弱支配，记作 $a_i\prec b_i$，上面的条件可以简写为

$$a_i\prec b_i\Leftrightarrow f_i(a_i,A_{-i})\leqslant f_i(b_i,A_{-i}),\exists d_{-i}\in A_{-i},\text{s.t.}f_i(a_i,d_{-i})<f_i(b_i,d_{-i})$$

为了体现出支配关系与当前策略集合的关系，有时也把 $a_i\prec b_i$ 记作 $a_i\prec_A b_i$。

定义 6.7　假设 $(N,(A_i)_{i\in N},(f_i)_{i\in N})$ 是一个完全信息静态博弈，如果满足

$$\exists b_i\in A_i,\text{s.t.}a_i\prec b_i$$

那么参与人 i 的策略 $a_i\in A_i$ 称为弱被支配策略，为了体现出支配关系与当前策略集合的关系，有时也把 $a_i\prec b_i$ 记作 $a_i\prec_A b_i$。

注释 6.4　参与人的弱被支配策略与当前的博弈模型有关，如果参与人的策略集合发生了变化，那么弱被支配策略一般也会发生变化；如果参与人的盈利函数发生了变化，那么弱被支配策略也会发生变化。随着策略集合的变换，一些先前不是弱被支配策略的策略也会变为弱被支配策略。直观来讲，一个理性的参与人不会选择弱被支配策略作为自己的策略，因此参与人会逐次剔除弱被支配策略，这个过程需要严格的逻辑基础。

公理 6.4　理性的参与人不会选择弱被支配策略。

公理 6.5　完全信息静态博弈中的参与人都是理性的。

公理 6.6　参与人是理性的这一事实是所有参与人的公共知识。

逐次剔除弱被支配策略的过程需要上面的三个公理作为逻辑基础，缺一不可。

定理 6.2　假设 $(N,(A_i)_{i\in N},(f_i)_{i\in N})$ 是一个完全信息静态博弈，满足公理 6.4~ 公理 6.6，那么弱被支配策略的剔除与次序相关。

证明　构造一个反例即可，留作练习。

6.4 纯粹策略的安全均衡

如果参与人从安全保守的角度选择行动，那么就会产生安全均衡的概念。

定义 6.8 假设 $(N,(A_i)_{i\in N},(f_i)_{i\in N})$ 是一个完全信息静态博弈，参与人 i 的盈利上界定义为

$$M_i = \max_{\boldsymbol{a}\in A} f_i(\boldsymbol{a})$$

定义 6.9 假设 $(N,(A_i)_{i\in N},(f_i)_{i\in N})$ 是一个完全信息静态博弈，参与人 i 的盈利下界定义为

$$m_i = \min_{\boldsymbol{a}\in A} f_i(\boldsymbol{a})$$

定义 6.10 假设 $(N,(A_i)_{i\in N},(f_i)_{i\in N})$ 是一个完全信息静态博弈，参与人 i 的后发盈利函数定义为

$$f_{i,\text{low}}(a_i) = \min_{a_{-i}\in A_{-i}} f_i(a_i, a_{-i})$$

定义 6.11 假设 $(N,(A_i)_{i\in N},(f_i)_{i\in N})$ 是一个完全信息静态博弈，参与人 i 的最大最小值定义为

$$\underline{v}_i = \max_{a_i\in A_i} f_{i,\text{low}}(a_i) = \max_{a_i\in A_i}\min_{a_{-i}\in A_{-i}} f_i(a_i, a_{-i})$$

定义 6.12 假设 $(N,(A_i)_{i\in N},(f_i)_{i\in N})$ 是一个完全信息静态博弈，参与人 i 的最大最小策略定义为

$$a_i^* \in f_{i,\text{low}}^{-1}(\underline{v}_i) = \operatorname*{Argmax}_{a_i\in A_i} f_{i,\text{low}}(a_i)$$

定理 6.3 假设 $(N,(A_i)_{i\in N},(f_i)_{i\in N})$ 是一个完全信息静态博弈，$a_i^* \in A_i$ 为参与人 i 的最大最小策略当且仅当

$$\min_{a_{-i}\in A_{-i}} f_i(a_i^*, a_{-i}) \geqslant \min_{a_{-i}\in A_{-i}} f_i(a_i, a_{-i}), \forall a_i \in A_i$$

定理 6.4 假设 $(N,(A_i)_{i\in N},(f_i)_{i\in N})$ 是一个完全信息静态博弈，$a_i^* \in A_i$ 为参与人 i 的最大最小策略当且仅当

$$f_i(a_i^*, A_{-i}) \geqslant \underline{v}_i = \max_{a_i\in A_i}\min_{a_{-i}\in A_{-i}} f_i(a_i, a_{-i})$$

定义 6.13 假设 $(N,(A_i)_{i\in N},(f_i)_{i\in N})$ 是一个完全信息静态博弈，参与人 i 的先发盈利函数定义为

$$f_{i,\text{up}}(a_{-i}) = \max_{a_i\in A_i} f_i(a_i, a_{-i})$$

定义 6.14　假设 $(N,(A_i)_{i\in N},(f_i)_{i\in N})$ 是一个完全信息静态博弈，参与人 i 的最小最大值定义为

$$\overline{v}_i=\min_{a_{-i}\in A_{-i}} f_{i,\mathrm{up}}(a_{-i})=\min_{a_{-i}\in A_{-i}}\max_{a_i\in A_i} f_i(a_i,a_{-i})$$

定义 6.15　假设 $(N,(A_i)_{i\in N},(f_i)_{i\in N})$ 是一个完全信息静态博弈，参与人 i 的对手 $-i$ 的最小最大策略定义为

$$a_{-i}^*\in f_{i,\mathrm{up}}^{-1}(\overline{v}_i)=\operatorname*{Argmin}_{a_{-i}\in A_{-i}} f_{i,\mathrm{up}}(a_{-i})$$

定理 6.5　假设 $(N,(A_i)_{i\in N},(f_i)_{i\in N})$ 是一个完全信息静态博弈，$a_{-i}^*\in A_{-i}$ 是参与人 i 的对手 $-i$ 的最小最大策略当且仅当

$$\max_{a_i\in A_i} f_i(a_i,a_{-i}^*)\leqslant \max_{a_i\in A_i} f_i(a_i,a_{-i}),\forall a_{-i}\in A_{-i}$$

定理 6.6　假设 $(N,(A_i)_{i\in N},(f_i)_{i\in N})$ 是一个完全信息静态博弈，$a_{-i}^*\in A_{-i}$ 是参与人 i 的对手 $-i$ 的最小最大策略当且仅当

$$f_i(A_i,a_{-i}^*)\leqslant \overline{v}_i=\min_{a_{-i}\in A_{-i}}\max_{a_i\in A_i} f_i(a_i,a_{-i})$$

定理 6.7　假设 $(N,(A_i)_{i\in N},(f_i)_{i\in N})$ 是一个完全信息静态博弈，对于参与人 i 而言，必定满足

$$\underline{v}_i\leqslant \overline{v}^i$$

6.5　纯粹策略的纳什均衡

如果从决策稳定的角度考虑解概念，那么可以得到纳什均衡。

定义 6.16　假设 $(N,(A_i)_{i\in N},(f_i)_{i\in N})$ 是一个完全信息静态博弈，$\boldsymbol{a}\in A$ 是一个纯粹策略向量，参与人 i 对 $\boldsymbol{a}$ 的偏离策略集为

$$\mathrm{Prof}_i(\boldsymbol{a})=\{b_i|\ b_i\in A_i,\mathrm{s.t.}f_i(b_i,a_{-i})>f_i(a_i,a_{-i})\}$$

偏离策略集合表示参与人 i 在其对手策略固定的情况下对当前策略的修正。

定义 6.17　假设 $(N,(A_i)_{i\in N},(f_i)_{i\in N})$ 是一个完全信息静态博弈，$a_{-i}\in A_{-i}$ 是一个纯粹策略向量，参与人 i 对 a_{-i} 的最优反应策略集合定义为

$$\mathrm{BR}_i(a_{-i})=\{a_i|\ a_i\in A_i,\mathrm{s.t.}f_i(a_i,a_{-i})\geqslant f_i(A_i,a_{-i})\}=\operatorname*{Argmax}_{a_i\in A_i} f_i(a_i,a_{-i})$$

定义 6.18 假设 $(N,(A_i)_{i\in N},(f_i)_{i\in N})$ 是一个完全信息静态博弈，如果满足

$$f_i(a_i^*,a_{-i}^*)\geqslant f_i(A_i,a_{-i}^*),\forall i\in N$$

那么 $\boldsymbol{a}^*\in A$ 是纳什均衡。

定理 6.8 假设 $(N,(A_i)_{i\in N},(f_i)_{i\in N})$ 是一个完全信息静态博弈, $\boldsymbol{a}^*\in A$ 是纳什均衡当且仅当

$$\mathrm{Prof}_i(\boldsymbol{a}^*)=\varnothing,\forall i\in N$$

证明 （1）假设 $\boldsymbol{a}^*\in A$ 是纳什均衡，那么根据定义有

$$f_i(a_i^*,a_{-i}^*)\geqslant f_i(A_i,a_{-i}^*),\forall i\in N$$

因此

$$\mathrm{Prof}_i(\boldsymbol{a}^*)=\varnothing,\forall i\in N$$

（2）假设 $\mathrm{Prof}_i(\boldsymbol{a}^*)=\varnothing,\forall i\in N$，那么根据定义有

$$f_i(a_i^*,a_{-i}^*)\geqslant f_i(A_i,a_{-i}^*),\forall i\in N$$

因此 $\boldsymbol{a}^*$ 是纳什均衡，由此证明了结论。 ■

注释 6.5 上面的定理说明了纳什均衡的稳定意义：参与人 i 在其对手 $-i$ 固定策略 a_{-i}^* 时不会改变自己的策略 a_i^*。

定理 6.9 假设 $(N,(A_i)_{i\in N},(f_i)_{i\in N})$ 是一个完全信息静态博弈，$\boldsymbol{a}^*\in A$ 是纳什均衡当且仅当

$$a_i^*\in\mathrm{BR}_i(a_{-i}^*),\forall i\in N$$

证明 （1）假设 $\boldsymbol{a}^*\in A$ 是纳什均衡，那么根据定义有

$$f_i(a_i^*,a_{-i}^*)\geqslant f_i(A_i,a_{-i}^*),\forall i\in N$$

因此

$$a_i^*\in\mathrm{BR}_i(a_{-i}^*),\forall i\in N$$

（2）假设 $a_i^*\in\mathrm{BR}_i(a_{-i}^*),\forall i\in N$，那么根据定义有

$$f_i(a_i^*,a_{-i}^*)\geqslant f_i(A_i,a_{-i}^*),\forall i\in N$$

因此 $\boldsymbol{a}^*$ 是纳什均衡，由此证明了结论。 ■

注释 6.6 上面的定理说明了纳什均衡的优化意义：参与人 i 在其对手 $-i$ 固定策略 a_{-i}^* 时的最优策略是 a_i^*。并不是所有的完全信息静态博弈都有纳什均衡。如果存在纳什均衡，那么可能存在一个，也可能存在多个。为了介绍纯粹策略的纳什均衡存在定理，需要明确以下定义。

定义 6.19　假设 $\Omega \subseteq \mathbb{R}^n$，如果满足

$$\forall \{\boldsymbol{x}_n\} \subseteq \Omega, \boldsymbol{x}_n \to \boldsymbol{x} \in \Omega \Rightarrow f(\boldsymbol{x}_n) \to f(\boldsymbol{x})$$

那么称函数 $f: \Omega \to \mathbb{R}$ 为连续的。

定义 6.20　假设 $\Omega \subseteq \mathbb{R}^n$，如果存在 $M > 0$ 使得

$$|\boldsymbol{x}| \leqslant M, \forall \boldsymbol{x} \in \Omega$$

那么称 Ω 为有界的。

定义 6.21　假设 $\Omega \subseteq \mathbb{R}^n$，如果满足

$$\forall \{\boldsymbol{x}_n\}_{n=1}^{\infty} \subseteq \Omega, \boldsymbol{x}_n \to \boldsymbol{x} \Rightarrow \boldsymbol{x} \in \Omega$$

那么称 Ω 为闭的。

定义 6.22　假设 $\Omega \subseteq \mathbb{R}^n$，如果它是有界的、闭的，等价于

$$\forall \{\boldsymbol{x}_n\}_{n=1}^{\infty} \subseteq \Omega, \exists \{\boldsymbol{x}_{n_k}\} \subseteq \{\boldsymbol{x}_n\}, \text{s.t.} \boldsymbol{x}_{n_k} \to \boldsymbol{x} \in \Omega$$

那么称 Ω 为紧致的。

定义 6.23　假设 $\Omega \subseteq \mathbb{R}^n$，如果满足

$$\forall \boldsymbol{x}, \boldsymbol{y} \in \Omega \Rightarrow \lambda \boldsymbol{x} + (1-\lambda)\boldsymbol{y} \in \Omega, \forall \lambda \in [0,1]$$

那么称 Ω 为凸的。

定义 6.24　假设 $\Omega \subseteq \mathbb{R}^n$ 是凸集，如果满足

$$\forall \boldsymbol{x}, \boldsymbol{y} \in \Omega \Rightarrow f(\lambda \boldsymbol{x} + (1-\lambda)\boldsymbol{y}) \leqslant \lambda f(\boldsymbol{x}) + (1-\lambda) f(\boldsymbol{y}), \forall \lambda \in [0,1]$$

那么称函数 $f: \Omega \to \mathbb{R}$ 为凸的。

定义 6.25　假设 $\Omega \subseteq \mathbb{R}^n$ 是凸集，如果满足

$$\forall \boldsymbol{x}, \boldsymbol{y} \in \Omega \Rightarrow f(\lambda \boldsymbol{x} + (1-\lambda)\boldsymbol{y}) \geqslant \lambda f(\boldsymbol{x}) + (1-\lambda) f(\boldsymbol{y}), \forall \lambda \in [0,1]$$

那么称函数 $f: \Omega \to \mathbb{R}$ 为凹的。

定义 6.26　假设 $\Omega \subseteq \mathbb{R}^n$ 是凸集，如果满足

$$S_f(\alpha) = \{\boldsymbol{x} |\ \boldsymbol{x} \in \Omega, f(\boldsymbol{x}) \leqslant \alpha\}, \forall \alpha \in \mathbb{R}$$

是凸集, 那么称函数 $f: \Omega \to \mathbb{R}$ 为拟凸的。

定义 6.27　假设 $\Omega \subseteq \mathbb{R}^n$ 是凸集，如果满足

$$T_f(\alpha) = \{\boldsymbol{x} |\ \boldsymbol{x} \in \Omega, f(\boldsymbol{x}) \geqslant \alpha\}, \forall \alpha \in \mathbb{R}$$

是凸集, 那么称函数 $f: \Omega \to \mathbb{R}$ 为拟凹的。

定义 6.28 假设 $X \subseteq \mathbb{R}^n, Y \subseteq \mathbb{R}^m$，如果满足

$$f(\boldsymbol{x}) \in \mathcal{P}(Y), \forall \boldsymbol{x} \in X$$

那么称映射 $f: X \rightrightarrows Y$ 为集值映射。

定义 6.29 假设 $X \subseteq \mathbb{R}^n, Y \subseteq \mathbb{R}^m$，集值映射 $f: X \rightrightarrows Y$ 的图定义为

$$G_f = \{(\boldsymbol{x}, \boldsymbol{y}) |\ \boldsymbol{x} \in X, \boldsymbol{y} \in f(\boldsymbol{x})\} \subseteq X \times Y$$

定义 6.30 假设 $X \subseteq \mathbb{R}^n, Y \subseteq \mathbb{R}^m$，如果 G_f 是 $X \times Y$ 中的闭集，那么称集值映射 $f: X \rightrightarrows Y$ 为闭图的。

定义 6.31 假设 $\Omega \subseteq \mathbb{R}^n$，如果满足

$$\boldsymbol{x}^* \in f(\boldsymbol{x}^*)$$

那么称点 $x^* \in \Omega$ 为集值映射 $f: \Omega \rightrightarrows \Omega$ 的不动点。

不动点定理在博弈论中发挥了重要作用，下面介绍三个不动点定理，此处略去证明。

定理 6.10 (一维 Brouwer 不动点定理) 函数 $f: [0,1] \to [0,1]$ 是连续函数，则

$$\exists \boldsymbol{x}^* \in [0,1], \text{s.t.} f(\boldsymbol{x}^*) = \boldsymbol{x}^*$$

定理 6.11 (高维 Brouwer 不动点定理) 函数 $f: \bar{B}^n(0,1) \to \bar{B}^n(0,1)$ 是连续函数，其中，$\bar{B}^n(0,1) = \{\boldsymbol{x} |\ \boldsymbol{x} \in \mathbb{R}^n, |\boldsymbol{x}| \leqslant 1\}$，则

$$\exists \boldsymbol{x}^* \in \bar{B}^n(0,1), \text{s.t.} f(\boldsymbol{x}^*) = \boldsymbol{x}^*$$

定理 6.12 (Kakutani 不动点定理) 假设 $\Omega \subseteq \mathbb{R}^n$ 是非空紧致凸集，$f: \Omega \rightrightarrows \Omega$ 是集值映射，满足：

（1）$\forall \boldsymbol{x} \in \Omega, f(\boldsymbol{x}) \neq \varnothing$ 且 $f(\boldsymbol{x})$ 是凸集；

（2）G_f 是集值映射 f 的闭图。

那么，集值映射 f 必定存在不动点。

定义 6.32 假设 $(N, (A_i)_{i\in N}, (f_i)_{i\in N})$ 是一个完全信息静态博弈，其中，$\forall i \in N$，$A_i \subseteq \mathbb{R}^n$ 是非空紧致凸集，如果

$$\{a_i |\ a_i \in A_i, f(i)(a_i, b_{-i}) \geqslant f_i(b_i, b_{-i})\}, \forall \boldsymbol{b} \in A$$

是凸集，那么称函数 f_i 在 A_i 上是拟凹的。

定理 6.13 (纳什均衡存在性定理) 假设 $(N,(A_i)_{i\in N},(f_i)_{i\in N})$ 是一个完全信息静态博弈，满足：

（1）$A_i \subseteq \mathbb{R}^n, \forall i \in N$ 且是非空紧致凸集；

（2）$f_i, \forall i \in N$ 是连续函数；

（3）$f_i, \forall i \in N$ 在 A_i 上是拟凹的。

那么博弈必定存在纳什均衡。

证明 定义集值映射为

$$\mathrm{BR}: A \rightrightarrows A, \mathrm{s.t.BR}(\boldsymbol{a}) = \times_{i\in N}\mathrm{BR}_i(a_{-i})$$

因为 $\forall i \in N$，A_i 是非空紧致凸集，所以 A 也是非空紧致凸集。因为函数 f_i 是连续的且 A_i 是非空紧致的，所以 $\mathrm{BR}_i(a_{-i}) = \underset{a_i\in A_i}{\mathrm{Argmax}}\, f_i(a_i, a_{-i})$是非空集合。又因为 f_i 在 A_i 上是拟凹的，所以 $\mathrm{BR}_i(a_{-i}) = \underset{a_i\in A_i}{\mathrm{Argmax}}\, f_i(a_i, a_{-i})$是非空 凸集。因为 f_i，$\forall i \in N$ 是连续的，所以集值映射 B 是闭图的，因此 B 满足 Kakutani 不动点定理的所有条件，因此必定存在不动点，即纳什均衡，由此证明了结论。 ■

6.6 多类均衡之间的关系

下面介绍三类均衡概念（支配均衡、安全均衡和纳什均衡）之间的关系。

定理 6.14 假设 $(N,(A_i)_{i\in N},(f_i)_{i\in N})$ 是一个完全信息静态博弈，如果参与人 i 的一个策略 $a_i^* \in A_i$ 满足

$$a_i^* \succ_A b_i, \forall b_i \in A_i$$

那么 a_i^* 是参与人 i 的最大最小策略。

证明 因为策略 a_i^* 弱支配参与人 i 的其他策略，根据定义可知

$$f_i(a_i^*, A_{-i}) \geqslant f_i(b_i, A_{-i}), \forall b_i \in A_i$$

那么必定有

$$f_{i,\mathrm{low}}(a_i^*) \geqslant f_{i,\mathrm{low}}(b_i), \forall b_i \in A_i$$

根据定义可知 a_i^* 是参与人 i 的最大最小策略，由此证明了结论。 ■

定理 6.15 假设 $(N,(A_i)_{i\in N},(f_i)_{i\in N})$ 是一个完全信息静态博弈，如果参与人 i 的一个策略 $a_i^*\in A_i$ 满足

$$a_i^* \succ_A b_i, \forall b_i \in A_i$$

那么有

$$a_i^* \in \mathrm{BR}_i(a_{-i}), \forall a_{-i} \in A_{-i}$$

证明 因为策略 a_i^* 弱支配参与人 i 的其他策略，根据定义可知

$$f_i(a_i^*, a_{-i}) \geqslant f_i(b_i, a_{-i}), \forall b_i \in A_i, \forall a_{-i} \in A_{-i}$$

可得

$$a_i^* \in \mathrm{BR}_i(a_{-i}), \forall a_{-i} \in A_{-i}$$

由此证明了结论。 ■

定理 6.16 假设 $(N,(A_i)_{i\in N},(f_i)_{i\in N})$ 是一个完全信息静态博弈，如果满足

$$\exists a_i^*, \text{s.t.} a_i^* \succ_A A_i \setminus \{a_i^*\}, \forall i \in N$$

那么 $\boldsymbol{a}^*=(a_i^*)$ 是最大最小策略向量。

定理 6.17 假设 $(N,(A_i)_{i\in N},(f_i)_{i\in N})$ 是一个完全信息静态博弈，如果满足

$$\exists a_i^*, \text{s.t.} a_i^* \succ_A A_i \setminus \{a_i^*\}, \forall i \in N$$

那么 $\boldsymbol{a}^*=(a_i^*)$ 是纳什均衡。

定理 6.18 假设 $(N,(A_i)_{i\in N},(f_i)_{i\in N})$ 是一个有限的完全信息静态博弈，如果满足

$$\exists a_i^*, \text{s.t.} a_i^* \succ\succ_A A_i \setminus \{a_i^*\}, \forall i \in N$$

那么 $\boldsymbol{a}^*=(a_i^*)$ 是唯一的最大最小策略向量。

证明 因为策略 $\forall i\in N, a_i^*$ 严格支配参与人 i 的其他策略，根据定理 6.16 可知 a_i^* 是参与人 i 的最大最小策略，下面验证唯一性。假设 b_i^* 是另一个最大最小策略，因为 a_i^* 严格支配 b_i^*，因此有

$$f_i(a_i^*, A_{-i}) > f_i(b_i^*, A_{-i})$$

又因为博弈是有限的，可得

$$f_{i,\mathrm{low}}(a_i^*) > f_{i,\mathrm{low}}(b_i^*)$$

这与 b_i^* 是另一个最大最小策略矛盾。由此证明了结论。 ■

定理 6.19　假设 $(N,(A_i)_{i\in N},(f_i)_{i\in N})$ 是一个有限的完全信息静态博弈，如果满足

$$\exists a_i^*, \text{s.t.} a_i^* \succ\succ_A A_i \setminus \{a_i^*\}, \forall i \in N$$

那么 $\boldsymbol{a}^* = (a_i^*)$ 是唯一的纳什均衡。

证明　因为策略 $\forall i \in N, a_i^*$ 严格支配参与人 i 的其他策略，根据定理 6.17 可知 $\boldsymbol{a}^*$ 是纳什均衡，下面验证唯一性。假设 $\boldsymbol{b}^* = (b_i^*)_{i\in N}$ 是另一个纳什均衡，不妨设 $a_i^* \neq b_i^*$，因为 a_i^* 严格支配 b_i^*，因此有

$$f_i(a_i^*, A_{-i}) > f_i(b_i^*, A_{-i})$$

可得

$$f_i(a_i^*, b_{-i}^*) > f_i(b_i^*, b_{-i}^*)$$

这与 $\boldsymbol{b}^* = (b_i^*)_{i\in N}$ 是另一个纳什均衡矛盾。由此证明了结论。■

定理 6.20　假设 $(N,(A_i)_{i\in N},(f_i)_{i\in N})$ 是一个有限的完全信息静态博弈，如果 $\boldsymbol{a}^* \in A$ 是纳什均衡，那么必定有

$$f_i(\boldsymbol{a}^*) \geqslant \underline{v}_i, \forall i \in N$$

证明　根据纳什均衡的定义可知

$$f_i(a_i^*, a_{-i}^*) \geqslant f_i(a_i, a_{-i}^*) \geqslant \min_{a_{-i}\in A_{-i}} f_i(a_i, a_{-i}), \forall a_i \in A_i$$

可得

$$f_i(\boldsymbol{a}^*) \geqslant \max_{a_i\in A_i} \min_{a_{-i}\in A_{-i}} f_i(a_i, a_{-i}) = \underline{v}_i$$

由此证明了结论。■

为了方便起见，完全信息静态博弈 G 的严格被支配均衡记为 $R^\infty = \times_{i\in N} R_i^\infty$，其弱被支配均衡记为 $W^\infty = \times_{i\in N} W_i^\infty$，其最大最小策略记为 $\text{MaxMin} = \times_{i\in N}$ MaxMin_i，其纳什均衡记为 NashEqum(G)。下面重点探究剔除严格被支配策略和弱被支配策略对纳什均衡集的影响。

定理 6.21　假设 $G_1 = (N,(A_i^1)_{i\in N},(f_i)_{i\in N})$ 是一个完全信息静态博弈，如果 $a_i^* \in A_i$ 是参与人 i 的弱被支配策略，定义新的博弈为

$$G_2 = (N,(A_i^2)_{i\in N},(f_i)_{i\in N}), A_j^2 = A_j^1, \forall j \neq i, A_i^2 = A_i^1 \setminus \{a_i^*\}$$

那么有

$$\underline{v}_i(G_1) = \underline{v}_i(G_2),\quad \underline{v}_j(G_2) \geqslant \underline{v}_j(G_1), \forall j \neq i$$

证明 （1）根据定义，可知

$$\underline{v}_i(G_1) = \max_{a_i \in A_i^1} \min_{a_{-i} \in A_{-i}^1} f_i(a_i, a_{-i})$$

$$\begin{aligned} \underline{v}_i(G_2) &= \max_{a_i \in A_i^2} \min_{a_{-i} \in A_{-i}^2} f_i(a_i, a_{-i}) \\ &= \max_{a_i \in A_i^2} \min_{a_{-i} \in A_{-i}^1} f_i(a_i, a_{-i}) \\ &= \max_{a_i \in A_i^1 \setminus \{a_i^*\}} \min_{a_{-i} \in A_{-i}^1} f_i(a_i, a_{-i}) \end{aligned}$$

显然有

$$\underline{v}_i(G_1) \geqslant \underline{v}_i(G_2)$$

下面证

$$\underline{v}_i(G_1) = \underline{v}_i(G_2)$$

因为 a_i^* 是弱被支配策略，所以必定存在 $b_i \in A_i^1 \setminus \{a_i^*\}$，使得

$$f_i(b_i, A_{-i}) \geqslant f_i(a_i^*, A_{-i})$$

所以

$$\min_{a_{-i} \in A_{-i}} f_i(b_i, a_{-i}) \geqslant \min_{a_{-i} \in A_{-i}} f_i(a_i^*, a_{-i})$$

进一步可得

$$\max_{a_i \in A_i^1 \setminus \{a_i^*\}} \min_{a_{-i} \in A_{-i}^1} f_i(a_i, a_{-i}) = \max_{a_i \in A_i^1} \min_{a_{-i} \in A_{-i}^1} f_i(a_i, a_{-i})$$

因此

$$\underline{v}_i(G_1) = \underline{v}_i(G_2)$$

（2）根据定义可知

$$\underline{v}_j(G_1) = \max_{a_j \in A_j^1} \min_{a_{-j} \in A_{-j}^1} f_j(a_j, a_{-j})$$

$$\begin{aligned} \underline{v}_j(G_2) &= \max_{a_j \in A_j^2} \min_{a_{-j} \in A_{-j}^2} f_j(a_j, a_{-j}) \\ &= \max_{a_j \in A_j^1} \min_{a_{-j} \in A_{-\{ij\}}^1 \times A_i^2} f_j(a_j, a_{-j}) \end{aligned}$$

显然有

$$A_{-\{ij\}}^1 \times A_i^2 = A_{-\{ij\}}^1 \times (A_i^1 \setminus \{a_i^*\}) \subset A_{-j}^1$$

因此必定有

$$\underline{v}_j(G_1) \geqslant \underline{v}_j(G_2), \forall j \neq i$$

由此证明了结论。 ■

注释 6.7　需要注意的是，参与人 i 的最大最小值保持不变，其余参与人的最大最小值一般会增大。

定理 6.22　假设 $G_1 = (N, (A_i)_{i\in N}, (f_i)_{i\in N})$ 是一个完全信息静态博弈，定义新的博弈为

$$G_2 = (N, (B_i)_{i\in N}, (f_i)_{i\in N}), B_i \subseteq A_i, \forall i \in N$$

如果满足

$$\exists \boldsymbol{a}^* \in \text{NashEqum}(G_1), \text{s.t.}\boldsymbol{a}^* \in B$$

那么有

$$\boldsymbol{a}^* \in \text{NashEqum}(G_2)$$

证明　因为 $\boldsymbol{a}^* \in \text{NashEqum}(G_1)$，根据定义可得

$$f_i(a_i^*, a_{-i}^*) \geqslant f_i(A_i, a_{-i}^*), \forall i \in N$$

因为 $B_i \subseteq A_i, \forall i \in N$，可得

$$f_i(a_i^*, a_{-i}^*) \geqslant f_i(B_i, a_{-i}^*), \forall i \in N$$

又因为 $\boldsymbol{a}^* \in B$，根据定义可得

$$\boldsymbol{a}^* \in \text{NashEqum}(G_2)$$

由此证明了结论。 ■

定理 6.23　假设 $G_1 = (N, (A_i)_{i\in N}, (f_i)_{i\in N})$ 是一个完全信息静态博弈，$b_i^* \in A_i$ 是参与人 i 的弱被支配策略，定义新的博弈为

$$G_2 = (N, (B_i)_{i\in N}, (f_i)_{i\in N});\ B_j = A_j, \forall j \neq i;\ B_i = A_i \setminus \{b_i^*\}$$

那么有

$$\text{NashEqum}(G_2) \subseteq \text{NashEqum}(G_1)$$

证明　假设 $\boldsymbol{a}^* \in \text{NashEqum}(G_2)$，根据定义可知

$$f_k(a_k^*, a_{-k}^*) \geqslant f_k(B_k, a_{-k}^*), \forall k \in N$$

根据题目中的条件可得

$$f_j(a_j^*, a_{-j}^*) \geqslant f_j(A_j, a_{-j}^*), \forall j \neq i$$

Note

$$f_i(a_i^*, a_{-i}^*) \geqslant f_i(A_i \setminus \{b_i^*\}, a_{-i}^*)$$

因为 b_i^* 是弱被支配的，因此存在 $c_i \in A_i \setminus \{b_i^*\}$ 使得

$$f_i(c_i, A_{-i}) \geqslant f_i(b_i^*, A_{-i})$$

因此

$$f_i(a_i^*, a_{-i}^*) \geqslant f_i(c_i, a_{-i}^*) \geqslant f_i(b_i^*, a_{-i}^*) \geqslant f_i(a_i, a_{-i}^*)$$

可得

$$f_i(a_i^*, a_{-i}^*) \geqslant f_i(A_i, a_{-i}^*)$$

根据定义可得

$$\boldsymbol{a}^* \in \text{NashEqum}(G_1)$$

由此证明了结论。 ■

注释 6.8 定理 6.23 表明，剔除弱被支配策略后，新博弈的纳什均衡点不会增加，但是有可能减少，就是因为弱被支配策略向量有可能是纳什均衡点。

定理 6.24 假设 $G_1 = (N, (A_i)_{i\in N}, (f_i)_{i\in N})$ 是一个完全信息静态博弈，通过逐次剔除弱被支配策略，得到新的博弈：

$$G_2 = (N, (B_i)_{i\in N}, (f_i)_{i\in N})$$

那么有

$$\text{NashEqum}(G_2) \subseteq \text{NashEqum}(G_1)$$

定理 6.25 假设 $G_1 = (N, (A_i)_{i\in N}, (f_i)_{i\in N})$ 是一个完全信息静态博弈，通过逐次剔除弱被支配策略，得到新的博弈：

$$G_2 = (N, (a_i)_{i\in N}, (f_i)_{i\in N})$$

那么有

$$\text{NashEqum}(G_2) = \boldsymbol{a} = (a_i)_{i\in N} \in \text{NashEqum}(G_1)$$

定理 6.26 假设 $G_1 = (N, (A_i)_{i\in N}, (f_i)_{i\in N})$ 是一个完全信息静态博弈，$b_i^* \in A_i$ 是参与人 i 的严格被支配策略，定义新的博弈为

$$G_2 = (N, (B_i)_{i\in N}, (f_i)_{i\in N}),\ B_j = A_j, \forall j \neq i,\ B_i = A_i \setminus \{b_i^*\}$$

那么有

$$\text{NashEqum}(G_2) = \text{NashEqum}(G_1)$$

证明 显然

$$\mathrm{NashEqum}(G_2) \subseteq \mathrm{NashEqum}(G_1)$$

下面证

$$\mathrm{NashEqum}(G_2) \supseteq \mathrm{NashEqum}(G_1)$$

根据定理 6.22，只需证明

$$\mathrm{NashEqum}(G_1) \subseteq B$$

任取 $\boldsymbol{a}^* \in \mathrm{NashEqum}(G_1)$，只需证明 $a_i^* \neq b_i^*$。根据纳什均衡的定义可知

$$f_i(a_i^*, a_{-i}^*) \geqslant f_i(A_i, a_{-i}^*)$$

又因为 b_i^* 是严格被支配的，根据定义，存在 $c_i \in A_i \setminus \{b_i^*\}$ 使得

$$f_i(c_i, A_{-i}) > f_i(b_i^*, A_{-i})$$

二者结合起来，可得

$$f_i(a_i^*, a_{-i}^*) \geqslant f_i(c_i, a_{-i}^*) > f_i(b_i^*, a_{-i}^*)$$

由此证明了结论。 ■

注释 6.9 定理 6.26 表明剔除严格被支配策略后，新博弈的纳什均衡不变。

定理 6.27 假设 $G_1 = (N, (A_i)_{i\in N}, (f_i)_{i\in N})$ 是一个完全信息静态博弈，通过逐次剔除严格被支配策略，得到新的博弈：

$$G_2 = (N, (B_i)_{i\in N}, (f_i)_{i\in N})$$

那么有

$$\mathrm{NashEqum}(G_2) = \mathrm{NashEqum}(G_1)$$

定理 6.28 假设 $G_1 = (N, (A_i)_{i\in N}, (f_i)_{i\in N})$ 是一个完全信息静态博弈，通过逐次剔除严格被支配策略，得到新的博弈：

$$G_2 = (N, (a_i)_{i\in N}, (f_i)_{i\in N})$$

那么有

$$\mathrm{NashEqum}(G_2) = \boldsymbol{a} = (a_i)_{i\in N} = \mathrm{NashEqum}(G_1)$$

定理 6.29 假设 $G_1 = (N, (A_i)_{i\in N}, (f_i)_{i\in N})$ 是一个完全信息静态博弈，参与人的严格被支配策略不可能是一个纳什均衡向量的分量。

Note

6.7 囚徒困境问题的计算

可以很简洁地将囚徒困境问题表示为一个矩阵，第一列表示参与人 1 的策略，第一行表示参与人 2 的策略，括号中的第一个数字表示参与人 1 的盈利，第二个数字表示参与人 2 的盈利：

$$\begin{pmatrix} \text{策略} & S & C \\ S & (-1,-1) & (-4,0) \\ C & (0,-4) & (-3,-3) \end{pmatrix}$$

通过最优反应函数法派生出来的画线算法可以很容易得到囚徒困境的纳什均衡解。求解过程如下：

$$\begin{pmatrix} \text{策略} & S & C \\ S & (-1,-1) & (-4,\underline{0}) \\ C & (\underline{0},-4) & (\underline{-3},\underline{-3}) \end{pmatrix}$$

所以 (C,C) 是囚徒困境的纳什均衡，此时每个嫌疑人都选择告发作为自己的最优策略。纳什均衡代表了理性参与人的自私自利、互不信任、稳中求优的策略选择理念。

博弈过程的第一条路径：假设参与人 1 先做决策，选择策略 S，此时参与人 2 的最好选择是 C；参与人 1 再做决策，选择 C，参与人 2 选择 C，到此陷入了均衡点 (C,C)。第二条路径：假设参与人 1 先做决策，选择策略 C，此时参与人 2 的最好选择是 C；参与人 1 再做决策，选择 C，参与人 2 选择 C，到此陷入了均衡点 (C,C)。第三条路径：假设参与人 2 先做决策，选择策略 S，此时参与人 1 的最好选择是 C；参与人 2 再做决策，选择 C，参与人 1 选择 C，到此陷入了均衡点 (C,C)。第四条路径：假设参与人 2 先做决策，选择策略 C，此时参与人 1 的最好选择是 C；参与人 2 再做决策，选择 C，参与人 1 选择 C，到此陷入了均衡点 (C,C)。由此，无论通过哪一条路径，此博弈都会陷入均衡点 (C,C)，这就是纳什均衡的核心思想——稳定的最优。

下面考察博弈结果。从个人利益来看，(S,S) 比 (C,C) 要好，但是因为参与人的理性和猜疑，因此无法在 (S,S) 处稳定；从集体利益来看，(S,S), (S,C), (C,S) 任何一个都比 (C,C) 好，但是因为决策者考虑的是个人利益而不

是集体利益，所以所得的均衡虽然对于个人来说是一种稳定最优，但是在集体利益层面是最差的。因此，纳什均衡可能达不到个体的最优，也达不到集体最优，只能达到个体的稳定最优。而稳定最优虽然稳定，但未必是绝对意义上的最优。

囚徒困境的重要性不在于了解囚徒告密的动机，而是在于其他许多情况都有类似的结构。囚徒困境的模型虽然简单，但有很多变形。

例 6.2　两家厂商生产同一种产品。每家厂商都想得到可能的最高利润。如果两家厂商选择高价，那么每家厂商得到的利润是 1000 元；如果一家厂商选择高价而另一家厂商选择低价，那么选择高价的厂商会因为失去一些顾客而损失 200 元，而选择低价的厂商将获取 1200 元的利润；如果两家厂商都选择低价，那么每家厂商获取 600 元的利润。每家厂商只关心自己的利润。

此问题可以构建为一个完全信息静态博弈模型 $(N,(A_i)_{i\in N},(f_i)_{i\in N})$，此问题中的参与人集合为 $N=\{1,2\}$，分别表示厂商 1 和厂商 2；若将高价记为 H，将低价记为 L，那么参与人 1 的策略集为 $A_1=\{H,L\}$，参与人 2 的策略集为 $A_2=\{H,L\}$，因此策略向量集合为

$$A=A_1\times A_2=\{(H,H),(H,L),(L,H),(L,L)\}$$

参与人 1 的盈利函数 f_1 为

$$f_1(H,H)=1000; f_1(H,L)=-200; f_1(L,H)=1200; f_1(L,L)=600$$

同理参与人 2 的盈利函数 f_2 为

$$f_2(H,H)=1000; f_2(H,L)=1200; f_2(L,H)=-200; f_2(L,L)=600$$

可以很简洁地将上面的模型表示为一个矩阵，第一列表示参与人 1 的策略，第一行表示参与人 2 的策略，括号中的第一个数字表示参与人 1 的盈利，第二个数字表示参与人 2 的盈利：

$$\begin{pmatrix} \text{策略} & H & L \\ H & (1000,1000) & (-200,1200) \\ L & (1200,-200) & (600,600) \end{pmatrix}$$

通过最优反应函数法派生出来的画线算法可以很容易得到如上模型的纳什均衡解。求解过程如下：

$$\begin{pmatrix} \text{策略} & H & L \\ H & (1000, 1000) & (-200, \underline{1200}) \\ L & (\underline{1200}, -200) & (\underline{600}, \underline{600}) \end{pmatrix}$$

所以 (L, L) 是纳什均衡，此时每个厂商都选择低价为自己的最优策略。参与人的纳什均衡既不是个人的绝对最优，也不是集体最优，而只是一种稳定最优。此问题具有囚徒困境的博弈结构。

第7章

多人博弈的混合纳什均衡

有限的完全信息静态博弈不一定有纯粹策略的纳什均衡，与二人有限零和博弈一样，需要对策略进行概率扩张，由此产生的策略为混合策略，在新模型下纳什均衡一定存在。

7.1 混合策略的基本模型

定义 7.1 假设 A 是一个有限的非空集合且 $\#A = m$，定义在其上的概率分布空间为

$$\Delta(A) = \left\{ \boldsymbol{\alpha} \middle| \ \boldsymbol{\alpha} \in \mathbb{R}^m; \boldsymbol{\alpha} \geqslant \mathbf{0}; \sum_i \ \alpha_i = 1 \right\}$$

$\Delta(A)$ 中的某概率分布 $\boldsymbol{\alpha}$ 在 A 上的作用记为 $\boldsymbol{\alpha}(a)$.

定义 7.2 假设 $G = (N, (A_i)_{i\in N}, (f_i)_{i\in N})$ 是一个完全信息静态博弈模型且满足 $\#N < +\infty, \#A < +\infty$，如果满足

（1）$\Sigma_i = \Delta(A_i), \forall i \in N, \Sigma = \times_{i\in N}\Sigma_i, \boldsymbol{\alpha} = (\alpha_i)_{i\in N} = (\alpha_i, \alpha_{-i}) \in \Sigma$;

（2）$\forall a \in A = \times_{i\in N}A_i, \forall \boldsymbol{\alpha} \in \Sigma = \times_{i\in N}\Sigma_i, \boldsymbol{\alpha}(a) = \prod_{i\in N} \alpha_i(a_i) = \alpha_i(a_i)\alpha_{-i}(a_{-i})$;

（3）$\forall i \in N, \forall \boldsymbol{\alpha} \in \Sigma, F_i(\boldsymbol{\alpha}) = \sum_{a\in A} \ \boldsymbol{\alpha}(a) f_i(a) =: E_{\boldsymbol{\alpha}}\{f_i\}$。

那么三元组 $G_m = (N, (\Sigma_i)_{i\in N}, (F_i)_{i\in N})$ 称为 G 的混合扩张，$A_i(\forall i \in N)$ 称为纯粹策略，$\Sigma_i(\forall i \in N)$ 称为混合策略，F_i 称为 f_i 的混合扩张。

定理 7.1 有限的博弈混合扩张后变为策略无限的博弈，有限的二人零和博弈混合扩张后变为策略无限的二人零和博弈。

定理 7.2 假设 $G = (N, (A_i)_{i\in N}, (f_i)_{i\in N})$ 是一个有限的完全信息静态博弈模型，$G_m = (N, (\Sigma_i)_{i\in N}, (F_i)_{i\in N})$ 是 G 的混合扩张，则

$$\forall \lambda \in [0,1], \forall \alpha_i, \beta_i \in \Sigma_i, \forall \alpha_{-i} \in \Sigma_{-i}$$

$$\text{s.t.} F_j(\lambda\alpha_i + (1-\lambda)\beta_i, \alpha_{-i}) = \lambda F_j(\alpha_i, \alpha_{-i}) + (1-\lambda)F_j(\beta_i, \alpha_{-i})$$

定理 7.3　假设 $G=(N,(A_i)_{i\in N},(f_i)_{i\in N})$ 是一个有限的完全信息静态博弈模型，$G_m=(N,(\Sigma_i)_{i\in N},(F_i)_{i\in N})$ 是 G 的混合扩张，则

（1）集合 $\Sigma_i,\forall i\in N$ 是非空紧致凸集；

（2）$F_i:\Sigma\to\mathbb{R},\forall i\in N$ 是线性连续函数；

（3）$F_i:\Sigma\to\mathbb{R},\forall i\in N$ 在 Σ_i 上是拟凹函数。

7.2　混合策略的支配均衡

从帕累托最优的角度出发可以产生一种解概念，即支配均衡。

定义 7.3　假设 $G=(N,(A_i)_{i\in N},(f_i)_{i\in N})$ 是一个有限的完全信息静态博弈模型，$G_m=(N,(\Sigma_i)_{i\in N},(F_i)_{i\in N})$ 是 G 的混合扩张，参与人 i 有两个混合策略 $\alpha_i,\beta_i\in\Sigma_i$，如果满足

$$F_i(\alpha_i,\gamma_{-i})<F_i(\beta_i,\gamma_{-i}),\forall\gamma_{-i}\in\Sigma_{-i}$$

那么称 α_i 被 β_i 严格支配，记为 $\alpha_i\prec\prec\beta_i$，上面的条件可以简写为

$$\alpha_i\prec\prec\beta_i\Leftrightarrow F_i(\alpha_i,\Sigma_{-i})<F_i(\beta_i,\Sigma_{-i})$$

为了体现支配关系和当前策略集合的关系，有时也将 $\alpha_i\prec\prec\beta_i$ 记作 $\alpha_i\prec\prec_{\Sigma}\beta_i$。

定义 7.4　假设 $G=(N,(A_i)_{i\in N},(f_i)_{i\in N})$ 是一个有限的完全信息静态博弈模型，$G_m=(N,(\Sigma_i)_{i\in N},(F_i)_{i\in N})$ 是 G 的混合扩张，如果满足

$$\exists\beta_i\in\Sigma_i,\text{s.t.}\alpha_i\prec\prec\beta_i$$

那么参与人 i 的策略 $\alpha_i\in\Sigma_i$ 称为严格被支配策略。为了体现支配关系和当前策略集合的关系，有时也将 $\alpha_i\prec\prec\beta_i$ 记作 $\alpha_i\prec\prec_{\Sigma}\beta_i$。

注释 7.1　参与人的严格被支配策略与当前的博弈模型有关，如果参与人的策略集合发生了变化，那么严格被支配策略一般也会发生变化；如果参与人的盈利函数发生了变化，那么严格被支配策略也会发生变化。随着策略集合的变换，一些先前不是严格被支配策略的策略也会变为严格被支配策略。直观来讲，一个理性的参与人不会选择严格被支配策略作为自己的策略，因此参与人会逐次剔除严格被支配策略，这个过程需要严格的逻辑基础。

公理 7.1　理性的参与人不会选择严格被支配策略。

公理 7.2　完全信息静态博弈中的参与人都是理性的。

公理 7.3　参与人是理性的这一事实是所有参与人的公共知识。

严格被支配策略的逐次剔除过程需要上面三个公理作为逻辑基础，缺一不可。

定理 7.4 假设 $G=(N,(A_i)_{i\in N},(f_i)_{i\in N})$ 是一个有限完全信息静态博弈模型，$G_m=(N,(\Sigma_i)_{i\in N},(F_i)_{i\in N})$ 是 G 的混合扩张，满足公理 7.1 ~ 公理 7.3，那么严格被支配策略的逐次剔除过程与约简次序无关。

证明 容易验证，留作练习。

除了剔除严格被支配策略以外，还可以考虑弱被支配策略的剔除。

定义 7.5 假设 $G=(N,(A_i)_{i\in N},(f_i)_{i\in N})$ 是一个有限的完全信息静态博弈模型，$G_m=(N,(\Sigma_i)_{i\in N},(F_i)_{i\in N})$ 是 G 的混合扩张，参与人 i 有两个策略 $\alpha_i,\beta_i\in\Sigma_i$，如果满足

$$F_i(\alpha_i,\gamma_{-i})\leqslant F_i(\beta_i,\gamma_{-i}),\forall\gamma_{-i}\in\Sigma_{-i},\exists\delta_{-i}\in\Sigma_{-i},\text{s.t.}F_i(\alpha_i,\delta_{-i})<F_i(\beta_i,\delta_{-i})$$

那么称 α_i 被 β_i 弱支配，记为 $\alpha_i\prec\beta_i$，上面的条件可以简写为

$$\alpha_i\prec\beta_i\Leftrightarrow F_i(\alpha_i,\Sigma_{-i})\leqslant F_i(\beta_i,\Sigma_{-i}),\exists\delta_{-i}\in\Sigma_{-i},\text{s.t.}F_i(\alpha_i,\delta_{-i})<F_i(\beta_i,\delta_{-i})$$

为了体现支配关系和当前策略集合的关系，有时也将 $\alpha_i\prec\beta_i$ 记作 $\alpha_i\prec_\Sigma\beta_i$。

定义 7.6 假设 $G=(N,(A_i)_{i\in N},(f_i)_{i\in N})$ 是一个有限的完全信息静态博弈模型，$G_m=(N,(\Sigma_i)_{i\in N},(F_i)_{i\in N})$ 是 G 的混合扩张，如果满足

$$\exists\beta_i\in\Sigma_i,\text{s.t.}\alpha_i\prec\beta_i$$

那么参与人 i 的策略 $\alpha_i\in\Sigma_i$ 称为弱被支配策略，为了体现支配关系和当前策略集合的关系，有时也将 $\alpha_i\prec\beta_i$ 记作 $\alpha_i\prec_\Sigma\beta_i$。

注释 7.2 参与人的弱被支配策略与当前的博弈模型有关，如果参与人的策略集合发生了变化，那么弱被支配策略一般也会发生变化；如果参与人的盈利函数发生了变化，那么弱被支配策略也会发生变化。随着策略集合的变换，一些先前不是弱被支配策略的策略也会变为弱被支配策略。直观来讲，一个理性的参与人不会选择弱被支配策略作为自己的策略，因此参与人会逐次剔除弱被支配策略，这个过程需要严格的逻辑基础。

公理 7.4 理性的参与人不会选择弱被支配行动。

公理 7.5 完全信息静态博弈中的参与人都是理性的。

公理 7.6 参与人是理性的这一事实是所有参与人的公共知识。

弱被支配策略的逐次剔除过程需要上面的三个公理作为逻辑基础，缺一不可。

定理 7.5 假设 $G=(N,(A_i)_{i\in N},(f_i)_{i\in N})$ 是一个有限的完全信息静态博弈模型，$G_m=(N,(\Sigma_i)_{i\in N},(F_i)_{i\in N})$ 是 G 的混合扩张，满足公理 7.4 ~ 公理 7.6，那么弱被支配策略的逐次剔除过程与约简次序相关。

证明 构造一个反例即可，留作练习。

7.3 混合策略的安全均衡

如果参与人从安全保守的角度出发选择行动，那么就会产生安全均衡的概念。

定义 7.7　假设 $G=(N,(A_i)_{i\in N},(f_i)_{i\in N})$ 是一个有限的完全信息静态博弈模型，$G_m=(N,(\Sigma_i)_{i\in N},(F_i)_{i\in N})$ 是 G 的混合扩张，参与人 i 的盈利上界定义为

$$_i(G_m)=\max_{\boldsymbol{\alpha}\in\Sigma} F_i(\boldsymbol{\alpha})$$

定义 7.8　假设 $G=(N,(A_i)_{i\in N},(f_i)_{i\in N})$ 是一个有限的完全信息静态博弈模型，$G_m=(N,(\Sigma_i)_{i\in N},(F_i)_{i\in N})$ 是 G 的混合扩张，参与人 i 的盈利下界定义为

$$m_i(G_m)=\min_{\boldsymbol{\alpha}\in\Sigma} F_i(\boldsymbol{\alpha})$$

定义 7.9　假设 $G=(N,(A_i)_{i\in N},(f_i)_{i\in N})$ 是一个有限的完全信息静态博弈模型，$G_m=(N,(\Sigma_i)_{i\in N},(F_i)_{i\in N})$ 是 G 的混合扩张，参与人 i 的后发盈利函数定义为

$$F_{i,\text{low}}(\alpha_i)=\min_{\alpha_{-i}\in\Sigma_{-i}} F_i(\alpha_i,\alpha_{-i})$$

定理 7.6　假设 $G=(N,(A_i)_{i\in N},(f_i)_{i\in N})$ 是一个有限的完全信息静态博弈模型，$G_m=(N,(\Sigma_i)_{i\in N},(F_i)_{i\in N})$ 是 G 的混合扩张，那么有

$$F_{i,\text{low}}(\alpha_i)=:\min_{\alpha_{-i}\in\Sigma_{-i}} F_i(\alpha_i,\alpha_{-i})=\min_{a_{-i}\in A_{-i}} F_i(\alpha_i,a_{-i})=\sum_{a_i\in A_i}\alpha_i(a_i)f_{i,\text{low}}(a_i)$$

定义 7.10　假设 $G=(N,(A_i)_{i\in N},(f_i)_{i\in N})$ 是一个有限的完全信息静态博弈模型，$G_m=(N,(\Sigma_i)_{i\in N},(F_i)_{i\in N})$ 是 G 的混合扩张，参与人 i 的最大最小值定义为

$$\underline{v}_i(G_m)=\max_{\alpha_i\in\Sigma_i} F_{i,\text{low}}(\alpha_i)=\max_{\alpha_i\in\Sigma_i}\min_{\alpha_{-i}\in\Sigma_{-i}} F_i(\alpha_i,\alpha_{-i})$$

定理 7.7　假设 $G=(N,(A_i)_{i\in N},(f_i)_{i\in N})$ 是一个有限的完全信息静态博弈模型，$G_m=(N,(\Sigma_i)_{i\in N},(F_i)_{i\in N})$ 是 G 的混合扩张，那么有

$$\underline{v}_i(G_m)=:\max_{\alpha_i\in\Sigma_i} F_{i,\text{low}}(\alpha_i)=\max_{a_i\in A_i} f_{i,\text{low}}(a_i)=:\underline{v}_i(G)$$

$$\underline{v}_i(G_m)=:\max_{\alpha_i\in\Sigma_i}\min_{\alpha_{-i}\in\Sigma_{-i}} F_i(\alpha_i,\alpha_{-i})=\max_{a_i\in A_i}\min_{a_{-i}\in A_{-i}} f_i(a_i,a_{-i})=:\underline{v}_i(G)$$

Note

定义 7.11 假设 $G=(N,(A_i)_{i\in N},(f_i)_{i\in N})$ 是一个有限的完全信息静态博弈模型，$G_m=(N,(\Sigma_i)_{i\in N},(F_i)_{i\in N})$ 是 G 的混合扩张，参与人 i 的最大最小策略定义为

$$\alpha_i^*\in F_{i,\text{low}}^{-1}(\underline{v}_i)(G_m)=\underset{\alpha_i\in\Sigma_i}{\text{Argmax}}\,F_{i,\text{low}}(\alpha_i)$$

定理 7.8 假设 $G=(N,(A_i)_{i\in N},(f_i)_{i\in N})$ 是一个有限的完全信息静态博弈模型，$G_m=(N,(\Sigma_i)_{i\in N},(F_i)_{i\in N})$ 是 G 的混合扩张，那么有

$$\begin{aligned}F_{i,\text{low}}^{-1}(\underline{v}_i)(G_m)&=\underset{\alpha_i\in\Sigma_i}{\text{Argmax}}\,F_{i,\text{low}}(\alpha_i)=\Delta(f_{i,\text{low}}^{-1}(\underline{v}_i(G)))\\&=\Delta(\underset{a_i\in A_i}{\text{Argmax}}\,f_{i,\text{low}}(a_i))\end{aligned}$$

定理 7.9 假设 $G=(N,(A_i)_{i\in N},(f_i)_{i\in N})$ 是一个有限的完全信息静态博弈模型，$G_m=(N,(\Sigma_i)_{i\in N},(F_i)_{i\in N})$ 是 G 的混合扩张，$\alpha_i^*\in\Sigma_i$ 为参与人 i 的最大最小策略当且仅当

$$\min_{\alpha_{-i}\in\Sigma_{-i}}F_i(\alpha_i^*,\alpha_{-i})\geqslant\min_{\alpha_{-i}\in\Sigma_{-i}}F_i(\alpha_i,\alpha_{-i}),\forall\alpha_i\in\Sigma_i$$

定理 7.10 假设 $G=(N,(A_i)_{i\in N},(f_i)_{i\in N})$ 是一个有限的完全信息静态博弈模型，$G_m=(N,(\Sigma_i)_{i\in N},(F_i)_{i\in N})$ 是 G 的混合扩张，$\alpha_i^*\in\Sigma_i$ 为参与人 i 的最大最小策略当且仅当

$$\min_{a_{-i}\in A_{-i}}F_i(\alpha_i^*,a_{-i})\geqslant\min_{a_{-i}\in A_{-i}}F_i(\alpha_i,a_{-i}),\forall\alpha_i\in\Sigma_i$$

定理 7.11 假设 $G=(N,(A_i)_{i\in N},(f_i)_{i\in N})$ 是一个有限的完全信息静态博弈模型，$G_m=(N,(\Sigma_i)_{i\in N},(F_i)_{i\in N})$ 是 G 的混合扩张，$\alpha_i^*\in\Sigma_i$ 为参与人 i 的最大最小策略当且仅当

$$F_i(\alpha_i^*,\Sigma_{-i})\geqslant\underline{v}_i(G_m)=\max_{\alpha_i\in\Sigma_i}\min_{\alpha_{-i}\in\Sigma_{-i}}F_i(\alpha_i,\alpha_{-i})$$

定理 7.12 假设 $G=(N,(A_i)_{i\in N},(f_i)_{i\in N})$ 是一个有限的完全信息静态博弈模型，$G_m=(N,(\Sigma_i)_{i\in N},(F_i)_{i\in N})$ 是 G 的混合扩张，$\alpha_i^*\in\Sigma_i$ 为参与人 i 的最大最小策略当且仅当

$$F_i(\alpha_i^*,A_{-i})\geqslant\underline{v}_i=\max_{\alpha_i\in\Sigma_i}\min_{\alpha_{-i}\in\Sigma_{-i}}F_i(\alpha_i,\alpha_{-i})$$

定义 7.12 假设 $G=(N,(A_i)_{i\in N},(f_i)_{i\in N})$ 是一个有限的完全信息静态博弈模型，$G_m=(N,(\Sigma_i)_{i\in N},(F_i)_{i\in N})$ 是 G 的混合扩张，参与人 i 的先发盈利函数定义为

$$F_{i,\text{up}}(\alpha_{-i})=\max_{\alpha_i\in\Sigma_i}F_i(\alpha_i,\alpha_{-i})$$

定理 7.13　假设 $G=(N,(A_i)_{i\in N},(f_i)_{i\in N})$ 是一个有限的完全信息静态博弈模型，$G_m=(N,(\Sigma_i)_{i\in N},(F_i)_{i\in N})$ 是 G 的混合扩张，那么有

$$F_{i,\mathrm{up}}(\alpha_{-i})=\max_{a_i\in A_i}F_i(a_i,\alpha_{-i})=\sum_{a_{-i}\in A_{-i}}\alpha_{-i}(a_{-i})f_{i,\mathrm{up}}(a_{-i})$$

定义 7.13　假设 $G=(N,(A_i)_{i\in N},(f_i)_{i\in N})$ 是一个有限的完全信息静态博弈模型，$G_m=(N,(\Sigma_i)_{i\in N},(F_i)_{i\in N})$ 是 G 的混合扩张，参与人 i 的最小最大值定义为

$$\overline{v}_i(G_m)=\min_{\alpha_{-i}\in\Sigma_{-i}}F_{i,\mathrm{up}}(\alpha_{-i})=\min_{\alpha_{-i}\in\Sigma_{-i}}\max_{\alpha_i\in\Sigma_i}F_i(\alpha_i,\alpha_{-i})$$

定理 7.14　假设 $G=(N,(A_i)_{i\in N},(f_i)_{i\in N})$ 是一个有限的完全信息静态博弈模型，$G_m=(N,(\Sigma_i)_{i\in N},(F_i)_{i\in N})$ 是 G 的混合扩张，那么有

$$\overline{v}_i(G_m)=\min_{\alpha_{-i}\in\Sigma_{-i}}F_{i,\mathrm{up}}(\alpha_{-i})=\min_{a_{-i}\in A_{-i}}f_{i,\mathrm{up}}(a_{-i})=:\overline{v}_i(G)$$

$$\overline{v}_i(G_m)=\min_{\alpha_{-i}\in\Sigma_{-i}}\max_{\alpha_i\in\Sigma_i}F_i(\alpha_i,\alpha_{-i})=\min_{a_{-i}\in A_{-i}}\max_{a_i\in A_i}f_i(a_i,a_{-i})=:\overline{v}_i(G)$$

定义 7.14　假设 $G=(N,(A_i)_{i\in N},(f_i)_{i\in N})$ 是一个有限的完全信息静态博弈模型，$G_m=(N,(\Sigma_i)_{i\in N},(F_i)_{i\in N})$ 是 G 的混合扩张，参与人 i 的对手 $-i$ 的最小最大策略定义为

$$\alpha_{-i}^*\in F_{i,\mathrm{up}}^{-1}(\overline{v}_i)(G_m)=\operatorname*{Argmin}_{\alpha_{-i}\in\Sigma_{-i}}F_{i,\mathrm{up}}(\alpha_{-i})$$

定理 7.15　假设 $G=(N,(A_i)_{i\in N},(f_i)_{i\in N})$ 是一个有限的完全信息静态博弈模型，$G_m=(N,(\Sigma_i)_{i\in N},(F_i)_{i\in N})$ 是 G 的混合扩张，那么有

$$\begin{aligned}F_{i,\mathrm{up}}^{-1}(\overline{v}_i)(G_m)&=\operatorname*{Argmin}_{\alpha_{-i}\in\Sigma_{-i}}F_{i,\mathrm{up}}(\alpha_{-i})=\Delta(f_{i,\mathrm{up}}^{-1}(\overline{v}_i(G)))\\&=\Delta(\operatorname*{Argmin}_{a_{-i}\in A_{-i}}f_{i,\mathrm{up}}(a_{-i}))\end{aligned}$$

定理 7.16　假设 $G=(N,(A_i)_{i\in N},(f_i)_{i\in N})$ 是一个有限的完全信息静态博弈模型，$G_m=(N,(\Sigma_i)_{i\in N},(F_i)_{i\in N})$ 是 G 的混合扩张，那么 $\alpha_{-i}^*\in\Sigma_{-i}$ 是参与人 i 的对手 $-i$ 的最小最大策略当且仅当

$$\max_{\alpha_i\in\Sigma_i}F_i(\alpha_i,\alpha_{-i}^*)\leqslant\max_{\alpha_i\in\Sigma_i}F_i(\alpha_i,\alpha_{-i}),\forall\alpha_{-i}\in\Sigma_{-i}$$

定理 7.17　假设 $G=(N,(A_i)_{i\in N},(f_i)_{i\in N})$ 是一个有限的完全信息静态博弈模型，$G_m=(N,(\Sigma_i)_{i\in N},(F_i)_{i\in N})$ 是 G 的混合扩张，那么 $\alpha_{-i}^*\in\Sigma_{-i}$ 是参与人 i 的对手 $-i$ 的最小最大策略当且仅当

$$\max_{\alpha_i\in A_i}F_i(\alpha_i,\alpha_{-i}^*)\leqslant\max_{\alpha_i\in A_i}F_i(\alpha_i,\alpha_{-i}),\forall\alpha_{-i}\in\Sigma_{-i}$$

定理 7.18 假设 $G=(N,(A_i)_{i\in N},(f_i)_{i\in N})$ 是一个有限的完全信息静态博弈模型，$G_m=(N,(\Sigma_i)_{i\in N},(F_i)_{i\in N})$ 是 G 的混合扩张，那么 $\alpha_{-i}^*\in\Sigma_{-i}$ 是参与人 i 的对手 $-i$ 的最小最大策略当且仅当

$$F_i(\Sigma_i,\alpha_{-i}^*)\leqslant\overline{v}_i(G_m)=\min_{\alpha_{-i}\in\Sigma_{-i}}\max_{\alpha_i\in\Sigma_i}F_i(\alpha_i,\alpha_{-i})$$

定理 7.19 假设 $G=(N,(A_i)_{i\in N},(f_i)_{i\in N})$ 是一个有限的完全信息静态博弈模型，$G_m=(N,(\Sigma_i)_{i\in N},(F_i)_{i\in N})$ 是 G 的混合扩张，那么 $\alpha_{-i}^*\in\Sigma_{-i}$ 是参与人 i 的对手 $-i$ 的最小最大策略当且仅当

$$F_i(A_i,\alpha_{-i}^*)\leqslant\overline{v}_i(G_m)=\min_{\alpha_{-i}\in\Sigma_{-i}}\max_{\alpha_i\in\Sigma_i}F_i(\alpha_i,\alpha_{-i})$$

定理 7.20 假设 $G=(N,(A_i)_{i\in N},(f_i)_{i\in N})$ 是一个有限的完全信息静态博弈模型，$G_m=(N,(\Sigma_i)_{i\in N},(F_i)_{i\in N})$ 是 G 的混合扩张，对于参与人 i 而言，必定满足

$$\underline{v}_i(G_m)\leqslant\overline{v}^i(G_m)$$

7.4 混合策略的纳什均衡

从决策稳定的角度出发考虑解概念可以得到纳什均衡。

定义 7.15 假设 $G=(N,(A_i)_{i\in N},(f_i)_{i\in N})$ 是一个有限的完全信息静态博弈模型，$G_m=(N,(\Sigma_i)_{i\in N},(F_i)_{i\in N})$ 是 G 的混合扩张，$\boldsymbol{\alpha}\in\Sigma$ 是一个策略向量，参与人 i 对 $\boldsymbol{\alpha}$ 的偏离策略集定义为

$$\mathrm{Prof}_i(\boldsymbol{\alpha})=\{\beta_i|\ \beta_i\in\Sigma_i,\mathrm{s.t.}F_i(\beta_i,\alpha_{-i})>F_i(\alpha_i,\alpha_{-i})\}$$

偏离策略集合表示参与人 i 在其对手策略固定的情况下对当前策略的修正。

定义 7.16 假设 $G=(N,(A_i)_{i\in N},(f_i)_{i\in N})$ 是一个有限的完全信息静态博弈模型，$G_m=(N,(\Sigma_i)_{i\in N},(F_i)_{i\in N})$ 是 G 的混合扩张，$\alpha_{-i}\in\Sigma_{-i}$ 是一个策略向量，参与人 i 对 α_{-i} 的最优反应策略集合定义为

$$\begin{aligned}\mathrm{BR}_i(\alpha_{-i})&=\{\beta_i|\ \beta_i\in\Sigma_i,\mathrm{s.t.}F_i(\beta_i,\alpha_{-i})\geqslant F_i(\Sigma_i,a_{-i})\}\\&=\operatorname*{Argmax}_{\alpha_i\in\Sigma_i}F_i(\alpha_i,\alpha_{-i})\end{aligned}$$

定理 7.21 假设 $G=(N,(A_i)_{i\in N},(f_i)_{i\in N})$ 是一个有限的完全信息静态博弈模型，$G_m=(N,(\Sigma_i)_{i\in N},(F_i)_{i\in N})$ 是 G 的混合扩张，$\alpha_{-i}\in\Sigma_{-i}$ 是一个策略，

参与人 i 对 α_{-i} 的最优反应策略集合刻画为

$$\mathrm{BR}_i(\alpha_{-i}) = \{\beta_i|\ \beta_i \in \Sigma_i, \text{s.t.} F_i(\beta_i, \alpha_{-i}) \geqslant F_i(A_i, a_{-i})\}$$

定理 7.22　假设 $G = (N, (A_i)_{i\in N}, (f_i)_{i\in N})$ 是一个有限的完全信息静态博弈模型，$G_m = (N, (\Sigma_i)_{i\in N}, (F_i)_{i\in N})$ 是 G 的混合扩张，$\alpha_{-i} \in \Sigma_{-i}$ 是一个策略，参与人 i 对 α_{-i} 的最优反应策略集合刻画为

$$\mathrm{BR}_i(\alpha_{-i}) = \Delta(\operatorname*{Argmax}_{a_i \in A_i} F_i(a_i, \alpha_{-i}))$$

定义 7.17　假设 $G = (N, (A_i)_{i\in N}, (f_i)_{i\in N})$ 是一个有限的完全信息静态博弈模型，$G_m = (N, (\Sigma_i)_{i\in N}, (F_i)_{i\in N})$ 是 G 的混合扩张，如果满足

$$F_i(\alpha_i^*, \alpha_{-i}^*) \geqslant F_i(\Sigma_i, \alpha_{-i}^*), \forall i \in N$$

那么 $\boldsymbol{\alpha}^* \in \Sigma$ 是纳什均衡，G_m 所有的纳什均衡记为

$$\mathrm{MixNashEqum}(G) = \mathrm{NashEqum}(G_m)$$

定理 7.23　假设 $G = (N, (A_i)_{i\in N}, (f_i)_{i\in N})$ 是一个有限的完全信息静态博弈模型，$G_m = (N, (\Sigma_i)_{i\in N}, (F_i)_{i\in N})$ 是 G 的混合扩张，$\boldsymbol{\alpha}^* \in \Sigma$ 是纳什均衡当且仅当

$$F_i(\alpha_i^*, \alpha_{-i}^*) \geqslant F_i(A_i, \alpha_{-i}^*), \forall i \in N$$

定理 7.24　假设 $G = (N, (A_i)_{i\in N}, (f_i)_{i\in N})$ 是一个有限的完全信息静态博弈模型，$G_m = (N, (\Sigma_i)_{i\in N}, (F_i)_{i\in N})$ 是 G 的混合扩张，$\boldsymbol{\alpha}^* \in \Sigma$ 是纳什均衡当且仅当

$$\mathrm{Prof}_i(\boldsymbol{\alpha}^*) = \varnothing, \forall i \in N$$

定理 7.25　假设 $G = (N, (A_i)_{i\in N}, (f_i)_{i\in N})$ 是一个有限的完全信息静态博弈模型，$G_m = (N, (\Sigma_i)_{i\in N}, (F_i)_{i\in N})$ 是 G 的混合扩张，$\boldsymbol{\alpha}^* \in \Sigma$ 是纳什均衡当且仅当

$$\alpha_i^* \in \mathrm{BR}_i(\alpha_{-i}^*), \forall i \in N$$

定理 7.26　假设 $A = (x_i)_{i\in I} \subseteq R, \#I < +\infty$ 是一个有限集合，如果满足

$$\exists \boldsymbol{\alpha} \in \Delta_+(A), \text{s.t.} \max A = \sum_{i\in I} \alpha_i x_i$$

那么必定有

$$x_i = \max A, \forall i \in I$$

利用定理 7.26，可以得到一个重要的刻画定理。

定理 7.27 假设 $G=(N,(A_i)_{i\in N},(f_i)_{i\in N})$ 是一个有限的完全信息静态博弈模型，$G_m=(N,(\Sigma_i)_{i\in N},(F_i)_{i\in N})$ 是 G 的混合扩张，$\boldsymbol{\alpha}^*\in\Sigma$ 是纳什均衡，那么一定有

$$F_i(\boldsymbol{a}^*)=F_i(a_i,\alpha_{-i}^*),\forall a_i\in \text{Supp}(\alpha_i^*),\forall i\in N$$

有限的完全信息静态博弈可能不存在纯粹策略纳什均衡，但是一定存在混合策略纳什均衡。

定理 7.28 (混合纳什均衡存在性定理) 假设 $G=(N,(A_i)_{i\in N},(f_i)_{i\in N})$ 是一个有限的完全信息静态博弈模型，$G_m=(N,(\Sigma_i)_{i\in N},(F_i)_{i\in N})$ 是 G 的混合扩张，那么必定存在混合纳什均衡。

7.5 混合策略的颤抖手均衡

允许参与人以一定的概率错误选择纯粹策略，将错误概率趋向于 0，得到一个相对稳定的均衡，此为颤抖手均衡，泽尔腾解释：譬如参与人拿一个油瓶，以一定的概率晃动，最终趋向稳定的一个位置。

定义 7.18 假设 $G=(N,(A_i)_{i\in N},(f_i)_{i\in N})$ 是一个有限的完全信息静态博弈模型，参与人 i 的一个摄动向量定义为

$$\boldsymbol{\epsilon}=(\epsilon_i(a_i))_{a_i\in A_i},\text{s.t.}\epsilon_i>0,\sum_{a_i\in A_i}\epsilon_i(a_i)\leqslant 1$$

参与人 i 的所有摄动向量集合记为 Pert_i，所有参与人的摄动向量集合记为 $\text{Pert}=\times_{i\in N}\text{Pert}_i$，其中的一个元素记为 $\boldsymbol{\epsilon}=(\epsilon_i)_{i\in N}$。

定义 7.19 假设 $G=(N,(A_i)_{i\in N},(f_i)_{i\in N})$ 是一个有限的完全信息静态博弈模型，参与人 i 的一个 ϵ_i 混合策略集合定义为

$$\Sigma_{i,\epsilon_i}=\{\alpha_i|\ \alpha_i\in\Sigma_i,\alpha_i(a_i)\geqslant\epsilon_i(a_i),\forall a_i\in A_i\}$$

取定 $\boldsymbol{\epsilon}=(\epsilon_i)_{i\in N}\in\text{Pert}$，所有参与人的 $\boldsymbol{\epsilon}$ 混合策略集合记为 $\Sigma_{\boldsymbol{\epsilon}}=\times_{i\in N}\Sigma_{i,\epsilon_i}$。

定义 7.20 假设 $G=(N,(A_i)_{i\in N},(f_i)_{i\in N})$ 是一个有限的完全信息静态博弈模型，取定摄动向量 $\boldsymbol{\epsilon}\in\text{Pert}$，定义 $\boldsymbol{\epsilon}$ 混合博弈为

$$G_{m,\boldsymbol{\epsilon}}=(N,(\Sigma_{i,\epsilon_i})_{i\in N},(F_i)_{i\in N})$$

规定 $G_{m,0}=G_m$。

定理 7.29　假设 $G=(N,(A_i)_{i\in N},(f_i)_{i\in N})$ 是一个有限的完全信息静态博弈模型，$G_m(\boldsymbol{\epsilon})=(N,(\Sigma_{i,\epsilon_i})_{i\in N},(F_i)_{i\in N})$ 是其 $\boldsymbol{\epsilon}$ 混合博弈，那么

$$\text{NashEqum}(G_{m,\boldsymbol{\epsilon}})\neq\varnothing$$

证明　利用定理 6.13 即可。

定义 7.21　假设 $G=(N,(A_i)_{i\in N},(f_i)_{i\in N})$ 是一个有限的完全信息静态博弈模型，取定 $\boldsymbol{\epsilon}=(\epsilon_i)_{i\in N}\in\text{Pert}$，定义

$$M_i(\epsilon_i)=\max_{a_i\in A_i}\epsilon_i(a_i);m_i(\epsilon_i)=\min_{a_i\in A_i}\epsilon_i(a_i);M(\epsilon)=\max_{i\in N}M_i(\epsilon_i);m(\boldsymbol{\epsilon})=\min_{i\in N}m_i(\epsilon_i)$$

显然 $M(\boldsymbol{\epsilon})\leqslant 1,m(\boldsymbol{\epsilon})>0$。

定义 7.22　假设 $G=(N,(A_i)_{i\in N},(f_i)_{i\in N})$ 是一个有限的完全信息静态博弈模型，而

$$(N,(\Sigma_i)_{i\in N},(F_i)_{i\in N})$$

是其混合扩张。如果 $\text{Supp}(\alpha_i)=A_i$，那么称 $\alpha_i\in\Sigma_i$ 为完备的，记为 $\alpha_i>0$；如果 $\alpha_i,\forall i\in N$ 是完备的，那么称 $\boldsymbol{\alpha}=(\alpha_i)_{i\in N}\in\Sigma$ 为完备的，记为 $\boldsymbol{\alpha}>\mathbf{0}$。

定理 7.30　假设 $G=(N,(A_i)_{i\in N},(f_i)_{i\in N})$ 是一个有限的完全信息静态博弈模型，而

$$(N,(\Sigma_i)_{i\in N},(F_i)_{i\in N})$$

是其混合扩张。任取 $\alpha_i\in\Sigma_i$，必定存在 $(\alpha_i^k)_{k\in\mathbb{N}}\subseteq\Sigma_i$，使得

$$\alpha_i^k>0,\forall k\in\mathbb{N}\ ;\quad \alpha_i^k\to\alpha_i$$

证明　如果 $\alpha_i>0$，那么取定 $\alpha_i^k\equiv\alpha_i,\forall k\in\mathbb{N}$ 即可；如果 $\alpha_i\not>0$，那么

$$\delta_i=\min_{a_i\in\text{Supp}(\alpha_i)}\alpha_i(a_i)$$

取定一列充分小的数列：

$$(\epsilon_k)_{k\in\mathbb{N}},\epsilon_k>0,\epsilon_k<\frac{1}{|A_i|}\delta_i,\epsilon_k\to 0$$

定义完备混合策略序列 α_i^k 为

$$\alpha_i^k(a_{i_0})=\alpha_i(a_{i_0})-|\text{Zero}(\alpha_i)|\epsilon_k,a_{i_0}\in\text{Supp}(\alpha_i)$$

$$\alpha_i^k(a_i)=\alpha_i(a_i),\forall a_i\in\text{Supp}(\alpha_i)\setminus\{a_{i_0}\}$$

$$\alpha_i^k(a_i)=\epsilon_k,\forall a_i\in\text{Zero}(\alpha_i)$$

Note

显然

$$\alpha_i^k > 0, \alpha_i^k \to \alpha_i$$

由此证明了结论。■

定理 7.31 假设 $G = (N, (A_i)_{i \in N}, (f_i)_{i \in N})$ 是一个有限的完全信息静态博弈模型，而

$$(N, (\Sigma_i)_{i \in N}, (F_i)_{i \in N})$$

是其混合扩张。任取 $\boldsymbol{\alpha} \in \Sigma$，必定存在 $(\boldsymbol{\alpha}^k)_{k \in \mathbb{N}} \subseteq \Sigma$，使得

$$\boldsymbol{\alpha}^k > \mathbf{0}, \forall k \in \mathbb{N}; \quad \boldsymbol{\alpha}^k \to \boldsymbol{\alpha}$$

定理 7.32 假设 $G = (N, (A_i)_{i \in N}, (f_i)_{i \in N})$ 是一个有限的完全信息静态博弈模型，取定 $(\epsilon_i^k)_{k \in \mathbb{N}} \subseteq \text{Pert}_i$ 并且满足 $M_i(\epsilon_i^k) \to 0$. 那么任意取定 $\alpha_i \in \Sigma_i, \alpha_i > 0$，存在一列混合策略 $(\alpha_i^k)_{k \in \mathbb{N}}$ 满足如下条件：

$$\alpha_i^k \in \Sigma_{i, \epsilon_i^k}, \alpha_i^k \to \alpha_i$$

证明 不妨设 $c = \min\limits_{a_i \in A_i} \alpha_i(a_i)$，因为 $M(\epsilon^k) \to 0$，那么存在 $k_0 \in \mathbb{N}$，使得 $\forall k > k_0, M_i(\epsilon_i^k) < c$，此时 $\alpha^i \in \Sigma_{i, \epsilon_i^k}, \forall k > k_0$，此时令 $\alpha_i^k =: \alpha_i$，必定满足

$$\alpha_i^k \in \Sigma_{i, \epsilon_i^k}, \alpha_i^k \to \alpha_i$$

由此证明了结论。■

定理 7.33 假设 $G = (N, (A_i)_{i \in N}, (f_i)_{i \in N})$ 是一个有限的完全信息静态博弈模型，取定 $(\boldsymbol{\epsilon}^k)_{k \in \mathbb{N}} \subseteq \text{Pert}$ 且满足 $M(\boldsymbol{\epsilon}^k) \to 0$，那么任意取定 $\boldsymbol{\alpha} \in \Sigma, \boldsymbol{\alpha} > \mathbf{0}$，存在一列混合策略 $(\boldsymbol{\alpha}^k)_{k \in \mathbb{N}}$ 满足如下条件：

$$\boldsymbol{\alpha}^k \in \Sigma_{\boldsymbol{\epsilon}^k}, \boldsymbol{\alpha}^k \to \boldsymbol{\alpha}$$

定理 7.34 假设 $G = (N, (A_i)_{i \in N}, (f_i)_{i \in N})$ 是一个有限的完全信息静态博弈模型，取定 $(\epsilon_i^k)_{k \in \mathbb{N}} \subseteq \text{Pert}_i$ 且满足 $M_i(\epsilon_i^k) \to 0$，那么任意取定 $\alpha_i \in \Sigma_i$，存在一列混合策略 $(\alpha_i^k)_{k \in \mathbb{N}}$ 满足如下条件：

$$\alpha_i^k \in \Sigma_{i, \epsilon_i^k}, \alpha_i^k \to \alpha_i$$

证明 对于 α_i 先用完备的 $\alpha_i^j > 0$ 逼近，即

$$\alpha_i^j > 0, \alpha_i \to \alpha_i$$

对于 α_i^j，存在序列 $\alpha_i^{j,k}$ 满足

$$\alpha_i^{j,k} \in \Sigma_{i, \epsilon_i^k}, \alpha_i^{j,k} \to \alpha_i^j$$

取定 $\alpha_i^{k,k}$ 即可。由此证明了结论。■

定理 7.35 假设 $G=(N,(A_i)_{i\in N},(f_i)_{i\in N})$ 是一个有限的完全信息静态博弈模型，取定 $(\boldsymbol{\epsilon}^k)_{k\in\mathbb{N}}\subseteq \text{Pert}$ 且满足 $M(\boldsymbol{\epsilon}^k)\to 0$，那么任意取定 $\boldsymbol{\alpha}\in\Sigma$，存在一列混合策略 $(\boldsymbol{\alpha}^k)_{k\in\mathbb{N}}$ 满足如下条件：

$$\boldsymbol{\alpha}^k\in\Sigma_{\boldsymbol{\epsilon}^k},\boldsymbol{\alpha}^k\to\boldsymbol{\alpha}$$

定理 7.36 假设 $G=(N,(A_i)_{i\in N},(f_i)_{i\in N})$ 是一个有限的完全信息静态博弈模型，取定 $(\boldsymbol{\epsilon}^k)_{k\in\mathbb{N}}\subseteq \text{Pert}$ 且满足 $M(\boldsymbol{\epsilon}^k)\to 0$，假设 $\boldsymbol{\alpha}^k\in\text{NashEqum}(G_{m,\boldsymbol{\epsilon}^k})$ 且满足 $\lim\limits_{k\to\infty}\boldsymbol{\alpha}^k=\boldsymbol{\alpha}$，那么必定有 $\boldsymbol{\alpha}\in\text{NashEqum}(G_m)$。

证明 要证 $\boldsymbol{\alpha}\in\text{NashEqum}(G_{m,0})$，只需证明

$$F_i(\alpha_i,\alpha_{-i})\geqslant F_i(\beta_i,\alpha_{-i}),\forall\beta_i\in\Sigma_i,\forall i\in N$$

根据定理 7.34，可知

$$\exists\beta_i^k\in\Sigma_{i,\epsilon_i^k},\text{s.t.}\beta_i^k\to\beta_i$$

因为 $\boldsymbol{\alpha}^k\in\text{NashEqum}(G_{m,\boldsymbol{\epsilon}^k})$，根据定义必定有

$$F_i(\alpha_i^k,\alpha_{-i}^k)\geqslant F_i(\beta_i^k,\alpha_{-i}^k),\forall i\in N$$

函数 F_i 连续，两边取极限，可得

$$F_i(\alpha_i,\alpha_{-i})\geqslant F_i(\beta_i,\alpha_{-i}),\forall\beta_i\in\Sigma_i,\forall i\in N$$

由此证明了结论。

定义 7.23 假设 $G=(N,(A_i)_{i\in N},(f_i)_{i\in N})$ 是一个有限的完全信息静态博弈模型，$G_m=(N,(\Sigma_i)_{i\in N},(F_i)_{i\in N})$ 是其混合扩张，如果满足

$$\exists(\boldsymbol{\epsilon}^k)_{k\in\mathbb{N}}\subseteq\text{Pert},\lim_{k\to\infty}M(\boldsymbol{\epsilon}^k)=0,\exists\boldsymbol{\alpha}^k\in\text{NashEqum}(G_{m,\boldsymbol{\epsilon}^k}),\text{s.t.}\boldsymbol{\alpha}^k\to\boldsymbol{\alpha}$$

那么 $\boldsymbol{\alpha}\in\Sigma$ 称为博弈 G 的颤抖手均衡 (Trembling Hands Equilibrium)，博弈 G 的所有颤抖手均衡记为 TremHandEqum(G)。

定理 7.37 假设 $G=(N,(A_i)_{i\in N},(f_i)_{i\in N})$ 是一个有限的完全信息静态博弈模型，$a_i\in A_i$ 是参与人 i 在博弈 G 中的一个弱被支配策略，那么必定有

$$\forall\boldsymbol{\epsilon}=(\epsilon_i)_{i\in N}\in\text{Pert},\forall\boldsymbol{\alpha}^*\in\text{NashEqum}(G_{m,\boldsymbol{\epsilon}})\Rightarrow\alpha_i^*(a_i)=\boldsymbol{\epsilon}_i(a_i)$$

证明 因为 a_i 是弱被支配策略，因此满足

$$\exists b_i\in A_i,\text{s.t.}f_i(a_i,A_{-i})\leqslant f_i(b_i,A_{-i});\exists d_{-i}\in A_{-i},\text{s.t.}f_i(a_i,d_{-i})<f_i(b_i,d_{-i})$$

Note

因为 $\alpha_{-i}^* \geqslant \boldsymbol{\epsilon}_{-i} > 0$，所以

$$\sum_{a_{-i}\in A_{-i}} \alpha_{-i}^*(a_{-i})f_i(a_i,a_{-i}) = F_i(a_i,\alpha_{-i}^*) < F_i(b_i,\alpha_{-i}^*)$$

$$= \sum_{a_{-i}\in A_{-i}} \alpha_{-i}^*(a_{-i})f_i(b_i,a_{-i})$$

因为 $\boldsymbol{\alpha}^* \in \text{NashEqum}(G_{m,\boldsymbol{\epsilon}})$，所以

$$F_i(\alpha_i^*,\alpha_{-i}^*) \geqslant F_i(\beta_i,\alpha_{-i}^*), \forall \beta_i \in \Sigma_{i,\boldsymbol{\epsilon}_i}$$

如果 $\alpha_i^*(a_i) > \epsilon_i(a_i)$，那么可以定义策略

$$\beta_i^*(a_i) = \epsilon_i(a_i), \beta_i^*(b_i) = \alpha_i^*(b_i) + \alpha_i^*(a_i) - \epsilon_i(a_i), \beta_i^*(c_i) = \alpha_i^*(c_i), \forall c_i \neq a_i, b_i$$

此时 $\beta_i^* \in \Sigma_{i,\boldsymbol{\epsilon}_i}$，代入均衡条件可得

$$\alpha_i^*(a_i)F_i(a_i,\alpha_{-i}^*) + \alpha_i^*(b_i)F_i(b_i,\alpha_{-i}^*) + \alpha_i^*(c_i)F_i(c_i,\alpha_{-i}^*) \geqslant$$

$$\beta_i^*(a_i)F_i(a_i,\alpha_{-i}^*) + \beta_i^*(b_i)F_i(b_i,\alpha_{-i}^*) + \beta_i^*(c_i)F_i(c_i,\alpha_{-i}^*)$$

$$= \epsilon_i^*(a_i)F_i(a_i,\alpha_{-i}^*) + [\alpha_i^*(b_i) + \alpha_i^*(a_i) - \epsilon_i(a_i)]F_i(b_i,\alpha_{-i}^*) + \alpha_i^*(c_i)F_i(c_i,\alpha_{-i}^*)$$

推出

$$F_i(a_i,\alpha_{-i}^*) \geqslant F_i(b_i,\alpha_{-i}^*)$$

与 a_i 的弱被支配性矛盾。由此证明了结论。

定理 7.38 假设 $G = (N,(A_i)_{i\in N},(f_i)_{i\in N})$ 是一个有限的完全信息静态博弈模型，那么

$$\text{TremHandEqum}(G) \subseteq \text{NashEqum}(G_m)$$

证明 根据颤抖手均衡的定义和摄动博弈的纳什均衡收敛性质易证，此处省略。

定理 7.39 假设 $G = (N,(A_i)_{i\in N},(f_i)_{i\in N})$ 是一个有限的完全信息静态博弈模型，那么

$$\text{TremHandEqum}(G) \neq \varnothing$$

证明 取定一组 $(\boldsymbol{\epsilon}^k)_{k\in\mathbb{N}} \subseteq \text{Pert}$ 且 $M(\boldsymbol{\epsilon}^k) \to 0$，根据 $G_{m,\boldsymbol{\epsilon}^k}$ 纳什均衡存在定理，可知

$$\exists \boldsymbol{\alpha}^k \in \text{NashEqum}(G_{m,\boldsymbol{\epsilon}^k})$$

因为 Σ 是紧致集合，所以 $\boldsymbol{\alpha}^k$ 必定有收敛的子列，不妨设为 $\boldsymbol{\alpha}^{k_j}$, 并且

$$\lim_{j\to\infty} \boldsymbol{\alpha}^{k_j} = \boldsymbol{\alpha}^*$$

根据定义，$\boldsymbol{\alpha}^* \in \mathrm{TremHandEqum}(G)$。由此证明了结论。

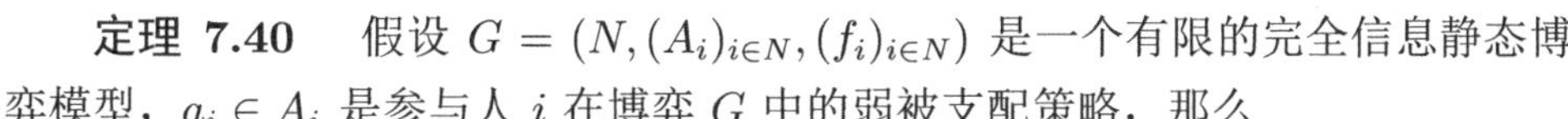

定理 7.40　假设 $G = (N, (A_i)_{i\in N}, (f_i)_{i\in N})$ 是一个有限的完全信息静态博弈模型，$a_i \in A_i$ 是参与人 i 在博弈 G 中的弱被支配策略，那么

$$\forall \boldsymbol{\alpha}^* \in \mathrm{TremHandEqum}(G) \Rightarrow \alpha_i^*(a_i) = 0$$

证明　根据定义，可知存在一组 $(\boldsymbol{\epsilon}^k)_{k\in\mathbb{N}} \subseteq \mathrm{Pert}$ 并且 $M(\boldsymbol{\epsilon}^k) \to 0$，并且

$$\exists \boldsymbol{\alpha}^k \in \mathrm{NashEqum}(G_{m,\boldsymbol{\epsilon}^k}) \mathrm{s.t.} \alpha^k \to \boldsymbol{\alpha}^*$$

根据定理 7.37，可知

$$\alpha_i^k(a_i) = \epsilon_i^k(a_i)$$

两边取极限，可得

$$\alpha_i^*(a_i) = 0$$

由此证明了结论。

定理 7.41　假设 $G = (N, (A_i)_{i\in N}, (f_i)_{i\in N})$ 是一个有限的完全信息静态博弈模型，$\boldsymbol{\alpha}^* \in \mathrm{NashEqum}(G_m)$ 并且满足 $\boldsymbol{\alpha}^* > 0$，那么

$$\boldsymbol{\alpha}^* \in \mathrm{TremHandEqum}(G)$$

证明　设定 $c = \min\limits_{i\in N} \min\limits_{a_i\in A_i} \alpha_i^*(a_i)$，因为 $\boldsymbol{\alpha}^* > \mathbf{0}$。所以 $c > 0$。假设 $\boldsymbol{\epsilon}^k \in \mathrm{Pert}$ 满足 $\lim\limits_{k\to\infty} M(\boldsymbol{\epsilon}^k) = 0$，所以对于充分大的 k，有 $M(\boldsymbol{\epsilon}^k) < c$，所以 $\boldsymbol{\alpha}^* \in \Sigma_{\boldsymbol{\epsilon}^k}$，又因为 $\boldsymbol{\alpha}^* \in \mathrm{NashEqum}(G_m)$，所以依据子博弈的纳什均衡与原博弈的纳什均衡的关系可得

$$\boldsymbol{\alpha}^* \in \mathrm{NashEqum}(G_{m,\boldsymbol{\epsilon}^k}), \forall k \gg 1$$

根据颤抖手均衡的定义可得

$$\boldsymbol{\alpha}^* \in \mathrm{TremHandEqum}(G)$$

由此证明了结论。

7.6　混合策略的相关均衡

如果参与人的策略具有相关性，那么可以定义相关均衡的概念，相关均衡是纳什均衡的推广。

定义 7.24 假设 $G=(N,(A_i)_{i\in N},(f_i)_{i\in N})$ 是一个有限的完全信息静态博弈模型，如果满足

$$\sum_{a_{-i}\in A_{-i}}\boldsymbol{\alpha}(a_i,a_{-i})f_i(a_i,a_{-i})\geqslant\sum_{a_{-i}\in A_{-i}}\boldsymbol{\alpha}(a_i,a_{-i})f_i(b_i,a_{-i}),\forall i\in N,\forall a_i,b_i\in A_i$$

那么分布 $\boldsymbol{\alpha}\in\Delta(A)$ 称为博弈 G 的一个相关均衡，博弈 G 的所有相关均衡记为 $\mathrm{CorEqum}(G)$。

定理 7.42 假设 $G=(N,(A_i)_{i\in N},(f_i)_{i\in N})$ 是一个有限的完全信息静态博弈模型，$G_m=(N,(\Sigma_i)_{i\in N},(F_i)_{i\in N})$ 是其混合扩张，那么

$$\mathrm{NashEqum}(G_m)\subseteq\mathrm{CorEqum}(G)$$

证明 假设 $\boldsymbol{\alpha}^*\in\mathrm{NashEqum}(G_m)$，根据定义已知

$$F_i(\alpha_i^*,\alpha_{-i}^*)\geqslant F_i(\beta_i,\alpha_{-i}^*),\forall\beta_i\in\Sigma_i$$

转化为

$$F_i(\alpha_i^*,\alpha_{-i}^*)=F_i(a_i,\alpha_{-i}^*)\geqslant F_i(b_i,\alpha_{-i}^*),\forall a_i\in\mathrm{Supp}(\alpha_i^*),\forall b_i\in A_i$$

即

$$\boldsymbol{\alpha}^*(a_i,a_{-i})F_i(a_i,a_{-i})\geqslant\boldsymbol{\alpha}^*(a_i,a_{-i})F_i(b_i,a_{-i}),\forall a_i\in A_i,\forall b_i\in A_i,\forall a_{-i}\in A_{-i}$$

因此

$$\sum_{a_{-i}\in A_{-i}}\boldsymbol{\alpha}^*(a_i,a_{-i})F_i(a_i,a_{-i})\geqslant\sum_{a_{-i}\in A_{-i}}\boldsymbol{\alpha}^*(a_i,a_{-i})F_i(b_i,a_{-i}),\forall a_i,b_i\in A_i,\forall i\in N$$

由此得到 $\boldsymbol{\alpha}^*\in\mathrm{CorEqum}(G)$，证明了结论。

定理 7.43 假设 $G=(N,(A_i)_{i\in N},(f_i)_{i\in N})$ 是一个有限的完全信息静态博弈模型，那么

$$\mathrm{CorEqum}(G)\neq\varnothing$$

证明 因为有限的完全信息静态博弈有混合纳什均衡，因此相关均衡集合非空，由此证明了结论。

定理 7.44 假设 $G=(N,(A_i)_{i\in N},(f_i)_{i\in N})$ 是一个有限的完全信息静态博弈模型，那么 $\mathrm{CorEqum}(G)$ 是紧致凸集。

证明 可利用定义直接验证相关均衡集合是凸集，相关均衡集合是 $\Delta(A)$ 的一个子集，所以是有界的，根据定义可知相关均衡是一系列的闭半空间的交集，即闭集，所以是紧致集。由此证明了结论。

7.7　多类均衡之间的关系

Note

前面介绍了五类均衡概念：支配均衡、安全均衡、纳什均衡、颤抖手均衡和相关均衡，下面介绍多类均衡之间的关系。

定理 7.45　假设 $G=(N,(A_i)_{i\in N},(f_i)_{i\in N})$ 是一个有限的完全信息静态博弈模型，$G_m=(N,(\Sigma_i)_{i\in N},(F_i)_{i\in N})$ 是其混合扩张，如果参与人 i 的一个策略 $\alpha_i^*\in\Sigma_i$ 满足如下的条件：

$$\alpha_i^*\succ_\Sigma\beta_i,\forall\beta_i\in\Sigma_i\setminus\{\alpha_i^*\}$$

那么 α_i^* 是参与人 i 的最大最小策略。

定理 7.46　假设 $G=(N,(A_i)_{i\in N},(f_i)_{i\in N})$ 是一个有限的完全信息静态博弈模型，$G_m=(N,(\Sigma_i)_{i\in N},(F_i)_{i\in N})$ 是其混合扩张，如果参与人 i 的一个策略 $\alpha_i^*\in\Sigma_i$ 满足如下的条件：

$$\alpha_i^*\succ_\Sigma\beta_i,\forall\beta_i\in\Sigma_i\setminus\{\alpha_i^*\}$$

那么

$$\alpha_i^*\in\mathrm{BR}_i(\alpha_{-i}),\forall\alpha_{-i}\in\Sigma_{-i}$$

定理 7.47　假设 $G=(N,(A_i)_{i\in N},(f_i)_{i\in N})$ 是一个有限的完全信息静态博弈模型，$G_m=(N,(\Sigma_i)_{i\in N},(F_i)_{i\in N})$ 是其混合扩张，如果满足

$$\exists\alpha_i^*,\mathrm{s.t.}\alpha_i^*\succ_\Sigma\Sigma_i\setminus\{a_i^*\},\forall i\in N$$

那么 $\boldsymbol{\alpha}^*=(\alpha_i^*)$ 是最大最小策略向量。

定理 7.48　假设 $G=(N,(A_i)_{i\in N},(f_i)_{i\in N})$ 是一个有限的完全信息静态博弈模型，$G_m=(N,(\Sigma_i)_{i\in N},(F_i)_{i\in N})$ 是其混合扩张，如果满足

$$\exists\alpha_i^*,\mathrm{s.t.}\alpha_i^*\succ_\Sigma\Sigma_i\setminus\{\alpha_i^*\},\forall i\in N$$

那么 $\boldsymbol{\alpha}^*=(\alpha_i^*)$ 是纳什均衡。

定理 7.49　假设 $G=(N,(A_i)_{i\in N},(f_i)_{i\in N})$ 是一个有限的完全信息静态博弈模型，$G_m=(N,(\Sigma_i)_{i\in N},(F_i)_{i\in N})$ 是其混合扩张，如果满足

$$\exists\alpha_i^*,\mathrm{s.t.}\alpha_i^*\succ\succ_\Sigma\Sigma_i\setminus\{\alpha_i^*\},\forall i\in N$$

那么 $\boldsymbol{\alpha}^*=(\alpha_i^*)$ 是唯一的最大最小策略向量。

定理 7.50　假设 $G=(N,(A_i)_{i\in N},(f_i)_{i\in N})$ 是一个有限的完全信息静态博弈模型，$G_m=(N,(\Sigma_i)_{i\in N},(F_i)_{i\in N})$ 是其混合扩张，如果满足

$$\exists\alpha_i^*,\text{s.t.}\alpha_i^*\succ\succ_{\Sigma}\Sigma_i\setminus\{\alpha_i^*\},\forall i\in N$$

那么 $\boldsymbol{\alpha}^*=(\alpha_i^*)$ 是唯一的纳什均衡。

定理 7.51　假设 $G=(N,(A_i)_{i\in N},(f_i)_{i\in N})$ 是一个有限的完全信息静态博弈模型，$G_m=(N,(\Sigma_i)_{i\in N},(F_i)_{i\in N})$ 是其混合扩张，如果 $\boldsymbol{\alpha}^*\in\Sigma$ 是纳什均衡，那么必定有

$$F_i(\boldsymbol{\alpha}^*)\geqslant\underline{v}_i,\forall i\in N$$

定理 7.52　假设 $G=(N,(A_i)_{i\in N},(f_i)_{i\in N})$ 是一个有限的完全信息静态博弈模型，$G_m^1=(N,(\Sigma_i^1)_{i\in N},(F_i)_{i\in N})$ 是其混合扩张，如果 $\alpha_i^*\in\Sigma_i$ 是参与人 i 的弱被支配策略，定义新的博弈：

$$G_m^2=(N,(\Sigma_i^2)_{i\in N},(F_i)_{i\in N}),\Sigma_j^2=\Sigma_j^1,\forall j\neq i,\Sigma_i^2=\Sigma_i^1\setminus\{\alpha_i^*\}$$

那么有

$$\underline{v}_i(G_m^1)=\underline{v}_i(G_m^2);\quad \underline{v}_j(G_m^2)\geqslant\underline{v}_j(G_m^1),\forall j\neq i$$

注释 7.3　上面的定理中应特别注意，只有参与人 i 的最大最小值保持不变，其他参与人的最大最小值一般会增大。

定理 7.53　假设 $G=(N,(A_i)_{i\in N},(f_i)_{i\in N})$ 是一个有限的完全信息静态博弈模型，$G_m=(N,(\Sigma_i)_{i\in N},(F_i)_{i\in N})$ 是其混合扩张，定义新的博弈：

$$G_m^2=(N,(\Phi_i)_{i\in N},(F_i)_{i\in N}),\Phi_i\subseteq\Sigma_i,\forall i\in N$$

如果满足

$$\exists\boldsymbol{\alpha}^*\in\text{NashEqum}(G_m),\text{s.t.}\boldsymbol{\alpha}^*\in\Phi$$

那么有

$$\boldsymbol{\alpha}^*\in\text{NashEqum}(G_m^2)$$

定理 7.54　假设 $G=(N,(A_i)_{i\in N},(f_i)_{i\in N})$ 是一个有限的完全信息静态博弈模型，$G_m=(N,(\Sigma_i)_{i\in N},(F_i)_{i\in N})$ 是其混合扩张，$\beta_i^*\in\Sigma_i$ 是参与人 i 的弱被支配策略，定义新的博弈：

$$G_m^2=(N,(\Sigma_i^2)_{i\in N},(F_i)_{i\in N});\ \Sigma_j^2=\Sigma_j,\forall j\neq i;\ \Sigma_i^2=\Sigma_i\setminus\{\beta_i^*\}$$

那么有

$$\text{NashEqum}(G_m^2)\subseteq\text{NashEqum}(G_m)$$

注释 7.4　上面的定理表明剔除弱被支配策略后，新博弈的纳什均衡点不会增加，但有可能减少，就是因为弱被支配策略向量有可能是纳什均衡点。

定理 7.55　假设 $G=(N,(A_i)_{i\in N},(f_i)_{i\in N})$ 是一个有限的完全信息静态博弈模型，$G_m=(N,(\Sigma_i)_{i\in N},(F_i)_{i\in N})$ 是其混合扩张，通过逐次剔除弱被支配策略，得到新的博弈：

$$G_m^2=(N,(\Phi_i)_{i\in N},(F_i)_{i\in N})$$

那么有

$$\mathrm{NashEqum}(G_m^2)\subseteq \mathrm{NashEqum}(G_m)$$

定理 7.56　假设 $G=(N,(A_i)_{i\in N},(f_i)_{i\in N})$ 是一个有限的完全信息静态博弈模型，$G_m=(N,(\Sigma_i)_{i\in N},(F_i)_{i\in N})$ 是其混合扩张，通过逐次剔除弱被支配策略，得到新的博弈：

$$G_m^2=(N,(\alpha_i)_{i\in N},(F_i)_{i\in N})$$

那么有

$$\mathrm{NashEqum}(G_m^2)=\boldsymbol{\alpha}=(\alpha_i)_{i\in N}\in \mathrm{NashEqum}(G_m)$$

定理 7.57　假设 $G=(N,(A_i)_{i\in N},(f_i)_{i\in N})$ 是一个有限的完全信息静态博弈模型，$G_m=(N,(\Sigma_i)_{i\in N},(F_i)_{i\in N})$ 是其混合扩张，$\beta_i^*\in\Sigma_i$ 是参与人 i 的严格被支配策略，定义新的博弈：

$$G_m^2=(N,(\Phi_i)_{i\in N},(F_i)_{i\in N});\ \Phi_j=\Sigma_j,\forall j\neq i;\ \Phi_i=\Sigma_i\setminus\{\beta_i^*\}$$

那么有

$$\mathrm{NashEqum}(G_m^2)=\mathrm{NashEqum}(G_m)$$

注释 7.5　上面的定理表明剔除严格被支配策略后，新博弈的纳什均衡不变。

定理 7.58　假设 $G=(N,(A_i)_{i\in N},(f_i)_{i\in N})$ 是一个有限的完全信息静态博弈模型，$G_m=(N,(\Sigma_i)_{i\in N},(F_i)_{i\in N})$ 是其混合扩张，通过逐次剔除严格被支配策略，得到新的博弈：

$$G_m^2=(N,(\Phi_i)_{i\in N},(F_i)_{i\in N})$$

那么有

$$\mathrm{NashEqum}(G_m^2)=\mathrm{NashEqum}(G_m)$$

定理 7.59　假设 $G=(N,(A_i)_{i\in N},(f_i)_{i\in N})$ 是一个有限的完全信息静态博弈模型，$G_m=(N,(\Sigma_i)_{i\in N},(F_i)_{i\in N})$ 是其混合扩张，通过逐次剔除严格被支配策略，得到新的博弈：

$$G_m^2=(N,(\alpha_i)_{i\in N},(F_i)_{i\in N})$$

Note

那么有

$$\text{NashEqum}(G_m^2) = \boldsymbol{\alpha} = (\alpha_i)_{i\in N} = \text{NashEqum}(G_m)$$

定理 7.60 假设 $G = (N, (A_i)_{i\in N}, (f_i)_{i\in N})$ 是一个有限的完全信息静态博弈模型，$G_m = (N, (\Sigma_i)_{i\in N}, (F_i)_{i\in N})$ 是其混合扩张，参与人的严格被支配策略不可能是纳什均衡向量的一个分量。

7.8 猎鹿问题的计算

例 7.1 现有两个猎人，每个猎人有两种选择：他们都聚精会神地追捕梅花鹿，这样就会逮住梅花鹿且平均分配；任何一个猎人把自己的精力放在追捕野兔上面，梅花鹿就会逃掉，而野兔只属于那个开小差的猎人。每个猎人都倾向于分享梅花鹿胜于只得到野兔。

此问题可以构建为一个完全信息静态博弈模型：

$$(N, (A_i)_{i\in N}, (f_i)_{i\in N})$$

此问题中的参与人集合为 $N = \{1, 2\}$，分别表示猎人 1 和猎人 2；若将聚精会神记为 B，将开小差记为 S，则参与人 1 的策略集为 $A_1 = \{B, S\}$，同样参与人 2 的策略集为 $A_2 = \{B, S\}$，因此策略向量集合为

$$A = A_1 \times A_2 = \{(B, B), (B, S), (S, B), (S, S)\}$$

参与人 1 的盈利函数 f_1 为

$$f_1(B, B) = 2; f_1(B, S) = 0; f_1(S, B) = 1; f_1(S, S) = 1$$

参与人 2 的盈利函数 f_2 为

$$f_2(B, B) = 2; f_2(B, S) = 1; f_2(S, B) = 0; f_2(S, S) = 1$$

可以很简洁地将上面的模型表示为一个矩阵，第一列表示参与人 1 的策略，第一行表示参与人 2 的策略，括号中的第一个数字表示参与人 1 的盈利，第二个数字表示参与人 2 的盈利：

$$\begin{pmatrix} \text{策略} & B & S \\ B & (2, 2) & (0, 1) \\ S & (1, 0) & (1, 1) \end{pmatrix}$$

通过最优反应函数法派生出来的画线算法，求解过程如下：

$$\begin{pmatrix} \text{策略} & B & S \\ B & (\underline{2},\underline{2}) & (0,1) \\ S & (1,0) & (\underline{1},\underline{1}) \end{pmatrix}$$

所以 $(B,B),(S,S)$ 是猎鹿问题的纳什均衡，此时两个猎人都将同时聚精会神或者同时开小差作为自己的最优策略。纳什均衡代表了理性的参与人稳中求优的策略选择理念。

博弈过程的第一条路径：假设参与人 1 先做决策，选择策略 B，此时参与人 2 的最好选择是 B；参与人 1 再做决策，选择 B，参与人 2 选择 B，到此陷入了均衡点 (B,B)。第二条路径：假设参与人 1 先做决策，选择策略 S，此时参与人 2 的最好选择是 S；参与人 1 再做决策，选择 S，参与人 2 选择 S，到此陷入了均衡点 (S,S)。第三条路径：假设参与人 2 先做决策，选择策略 B，此时参与人 1 的最好选择是 B；参与人 2 再做决策，选择 B，参与人 1 选择 B，到此陷入了均衡点 (B,B)。第四条路径：假设参与人 2 先做决策，选择策略 S，此时参与人 1 的最好选择是 S；参与人 2 再做决策，选择 S，参与人 1 选择 S，到此陷入了均衡点 (S,S)。由此可见，无论哪一条路径，此博弈都会陷入 (B,B) 或者 (S,S) 均衡点，这就是纳什均衡的核心思想——稳定的最优。

下面考察博弈结果。从个人利益来看，(B,B) 和 (S,S) 优于 (B,S) 和 (S,B)；从集体利益来看，(B,B) 和 (S,S) 优于 (B,S) 和 (S,B)。此时的纳什均衡实现了个人利益、集体利益的统一。可以比较多个纳什均衡，如 (B,B) 优于 (S,S)。

进一步计算猎鹿问题的混合纳什均衡，首先将有限的完全信息静态博弈混合扩张，得到

$$(N,(\Sigma_i)_{i\in N},(F_i)_{i\in N})$$

其中

$$\Sigma_1=\{\alpha_1|\ \alpha_1=(x,1-x),x\in[0,1]\}$$

$$\Sigma_2=\{\alpha_2|\ \alpha_2=(y,1-y),y\in[0,1]\}$$

$$F_1(\alpha_1,\alpha_2)=2xy+(1-x)y+(1-x)(1-y)$$

$$F_2(\alpha_1,\alpha_2)=2xy+x(1-y)+(1-x)(1-y)$$

然后根据混合纳什均衡计算的无差别原则可得

$$F_1(B,\alpha_2)=2y$$

$$F_1(S,\alpha_2)=1$$

$$F_2(\alpha_1,B)=2x$$

$$F_2(\alpha_1,S)=1$$

计算得到的混合纳什均衡为

$$\alpha_1^*=(1/2,1/2);\alpha_2^*=(1/2,1/2)$$

即猎人 1 采用 $(1/2B,1/2S)$ 策略，猎人 2 采用 $(1/2B,1/3S)$ 策略，这也是纳什均衡。

猎鹿问题的重要性不在于选择猎取哪一种猎物，而是描述了一类广泛的要么合作、要么不合作的情形，也有多种变形。

例 7.2 现有两个国家进行适度军备竞赛。对于每个国家而言，两个国家进行军备控制胜于单独武装，单独武装胜于两个国家都武装。

此问题可以构建为一个完全信息静态博弈模型：

$$(N,(A_i)_{i\in N},(f_i)_{i\in N})$$

此问题中的参与人集合为 $N=\{1,2\}$，分别表示国家 1 和国家 2；若将军备控制记为 B，将武装记为 S，则参与人 1 的策略集为 $A_1=\{B,S\}$，参与人 2 的策略集为 $A_2=\{B,S\}$，因此策略向量集合为

$$A=A_1\times A_2=\{(B,B),(B,S),(S,B),(S,S)\}$$

参与人 1 的盈利函数 f_1 为

$$f_1(B,B)=2;f_1(B,S)=0;f_1(S,B)=1;f_1(S,S)=1$$

参与人 2 的盈利函数 f_2 为

$$f_2(B,B)=2;f_2(B,S)=1;f_2(S,B)=0;f_2(S,S)=1$$

可以很简洁地将上面的模型表示为一个矩阵，第一列表示参与人 1 的策略，第一行表示参与人 2 的策略，括号中的第一个数字表示参与人 1 的盈利，第二个数字表示参与人 2 的盈利：

$$\begin{pmatrix} \text{策略} & B & S \\ B & (2,2) & (0,1) \\ S & (1,0) & (1,1) \end{pmatrix}$$

通过最优反应函数法派生出来的画线算法，求解过程如下：

$$\begin{pmatrix} \text{策略} & B & S \\ B & (\underline{2},\underline{2}) & (0,1) \\ S & (1,0) & (\underline{1},\underline{1}) \end{pmatrix}$$

所以 $(B,B),(S,S)$ 是此问题的纳什均衡，此时两个国家都将同时武装或者同时军备控制作为最优策略。纳什均衡代表了理性参与人稳中求优的策略选择理念。进一步计算得到混合纳什均衡为

$$\alpha_1^* = (1/2, 1/2); \alpha_2^* = (1/2, 1/2)$$

即国家 1 采用 $(1/2B, 1/2S)$ 策略，国家 2 采用 $(1/2B, 1/2S)$ 策略，这也是一种纳什均衡。此问题体现了猎鹿问题的结构。

7.9 人物故事：纳什

7.9.1 人物简历

约翰·福布斯·纳什（John Forbes Nash）于 1928 年 6 月 13 日出生在美国西弗吉尼亚州工业城布鲁菲尔德的一个中产阶级家庭，他的父亲来自得克萨斯州，是一名电气工程师，任职于阿巴拉契亚电力公司，母亲玛格丽特·弗吉尼亚·马丁生于布鲁菲尔德，结婚前是当地的一位中小学的英语和拉丁语教师。

纳什从小就内向而孤僻，他生长在一个充满亲情的家庭中，幼年的大部分时间在母亲、外祖父母、姨妈等人的陪伴下度过，但比起和其他孩子结伴玩耍，他总是偏爱一个人埋头看书或躲在一边玩玩具。

小纳什虽然并没有表现出神童的特质，但却是一个聪明、好奇心强的孩子，热爱阅读和学习。纳什的母亲和他关系亲密，或许出于教师的职业天性，她对纳什的教育格外关心，早在纳什进入幼儿园前就亲自教育、辅导他。而纳什的父亲则喜欢和孩子们分享科学技术方面的知识，能够耐心地回答纳什提出的各种自然和技术相关的问题。少年时期的纳什还特别热衷于电学和化学的实验，也愿意在其他孩子面前演示。

纳什就读于布鲁菲尔德当地的中小学，然而在学校里，纳什的社交障碍、特立独行、不良的学习习惯等时常被老师诟病。纳什的父母曾经想过很多办法，但效果甚微。在小学时期，纳什的学习成绩并不好，包括数学成绩，被老师认为是

一个学习成绩低于智力测验水平的学生。例如，在数学上，纳什喜爱采用非常规的解题方法，备受老师批评，然而纳什的母亲对纳什充满信心，后来的事实也证明这种另辟蹊径恰恰是纳什数学才华的体现。这种才华在纳什小学四年级时便初现端倪。在高中阶段，他常常可以用简单的步骤取代老师布满整块黑板的推导和证明。而真正让纳什认识到数学之美的是中学时期他接触到的一本由贝尔所写的《数学精英》，纳什成功证明了与费马大定理有关的一个小问题，这件事在他的自传文章中也有提及。

在高中的最后一年，他接受父母的安排在布鲁菲尔德学院选修了数学，但此时的纳什并未萌生成为数学家的念头。他因为获得西屋竞赛的奖学金在 1945 年 6 月被卡内基梅隆大学录取，主攻化学工程专业，后来他才逐渐展现出数学才能。1948 年，大学三年级的纳什同时被哈佛大学、普林斯顿大学、芝加哥大学和密执安大学录取，而普林斯顿大学表现得更加热情。当普林斯顿大学的数学系主任莱夫谢茨感到纳什的犹豫时，就立即写信敦促他选择普林斯顿大学，纳什也接受了一份 1150 美元的奖学金。

由于这一笔优厚的奖学金及普林斯顿大学距家乡较近，纳什选择了普林斯顿大学，来到阿尔伯特·爱因斯坦当时生活的地方，并曾经与他有过接触，他也显露出对拓扑学、代数几何、博弈论和逻辑学的浓厚兴趣。1944 年，约翰·冯·诺依曼与普林斯顿大学经济学家奥斯卡·摩根士特恩合作撰写了《博弈论和经济行为》，通过阐释二人零和博弈论，正式奠定了现代博弈论的基础。1950 年，22 岁的纳什完成了以非合作博弈为题的 27 页博士论文，他提出了一个重要概念，也就是后来被称为“纳什均衡”的博弈论。

1950 年夏天，纳什就职于美国兰德公司，那时兰德公司正在试图将博弈论用于冷战时期的军事和外交策略。秋天回到普林斯顿大学后，他并没有继续博弈论方面的研究，而是开始在纯数学里的拓扑流形和代数簇上做他原先在攻读博士期间感兴趣的工作，同时教授本科生课程。但是普林斯顿数学系没有给他教职，不是基于他的学术水平，而是因为他的性格。

1952 年，他 24 岁，纳什开始在麻省理工学院教书，他的教学和考试方法有悖于传统。如果说一般人心目中的数学家们具有古怪、偏执、傲慢的典型特征，那么纳什只能是有过之而无不及。

在研究领域里，纳什在代数簇理论、黎曼几何、抛物方程和椭圆形方程上取得了一些突破。1958 年，他差点凭借在抛物方程和椭圆形方程方面的出色工作获得菲尔兹奖，但由于他的一些结果没有及时发表而未能如愿。

1955 年，他与自己的学生（来自南美在麻省理工学院物理系读书的艾丽西亚）约会。艾丽西亚很崇拜他，并最终赢得了他的倾心。1957 年，纳什与艾丽西亚结婚了。之后漫长的岁月证明，这也许是纳什一生中比获得诺贝尔奖更重要的事。就

在事业爱情双双得意的时候，纳什也因为喜欢独来独往，喜欢解决折磨人的数学问题而被人们称为“孤独的天才”。他不是一个善于为人处世并受大多数人欢迎的人，他有着天才们常有的骄傲、以自我为中心的毛病。他的同辈人甚至认为他不可理喻，他们评价他“孤僻、傲慢、无情、幽灵一般、古怪、沉醉于自己的隐秘世界、根本不能理解别人操心的世俗事务。”

婚后，1958 年的纳什好像脱胎换骨，开始出现精神失常的症状。他一身婴儿打扮，出现在新年晚会上。两周之后他拿着一份纽约时报，垂头丧气地走进麻省理工学院的一间坐满教授的办公室，对人们宣称，他通过手里的报纸收到了一些信息，要么来自宇宙的神秘力量，要么来自某些外国政府，而只有他能够解读外星人的密码。当一个人问他为何那么肯定是来自外星人的信息，他说，有关超自然体的感悟就如同数学中的灵感，是没有理由和预兆的。

纳什在 30 岁时取得麻省理工学院的终身职位，艾丽西亚怀孕。后来他们的儿子出生，他因为幻听幻觉被确诊为严重的精神分裂症，接二连三地诊治后，他的病情仍然反复。1960 年夏天，他目光呆滞，蓬头垢面，长发披肩，胡子犹如丛生的杂草，在普林斯顿的街头上光着脚丫子晃晃悠悠，人们见了他都尽量躲着他。1962 年，外界都认为他是理所当然的菲尔兹奖获得者，但他的精神状况又使他与此失之交臂。就这样，他几乎被学术界遗忘了。到了 20 世纪 80 年代，他的病症又让他错过了几项荣誉奖项。在 80 年代末，诺贝尔奖委员会开始考虑给博弈论领域一次机会，而纳什在候选人名单中名列前茅，最后因为对博弈论的怀疑和对纳什健康的担忧而没有授予他奖项。

几年后，艾丽西亚无法忍受在纳什的阴影下生活，他们离婚了，但是她并没有放弃纳什。离婚以后，艾丽西亚再也没有结婚，她依靠自己作为电脑程序员的微薄收入和亲友的接济，继续照料前夫和他们唯一的儿子。她坚持纳什应该留在普林斯顿大学，因为一个人行为古怪，在别的地方会被当作疯子，而在普林斯顿大学这个广纳天才的地方，人们会认为他可能是一个天才。艾丽西亚在纳什生病期间精心照料了他 30 年。到 1970 年的时候，他已经辗转了多家精神病医院，病情逐渐稳定下来。

正当纳什本人处于梦境一般的精神状态时，他的名字开始出现在 70 年代和 80 年代的经济学课本、进化生物学论文、政治学专著和数学期刊中。他的名字已经成为经济学或数学的一个名词，如纳什均衡、纳什谈判解、纳什程序、纳什嵌入和纳什破裂等。

纳什的博弈论越来越有影响力，但他本人却默默无闻。大部分曾经运用过他的理论的年轻数学家和经济学家都根据他的论文发表日期判定他已经去世。即使一些人知道纳什还活着，但由于他特殊的病症，他们也把纳什当成了一个行将就木的废人。

20 世纪 80 年代末期，纳什渐渐康复，从疯癫中苏醒，而他的苏醒似乎是为了迎接他生命中的一件大事。1994 年，他和其他两位博弈论学家约翰·海萨尼和莱因哈德·泽尔腾共同获得了诺贝尔经济学奖。纳什没有因为获得了诺贝尔奖就放弃他的研究，在诺贝尔奖得主自传中，他写道："从统计学看来，没有任何一个已经 66 岁的数学家或科学家能通过持续的研究在以前成就的基础上更进一步。但是，我仍然继续努力尝试。由于出现了长达 25 年部分不真实的思维，相当于度过了某种假期，我的情况可能并不符合常规。因此，我希望通过至 1997 年的研究成果或以后出现的任何想法取得一些有价值的成果。"

在 2001 年，经过几十年风风雨雨，艾丽西亚与纳什复婚了。事实上，在漫长的岁月里，艾丽西亚在心灵上从来没有离开过纳什。这个伟大的女性用一生与命运博弈，她终于取得了胜利，而纳什也在得与失的博弈中取得了均衡。

2015 年 5 月 23 日，纳什在美国新泽西州遇车祸逝世，终年 86 岁，他 82 岁的夫人艾丽西亚也在车祸中去世。

7.9.2 学术贡献与荣誉

纳什于 1950 年和 1951 年发表的两篇关于非合作博弈论的重要论文彻底改变了人们对竞争和市场的看法。纳什构建了 n 人非合作博弈模型、定义了解概念并证明了均衡解的存在性，即著名的纳什均衡，从而揭示了博弈均衡与经济均衡的内在联系。纳什的研究奠定了现代非合作博弈论的基石，后来的博弈论研究基本上都沿着这条主线展开。

冯·诺依曼在 1928 年提出的极小极大定理和纳什在 20 世纪 50 年代发表的均衡定理奠定了博弈论的基础。纳什通过将这一理论扩展到各种合作与竞争的博弈，成功地将博弈论应用到经济学、政治学、社会学乃至进化生物学。

纳什在博弈论领域最著名的四篇论文为"Equilibrium Points in N-person Games""The Bargaining Problem""Non-cooperative Games""Two-person Cooperative Games"。

1958 年，纳什因其在数学领域的优异工作被美国《财富》杂志评为新一代天才数学家中最杰出的人物。

1994 年，他和其他两位博弈论学家约翰·海萨尼和莱因哈德·泽尔腾共同获得了诺贝尔经济学奖。

1999 年，美国数学协会授予其斯蒂尔奖。

2015 年，因其在微分几何以及偏微分方程的贡献，纳什获得阿贝尔奖。

7.9.3　艺术形象

《美丽心灵》是由西尔维雅·娜萨儿撰写的传记，记述了纳什从事业的顶峰至精神失常的低谷，再神奇般逐渐恢复的生平，该书于 1998 年出版。

《美丽心灵》是一部改编自同名传记而获得奥斯卡金像奖的电影，这部电影以 1994 年度诺贝尔经济学奖得主之一纳什与他的妻子艾丽西亚及其朋友、同事的真实感人的故事为题材，艺术地重现了这个天才的传奇故事。这部电影于 2001 年上映，并一举获得 8 项奥斯卡提名。

7.10　人物故事：吴文俊

7.10.1　人物简历

吴文俊于 1919 年 5 月 12 日出生在上海，祖籍为浙江嘉兴，数学家，中国科学院数学与系统科学研究院研究员，系统科学研究所名誉所长。吴文俊毕业于上海交通大学数学系，1949 年获法国斯特拉斯堡大学博士学位，1957 年当选为中国科学院学部委员（院士），1991 年当选第三世界科学院院士，2001 年 2 月获 2000 年度国家最高科学技术奖。2017 年 5 月 7 日，吴文俊在北京不幸去世，享年 98 岁。2019 年 9 月 17 日，吴文俊被授予“人民科学家”国家荣誉称号；同年 9 月 25 日，入选“最美奋斗者”名单；同年 12 月 18 日，入选“中国海归 70 年 70 人”榜单。

7.10.2　学术贡献一：拓扑学

拓扑学是现代数学的支柱之一，也是许多数学分支的基础。吴文俊从 1946 年开始研究拓扑学，1974 年后转向中国数学史研究，30 年以来在拓扑学领域取得了一系列重大成果，其中最著名的是“吴示性类”与“吴示嵌类”的引入及“吴公式”的建立。

示性类是刻画流形与纤维丛的基本不变量，瑞士的斯狄费勒、美国的惠特尼、苏联的庞特里亚金和陈省身等著名数学家先后从不同角度引入示性类的概念，但几乎都是描述性的。吴文俊将示性类概念由繁化简，由难变易，形成了系统的理论。他分析了斯狄费勒示性类、惠特尼示性类、庞特里亚金示性类和陈类之间的关系，指出陈类可以推导出其他示性类，反之则不成立。他在示性类研究中还引入了新的方法和手段。在微分情形中，吴文俊引入了一类示性类，被称为吴示性类，它不但是抽象概念，而且是可具体计算的。吴文俊给出了斯狄费勒示性类和

惠特尼示性类可由吴示性类明确表示的公式，被称为吴第一公式，他证明了示性类之间的关系式，被称为吴第二公式。这些公式提供了各种示性类之间的关系与计算方法，使示性类理论成为拓扑学中的重要一环。

拓扑学的嵌入理论用于研究复杂几何体在欧氏空间的实现问题。在吴文俊之前，嵌入理论只有零散的结果，吴文俊提出了吴示嵌类等一系列拓扑不变量，研究了嵌入理论的核心，并由此发展了嵌入的统一理论。后来他将关于示嵌类的成果用于电路布线问题，给出线性图平面嵌入的新判定准则，这与以往的判定准则在性质上是完全不同的，是可计算的。

在拓扑学研究中，吴文俊起到了承前启后的作用，极大地推动了拓扑学的发展，他的工作也已经成为拓扑学的经典成果，半个世纪以来一直发挥着重要作用，并应用于许多数学领域中，成为教科书中的定理。

7.10.3 学术贡献二：人工智能

中国传统数学强调构造性和算法化，注意解决科学实验和生产实践中遇到的各类问题，往往把所得到的结论以各种原理的形式呈现。吴文俊把中国传统数学的思想概括为机械化思想，指出它是贯穿于中国古代数学的精髓。大量事实说明，中国传统数学的机械化思想为近代数学的建立和发展做出了巨大贡献。1986 年，吴文俊第二次被邀请到国际数学家大会介绍这一发现。

20 世纪 70 年代，吴文俊曾在计算机工厂劳动，敏锐地觉察到计算机的极大发展潜力。他认为，计算机作为新的工具必将被大范围地引入数学研究，使数学家的聪明才智得到尽情发挥。由此得出结论：中国传统数学的机械化思想与现代计算机科学是相通的，计算机的飞速发展必将使中国传统数学的机械化思想发扬光大，机械化数学的发展必将为中国数学的发展做出巨大贡献。已故程民德院士认为，吴文俊倡导的数学机械化是从数学科学发展的战略高度提出的一种构想，数学机械化的实现将为中国数学的振兴乃至复兴做出巨大贡献。

吴文俊身体力行，在数学机械化的征途上奋勇攀登。在机器证明方面，他提出的用计算机证明几何定理的方法，在国际上被称为吴方法，遵循中国传统数学中几何代数化的思想，与通常基于逻辑的方法不同，首次实现了高效的几何定理的自动证明，显现了无比的优越性。他的工作被称为自动推理领域的先驱性工作，并于 1997 年获得“Herbrand 自动推理杰出成就奖”。在授奖词中对他的工作给了这样的介绍与评价：“几何定理自动证明由赫伯特·格兰特于 20 世纪 50 年代开始研究，虽然得到了一些有意义的结果，但在吴方法出现之前的 20 年里，这一领域进展甚微，”吴文俊的工作“不限于几何，他还给出了由开普勒定律推导牛顿定律、化学平衡问题与机器人问题的自动证明，他将几何定理自动证明从一个不

太成功的领域变为最成功的领域之一。”在非线性方程组求解方面，他建立的吴消元法是求解代数方程组最完整的方法之一，是数学机械化研究的核心。20 世纪 80 年代末，他将这一方法推广到偏微分代数方程组，他还给出了多元多项式组的零点结构定理，这是构造性代数几何的重要标志。

吴文俊特别重视数学机械化方法的应用，明确提出“数学机械化方法的成功应用是数学机械化研究的生命线。”他不断开拓新的应用领域，如控制论、曲面拼接问题、机构设计、化学平衡问题、平面天体运行的中心构型等，还建立了解决全局优化问题的新方法，他的开拓性成果为大量的后续性工作奠定了基础。吴消元法还被用于若干高科技领域，得到了一系列国际领先的成果，包括曲面造型、机器人结构的位置分析、智能计算机辅助设计、信息传输中的图像压缩等。

数学机械化研究是由中国数学家开创的研究领域，并引起国外数学家的高度重视。吴方法传到国外后，一些著名学府和研究机构，如牛津大学、康奈尔大学等，纷纷举办研讨会介绍和学习吴方法。国际自动推理杂志与美国数学会的“现代数学”破例全文转载吴文俊的两篇论文。美国人工智能协会前主席等人主动写信称赞“吴文俊关于几何定理自动证明的工作是一流的。他独自令中国在该领域进入国际领先地位”。

7.10.4　学术贡献三：数学史

1974 年以后，吴文俊开始研究中国数学史。作为一位有战略眼光的数学家，他一直在思索数学应该怎样发展，并终于在对中国数学史的研究中得到启发。中国古代数学曾高度发展，直至 14 世纪在许多领域都处于国际领先地位，是名副其实的数学强国。西方学者不了解也不承认中国古代数学的光辉成就，将其排斥在数学主流之外，吴文俊的研究起到了正本清源的作用。他指出，中国传统数学聚焦解方程，在代数学、几何学、极限概念等方面，既有丰硕的成果，又有系统的理论。

刘徽于公元 263 年撰写《九章算术注》，把原见于《周髀算经》中测日高的方法扩展为一般的测望之学——重差术，附于勾股章之后。唐代把重差术这部分与九章分离，改称为《海岛算经》，原作有注有图，但已失传。现存的《海岛算经》只剩 9 题，其中包括刘徽给出的两个关于海岛的基本公式，但没有证明。后人多次给出公式的证明并力求复原刘徽原意。吴文俊研究后来的各种补证后，认为这些论证并不符合中国古代几何学的原意，尤其是西方数学传入后，用西方数学中添加平行线或代数方法甚至三角函数来证明是完全错误的。针对这些证明，他明确提出数学史研究的两条基本原理：所有结论应该从保留至今的原始文献中得出，所有结论应按照古人当时的思路去推理，即只能用当时已知的知识和利用当时用

Note

到的辅助工具，而避开古代文献中完全没有的东西。

根据这两条忠于历史事实的原则，吴文俊合理地复原了《海岛算经》中的公式证明，他认为重差术来源于《周髀算经》，其证明基于相似勾股形的命题或与之等价的出入相补原理。他指出中国有独立的度量几何学理论，完全借助于西方欧几里得体系是很难解释的。吴文俊在研究包括《海岛算经》在内的刘徽著作的基础上，把刘徽常用的方法概括为出入相补原理，这个原理的表述十分简单：一个图形不论是平面还是立体的，都可以切割为有限多块，这有限多块经过移动再组合为另一图形，则后一图形的面积或体积保持不变。这个常识性的原理在中国古代算术中经过巧妙运用后，得出了许多意想不到的结果。出入相补原理的提出是吴文俊在中国数学史研究中的一项重要成果。

7.10.5 学术贡献四：博弈论

吴文俊先生是世界著名的数学大师，他在博弈论方面最大的贡献在于他和他的学生江嘉禾合作在有限策略型博弈方面提出的本质均衡概念，并给出了其重要性质和存在性定理，这是中国数学家在博弈论领域最早的贡献，也是迄今为止最重要的贡献。本质均衡的意义不仅如此，更重要的是这个理论开创了纳什均衡精炼的先河。

纳什均衡精炼最著名的工作是 1965 年泽尔腾针对扩展型博弈提出的子博弈完美纳什均衡。针对策略型博弈的精炼，要求博弈在各类型的扰动之下还应该保持均衡稳定。泽尔腾在 1975 年提出了策略在扰动下的颤抖手均衡的概念，而吴文俊先生提出的是盈利函数在扰动下的本质均衡的概念，同样是扰动保持均衡的思想，吴文俊先生比泽尔腾早了 13 年。1994 年，泽尔腾凭借其在子博弈完美均衡及颤抖手均衡方面的贡献获得诺贝尔经济学奖。

由于历史的原因，吴文俊先生的工作在改革开放之前没有得到应有的重视，在改革开放以后，国外众多学者引用且推广了吴文俊先生的结果，其中包括马斯金、梯若尔等诺贝尔经济学奖获得者。可以说，吴文俊先生在博弈论领域的成果是世界级的成果，吴文俊先生的学术思想后来被贵州大学的俞建教授继承发扬光大。20 世纪 90 年代以来，俞建教授对吴文俊先生的本质均衡结果进行了一系列推广，不仅将本质均衡推广到线性赋范空间及线性赋范空间上的广义博弈、多目标博弈和连续博弈，而且进一步研究了平衡点集本质连通区的存在性等问题，俞建教授在本质博弈方面的系列工作绝大多数都呈现在他的专著《博弈论与非线性分析》中，得到了学界的广泛关注。

第8章

合作博弈的模型与解概念

Note

前面章节研究的是非合作博弈，博弈的参与人“自私自利”以实现最大利益，一般情况下会出现损人不利己的状况。本章开始关注合作博弈，博弈的参与人之间具有强约束以实现共同合作，多个参与人集合在一起构成一个联盟，因此合作博弈的核心问题有两个：一是如何形成联盟结构；二是形成联盟结构以后，参与人如何实现稳定分配。第一个问题超出了本书的范畴，不予说明，本章重点关注第二个问题。与非合作博弈不同，合作博弈的模型是比较固定的，为了适应不同的情形，一般而言，合作博弈的基本模型分为三类：可转移盈利的模型（TUCG）、策略形式的模型（SFCG）、无转移盈利的模型（NTUCG），本章主要讲述可转移盈利的模型和解概念。

8.1 合作博弈的基本模型

具有可转移盈利指的是合作博弈具有一个公共的标尺来衡量各个联盟创造的价值，并且相互之间可以盈利，如证券交易市场、企业的市场交易行为，更具体的例子是企业联盟共同合作完成了一项大工程，工程方支付给企业联盟一大笔钱，该企业联盟商讨如何分配这笔钱。在这个例子中，“钱”就是一个公共标尺，而且彼此之间可以转移盈利。合作博弈的参与人可以是有限的，也可以是无限的，为了简单起见，本章及后面章节假定参与人是有限的。

定义 8.1 假设 N 是有限的参与人集合，N 的一个划分是指 N 的一些子集组成的族，即 $\tau=\{A_i\}_{i\in I}\subseteq\mathcal{P}(N)$，满足

$$\#I<\infty; A_i\neq\varnothing,\forall i\in I; A_i\bigcap A_j=\varnothing,\forall i\neq j\in I;\bigcup_{i\in I}A_i=N$$

参与人集合 N 上面的所有划分及其中的某个特殊划分记为

$$\mathrm{Part}(N),\tau=\{A_i\}_{i\in I}\in\mathrm{Part}(N)$$

定义 8.2 假设 N 是有限的参与人集合，f 是一个函数，如果满足

$$f:\mathcal{P}(N)\to\mathbb{R},f(\varnothing)=0$$

那么二元组 (N,f) 称为一个 TUCG，参与人集合 N 的每一个子集 $A\in\mathcal{P}(N)$ 都称为联盟，$\varnothing$ 称为空联盟，N 称为大联盟，$f(A)(\forall A\in\mathcal{P}(N))$ 称为联盟 A 创造的价值。

定义 8.3　假设 N 是有限的参与人集合，N 的一个划分称为 N 的一个联盟结构。一般考虑三类联盟结构：

$$\tau_1=\{N\};\tau_2=\{\{i\}\}_{i\in N};\tau_3\in\mathrm{Part}(N)$$

第一类联盟结构是指所有参与人形成一个大联盟，这是绝对的“集体主义”；第二类联盟结构是指所有的个体单独形成联盟，这是绝对的“个体主义”；第三类联盟结构是指一般的联盟结构，即介于绝对的“集体主义”和绝对的“个体主义”之间的“中间主义”。

定义 8.4　假设 N 是有限的参与人集合，(N,f) 为一个 TUCG，如果已经形成了联盟结构 $\tau\in\mathrm{Part}(N)$，那么用三元组表示具有联盟结构的 TUCG：

$$(N,f,\tau)$$

定义 8.5　假设 N 是有限的参与人集合，(N,f) 为一个 TUCG，$S\in\mathcal{P}_0(N)$ 是一个非空子集，S 诱导的子博弈记为

$$(S,f|_S),f|_S=:f|_{\mathcal{P}(S)}:\mathcal{P}(S)\to\mathbb{R}$$

为了简单起见，有时也记为 (S,f)。

定义 8.6　假设 N 是有限的参与人集合，(N,f,τ) 为一个带有联盟结构的 TUCG，$S\in\mathcal{P}_0(N)$ 是一个非空子集，S 诱导的带有联盟结构的子博弈记为

$$(S,f,\tau_S),\tau_S=\{A\cap S|\forall A\in\tau\}\setminus\{\varnothing\}$$

定义 8.7　假设 N 是有限的参与人集合，$S\in\mathcal{P}(N)$ 是一个非空子集，它的示性向量记为

$$\boldsymbol{e}_S=\sum_{i\in S}e_i,e_i=(0,0,\cdots,0,1_{(i\text{-th})},0,\cdots,0)\in\mathbb{R}^N$$

定义 8.8　假设 N 是有限的参与人集合，$\mathcal{B}=S_1,S_2,\cdots,S_k\subseteq\mathcal{P}(N)$ 是一个子集族，并且 $\varnothing\notin\mathcal{B}$，$\mathcal{B}$ 的示性矩阵记为

$$\boldsymbol{M}_{\mathcal{B}}=\begin{pmatrix}\boldsymbol{e}_{S_1}\\\boldsymbol{e}_{S_2}\\\vdots\\\boldsymbol{e}_{S_k}\end{pmatrix}$$

其中，$\boldsymbol{e}_S$ 是 S 的示性向量。

定义 8.9 假设 N 是有限的参与人集合，$\mathcal{B} \subseteq \mathcal{P}(N)$ 是一个子集族且 $\varnothing \notin \mathcal{B}$，$\boldsymbol{\delta} = (\delta_A)_{A \in \mathcal{B}}$ 称为 B 的一个严格平衡权重，如果满足

$$\boldsymbol{\delta} > \mathbf{0}, \boldsymbol{\delta} \boldsymbol{M}_{\mathcal{B}} = \boldsymbol{e}_N$$

的一个子集族存在一个严格平衡权重，那么这个子集族称为严格平衡。

定义 8.10 假设 N 是有限的参与人集合，$\mathcal{B} \subseteq \mathcal{P}(N)$ 是一个子集族且 $\varnothing \notin \mathcal{B}$，如果满足

$$\boldsymbol{\delta} \geqslant \mathbf{0}, \boldsymbol{\delta} \boldsymbol{M}_{\mathcal{B}} = \boldsymbol{e}_N$$

$\boldsymbol{\delta} = (\delta_A)_{A \in \mathcal{B}}$ 称为 B 的一个弱平衡权重。如果一个子集族存在一个弱平衡权重，那么这个子集族称为弱平衡。

定义 8.11 假设 N 是有限的参与人集合，如果任取严格平衡的子集族 $\mathcal{B} \subseteq \mathcal{P}(N)$ 和对应的严格平衡权重 $\boldsymbol{\delta} = (\delta_A)_{A \in \mathcal{B}}$ ，都满足

$$f(N) \geqslant \sum_{A \in \mathcal{B}} \delta_A f(A)$$

那么 (N, f) 是一个严格平衡的 TUCG。

定义 8.12 假设 N 是有限的参与人集合，如果满足

$$f(A) \in \{0, 1\}, \forall A \in \mathcal{P}(N)$$

那么 (N, f) 为一个简单的 TUCG。

定义 8.13 假设 N 是有限的参与人集合，如果满足

$$f(A) + f(A^c) = f(N), \forall A \in \mathcal{P}(N), A^c =: N \setminus A$$

那么 (N, f) 为一个恒和的 TUCG。

定义 8.14 假设 N 是有限的参与人集合，如果满足

$$\forall A \subseteq B \in \mathcal{P}(N) \Rightarrow f(A) \leqslant f(B)$$

那么 (N, f) 为一个单调的 TUCG。

定义 8.15 假设 N 是有限的参与人集合，如果满足

$$\forall A, B \in \mathcal{P}(N), A \bigcap B = \varnothing \Rightarrow f(A) + f(B) \leqslant f\left(A \bigcup B\right)$$

那么 (N, f) 为一个超可加的 TUCG。

定义 8.16　假设 N 是有限的参与人集合，如果存在阈值 $q \in \mathbb{R}_+$ 和权重 $(w_i)_{i \in N} \in \mathbb{R}_+^N$ 满足

$$f(A) = \begin{cases} 1, & w(A) \geqslant q \\ 0, & w(A) < q \end{cases}$$

那么 (N, f) 为一个加权多数的 TUCG。其中，$w(A) = \sum\limits_{i \in A} w_i$。

定义 8.17　假设 N 是有限的参与人集合，如果满足

$$f(i) = 0, \forall i \in N$$

那么 (N, f) 为一个 0 规范的 TUCG。

定义 8.18　假设 N 是有限的参与人集合，如果满足

$$f(i) = 0, \forall i \in N; f(N) = 1$$

那么 (N, f) 为一个 0-1 规范的 TUCG。

定义 8.19　假设 N 是有限的参与人集合，如果满足

$$f(i) = 0, \forall i \in N; f(N) = 0$$

那么 (N, f) 为一个 0-0 规范的 TUCG。

定义 8.20　假设 N 是有限的参与人集合，如果满足

$$f(i) = 0, \forall i \in N; f(N) = -1$$

那么 (N, f) 为一个 0-(-1) 规范的 TUCG。

定义 8.21　假设 N 是有限的参与人集合，如果满足

$$f(A) = \sum_{i \in A} f(i), \forall A \in \mathcal{P}(N)$$

那么 (N, f) 为一个可加的或者线性可加的 TUCG。

定义 8.22　假设 N 是有限的参与人集合，如果满足

$$\forall A, B \in \mathcal{P}(N), f(A) + f(B) \leqslant f\left(A \bigcup B\right) + f\left(A \bigcap B\right)$$

那么 (N, f) 为一个凸的 TUCG。

8.2 合作博弈的等价表示

假设 N 是一个有限的参与人集合，那么它的所有子集的个数是有限的，即

$$\#\mathcal{P}(N)=2^n;\#\mathcal{P}_0(N)=2^n-1$$

对于一个 TUCG(N,f)，$f(\varnothing)=0$，因此，(N,f) 在本质上可用一个 2^n-1 维向量表示，即

$$(f(A))_{A\in\mathcal{P}_0(N)}\in\mathbb{R}^{2^n-1}$$

用 Γ_N 表示参与人集合 N 上的所有 TUCG，即

$$\Gamma_N=\{(N,f)|\ f:\mathcal{P}(N)\to\mathbb{R},f(\varnothing)=0\}$$

那么 Γ_N 同构于 $\mathbb{R}^{2^n-1}$，因此可以定义加法和数乘：

$$\forall(N,f),(N,g)\in\Gamma_N,(N,f+g)\in\Gamma_N,\text{s.t.}(f+g)(A)=f(A)+g(A)$$
$$\forall\alpha\in\mathbb{R},\forall(N,f)\in\Gamma_N,(N,\alpha f)\in\Gamma_N,\text{s.t.}(\alpha f)(A)=\alpha(f(A))$$

需要通过案例来介绍等价的概念。首先，用人民币作为计量单位分配财富和用美元作为计量单位分配财富在本质上不会改变所得，因此正比例变换可以作为等价变换的一种；然后，个体单独创造的财富纳入联盟分配时，应该原封不动地返回个体，因此平移变换可以作为等价变化的一种；最后，综合正比例变换和平移变换，我们认为正仿射变换可以作为等价的一种恰当描述。为了行文简单，下面介绍一些符号。

$$\forall A\in\mathcal{P}(N),\mathbb{R}^A=\{(x_i)_{i\in A}|\ x_i\in\mathbb{R},\forall i\in A\}$$
$$\forall\boldsymbol{x}\in\mathbb{R}^N,\forall A\in\mathcal{P}(N),\boldsymbol{x}(A)=\sum_{i\in A}x_i;\boldsymbol{x}(\varnothing)=:0$$

定义 8.23 假设 N 是有限的参与人集合，(N,f) 和 (N,g) 都是 TUCG，如果满足

$$\exists\alpha>0,\boldsymbol{b}\in\mathbb{R}^N,\text{s.t.}g(A)=\alpha f(A)+\boldsymbol{b}(A),\forall A\in\mathcal{P}(N)$$

那么称 (N,f) 策略等价于 (N,g)。

定理 8.1 假设 N 是有限的参与人集合，Γ_N 上的策略等价关系是一种等价关系。

证明　按照集合的等价关系的定义，下面分三步来证明这个定理。

第一步，(N,f) 和 (N,f) 策略等价。

第二步，如果 (N,f) 和 (N,g) 策略等价，那么 (N,g) 和 (N,f) 策略等价。

由定义 8.23，存在 $\alpha > 0$ 和 $\boldsymbol{b} \in \mathbb{R}^N$，使得

$$g(A) = \alpha f(A) + \boldsymbol{b}(A), \forall A \in \mathcal{P}(N)$$

那么

$$f(A) = \frac{1}{\alpha} g(A) + \frac{-\boldsymbol{b}}{\alpha}(A), \forall A \in \mathcal{P}(N)$$

第三步，如果 TUCG(N,f) 和 (N,g) 策略等价，(N,g) 和 (N,h) 策略等价，那么 (N,f) 和 (N,h) 策略等价。

由定义 8.23 可知，存在 $\alpha > 0, \beta > 0$ 和 $\boldsymbol{b}, \boldsymbol{c} \in \mathbb{R}^N$ 使得

$$g(A) = \alpha f(A) + \boldsymbol{b}(A), \forall A \in \mathcal{P}(N)$$

$$h(A) = \beta g(A) + \boldsymbol{c}(A), \forall A \in \mathcal{P}(N)$$

由此推出

$$h(A) = \alpha\beta f(A) + (\boldsymbol{c} + \beta\boldsymbol{b})(A), \forall A \in \mathcal{P}(N)$$

由此证明结论。 ■

定理 8.2　假设 N 是有限的参与人集合，(N,f) 是一个 TUCG，那么

(1) (N,f) 策略等价于 0-1 规范博弈当且仅当 $f(N) > \sum_{i \in N} f(i)$；

(2) (N,f) 策略等价于 0-0 规范博弈当且仅当 $f(N) = \sum_{i \in N} f(i)$；

(3) (N,f) 策略等价于 0-(-1) 规范博弈当且仅当 $f(N) < \sum_{i \in N} f(i)$；

(4) 任意的 (N,f) 都策略等价于 0-规范博弈。

证明　下面只证明定理 8.2 的第一个论断，其余的同理可证，留作习题。

第一步，假设 (N,f) 策略等价于一个 0-1 规范博弈 (N,g)，根据定义存在 $\alpha > 0, \boldsymbol{b} \in \mathbb{R}^N$，使得

$$f(A) = \alpha g(A) + \boldsymbol{b}(A), \forall A \in \mathcal{P}(N)$$

直接计算可得

$$f(N) = \alpha g(N) + \boldsymbol{b}(N) = \alpha + \boldsymbol{b}(N); f(i) = b_i$$

因此，可以得到

$$\alpha + \boldsymbol{b}(N) = f(N) > \boldsymbol{b}(N) = \sum_{i \in N} b_i = \sum_{i \in N} f(i)$$

第二步，假设 (N,f) 满足 $f(N) > \sum_{i\in N} f(i)$，构造一个与其等价的 0-1 规范博弈：

$$(N,g), g(A) = \frac{1}{f(N) - \sum\limits_{i\in N} f(i)} f(A) + \frac{-b}{f(N) - \sum\limits_{i\in N} f(i)}(A)$$

其中，$b_i = f(i)$。由此证明了结论。 ■

8.3 合作博弈的解概念

对于一个带有联盟结构的 TUCG，我们考虑的解概念为如何合理地分配财富使得人人在约束下获得最大利益。

定义 8.24 假设 N 是一个有限的参与人集合，$\varGamma_N$ 表示其上的所有 TUCG，解概念分为集值解概念和数值解概念。

（1）集值解概念：$\phi : \varGamma_N \to \mathcal{P}(\mathbb{R}^N), \phi(N,f,\tau) \subseteq \mathbb{R}^N$；

（2）数值解概念：$\phi : \varGamma_N \to \mathbb{R}^N, \phi(N,f,\tau) \in \mathbb{R}^N$。

解概念的定义基于合理、稳定的分配，可以充分发挥创造力，下面从以下几个方面出发定义理性分配向量集合。

第一，个体参加联盟合作得到的财富应该大于或等于个体单独创造的财富，这条性质称为个体理性；第二，联盟结构中联盟最终得到的财富应该是这个联盟创造的财富，这条性质称为结构理性；第三，一个群体最终得到的财富应该大于或等于这个联盟创造的财富，这条性质称为集体理性。

定义 8.25 假设 N 是一个有限的参与人集合，(N,f,τ) 表示一个带有联盟结构的 TUCG，其对应的个体理性分配集定义为

$$X^0(N,f,\tau) = \{\boldsymbol{x} |\ \boldsymbol{x} \in \mathbb{R}^N; x_i \geqslant f(i), \forall i \in N\}$$

定义 8.26 假设 N 是一个有限的参与人集合，(N,f,τ) 表示一个带有联盟结构的 TUCG，其对应的结构理性分配集定义为

$$X^1(N,f,\tau) = \{\boldsymbol{x} |\ \boldsymbol{x} \in \mathbb{R}^N; x(A) = f(A), \forall A \in \tau\}$$

定义 8.27 假设 N 是一个有限的参与人集合，(N,f,τ) 表示一个带有联盟结构的 TUCG，其对应的集体理性分配集定义为

$$X^2(N,f,\tau) = \{\boldsymbol{x} |\ \boldsymbol{x} \in \mathbb{R}^N; x(A) \geqslant f(A), \forall A \in \mathcal{P}(N)\}$$

定义 8.28　假设 N 是一个有限的参与人集合，(N,f,τ) 表示一个带有联盟结构的 TUCG，其对应的可行理性分配集定义为

$$\begin{aligned}X(N,f,\tau) &= \{\boldsymbol{x}|\ \boldsymbol{x}\in\mathbb{R}^N; x_i\geqslant f(i),\forall i\in N; x(A)=f(A),\forall A\in\tau\}\\ &= X^0(N,f,\tau)\bigcap X^1(N,f,\tau)\end{aligned}$$

所有的解概念，无论是集值解概念还是数值解概念，都应该从三大理性分配集及可行理性分配集出发去寻找。

第9章

解概念之核心

对于可转移盈利的合作博弈，立足于稳定分配的指导原则，设计个体理性、结构理性和集体理性的分配方案，得到一个重要的解概念：核心。本章介绍了具有大联盟结构的博弈的核心的定义和性质及其存在的充要条件、市场博弈的核心、线性可加博弈的核心、凸博弈的核心、核心的一致性、具有一般联盟结构的博弈的核心。

9.1　核心的定义和性质

综合考虑三大理性分配集就产生了解概念——核心，核心是满足个体理性、结构理性和集体理性的解概念。

定义 9.1　假设 N 是一个有限的参与人集合，$(N,f,\{N\})$ 表示一个具有大联盟结构的可转移盈利合作博弈（TUCG），对应的核心定义为

$$\begin{aligned}&\operatorname{Core}(N,f,\{N\})\\&=X^0(N,f,\{N\})\bigcap X^1(N,f,\{N\})\bigcap X^2(N,f,\{N\})\\&=X(N,f,\{N\})\bigcap X^2(N,f,\{N\})\\&=\left\{\boldsymbol{x}\mid \boldsymbol{x}\in\mathbb{R}^N;x_i\geqslant f(i),\forall i\in N;x(N)=f(N);x(A)\geqslant f(A),\forall A\in\mathcal{P}(N)\right\}\end{aligned}$$

定理 9.1　假设 N 是一个有限的参与人集合，$(N,f,\{N\})$ 表示一个带有大联盟结构的 TUCG，那么它的核心是 $\mathbb{R}^N$ 中有限个闭的半空间的交集，是有界闭集、凸集。

证明　根据核心的定义可得

$$\begin{aligned}&\operatorname{Core}(N,f,\{N\})\\&=\left\{\boldsymbol{x}\mid \boldsymbol{x}\in\mathbb{R}^N;x_i\geqslant f(i),\forall i\in N;x(N)=f(N);x(A)\geqslant f(A),\forall A\in\mathcal{P}(N)\right\}\end{aligned}$$

Note

因此本质上求解一个 TUCG 的核心是求解如下的不等式方程组：

$$\begin{cases} \boldsymbol{x} \in \mathbb{R}^n, & \text{分配向量} \\ x_i \geqslant f(i), \forall i \in N, & \text{个体理性} \\ \sum\limits_{i \in N} x_i = f(N), & \text{结构理性} \\ \sum\limits_{i \in A} x_i \geqslant f(A), \forall A \in \mathcal{P}(N), & \text{集体理性} \end{cases}$$

根据数学分析的基本知识，可知核心是有限个闭的半空间的交集，因此一定是闭集，也一定是凸集。下面证明核心是有界集合。根据个体理性，可知核心是有下界的，记为

$$\min_{i \in N} x_i \geqslant \min_{i \in N} f(i) =: l, \forall x \in \text{Core}(N, f, \{N\})$$

综合运用个体理性和结构理性，可知

$$x_i = f(N) - \sum_{j \neq i} x_j \leqslant f(N) - (n-1)l =: u, \forall i \in N, \forall x \in \text{Core}(N, f, \{N\})$$

因此核心中的元素有上界。二者结合得出，核心是一个有界集合，核心是一个有界的、闭的、凸的多面体。由此证明了结论。 ■

下面介绍解概念在等价变换意义下的变换规律。

定理 9.2 假设 N 是一个有限的参与人集合，$(N, f, \{N\})$ 表示一个具有大联盟结构的 TUCG，那么

$$\forall \alpha > 0, \forall \boldsymbol{b} \in \mathbb{R}^N \Rightarrow \text{Core}(N, \alpha f + \boldsymbol{b}, \{N\}) = \alpha \text{Core}(N, f, \{N\}) + \boldsymbol{b}$$

即合作博弈 $(N, \alpha f + \boldsymbol{b}, \{N\}), \forall \alpha > 0, \boldsymbol{b} \in \mathbb{R}^N$ 与 $(N, f, \{N\})$ 的核心之间具有协变关系。

证明 取定 $\alpha > 0, b \in \mathbb{R}^N$，根据定义，合作博弈 $(N, f, \{N\})$ 的核心是如下方程组的解集：

$$E_1: \begin{cases} \boldsymbol{x} \in \mathbb{R}^n, & \text{分配向量} \\ x_i \geqslant f(i), \forall i \in N, & \text{个体理性} \\ \sum\limits_{i \in N} x_i = f(N), & \text{结构理性} \\ \sum\limits_{i \in A} x_i \geqslant f(A), \forall A \in \mathcal{P}(N), & \text{集体理性} \end{cases}$$

同样根据定义，可知合作博弈 $(N, \alpha f + b, \{N\})$ 的核心是如下方程组的解集：

$$E_2: \begin{cases} \boldsymbol{y} \in \mathbb{R}^n, & \text{分配向量} \\ y_i \geqslant \alpha f(i) + b_i, \forall i \in N, & \text{个体理性} \\ \sum\limits_{i \in N} y_i = \alpha f(N) + b(N), & \text{结构理性} \\ \sum\limits_{i \in A} y_i \geqslant \alpha f(A) + b(A), \forall A \in \mathcal{P}(N), & \text{集体理性} \end{cases}$$

假设 $\boldsymbol{x}$ 是方程组 E_1 的解，显然 $\alpha \boldsymbol{x} + \boldsymbol{b}$ 是方程组 E_2 的解，因为正仿射变换是等价变化，因此如果 $\boldsymbol{y}$ 是方程组 E_2 的解，那么 $\dfrac{\boldsymbol{y}}{\alpha} - \dfrac{\boldsymbol{b}}{\alpha}$ 是方程组 E_1 的解，综上可得

$$\text{Core}(N, \alpha f + \boldsymbol{b}, \{N\}) = \alpha \text{Core}(N, f, \{N\}) + \boldsymbol{b}$$

由此证明了结论。 ■

定理 9.3　假设 N 是一个有限的参与人集合，$(N, f, \{N\})$ 表示一个具有大联盟结构的 TUCG，那么核心非空与否在策略等价意义下是不变的。

9.2　核心的非空性

9.1 节介绍了核心的定义和性质，本节主要介绍相关的平衡概念及核心非空的充要条件。

9.2.1　平衡

定义 9.2　假设 N 是有限的参与人集合，$S \in \mathcal{P}(N)$ 是一个非空子集，它的示性向量记为

$$\boldsymbol{e}_S = \sum_{i \in S} \boldsymbol{e}_i, \boldsymbol{e}_i = (0, 0, \cdots, 0, 1_{(i\text{-th})}, 0, \cdots, 0) \in \mathbb{R}^N$$

定义 9.3　假设 N 是有限的参与人集合，$\mathcal{B} = \{S_1, S_2, \cdots, S_k\} \subseteq \mathcal{P}(N)$ 是一个子集族且 $\varnothing \notin \mathcal{B}$，$\mathcal{B}$ 的示性矩阵记为

$$\boldsymbol{M}_{\mathcal{B}} = \begin{pmatrix} \boldsymbol{e}_{S_1} \\ \boldsymbol{e}_{S_2} \\ \vdots \\ \boldsymbol{e}_{S_k} \end{pmatrix}$$

Note

其中，$\boldsymbol{e}_S$ 是 S 的示性向量。

定义 9.4 假设 N 是有限的参与人集合，$\mathcal{B} \subseteq \mathcal{P}(N)$ 是一个子集族且 $\varnothing \notin \mathcal{B}$，如果满足

$$\boldsymbol{\delta} > \mathbf{0}, \boldsymbol{\delta} \boldsymbol{M}_{\mathcal{B}} = \boldsymbol{e}_N$$

那么权重 $\boldsymbol{\delta} = (\delta_A)_{A \in \mathcal{B}}$ 称为 $\mathcal{B}$ 的一个严格平衡权重。如果一个子集族存在一个严格平衡权重，那么称这个子集族为严格平衡。N 的所有严格平衡子集族构成的集合记为 StrBalFam(N)，假设 $\mathcal{B} \in$ StrBalFam(N)，其对应的所有严格平衡权重集合记为 StrBalCoef($\mathcal{B}$)。

定义 9.5 假设 N 是有限的参与人集合，$\mathcal{B} \subseteq \mathcal{P}(N)$ 是一个子集族且 $\varnothing \notin \mathcal{B}$，如果满足

$$\boldsymbol{\delta} \geqslant \mathbf{0}, \boldsymbol{\delta} \boldsymbol{M}_{\mathcal{B}} = \boldsymbol{e}_N$$

那么权重 $\boldsymbol{\delta} = (\delta_A)_{A \in \mathcal{B}}$ 称为 $\mathcal{B}$ 的一个弱平衡权重。如果一个子集族存在一个弱平衡权重，那么称这个子集族为弱平衡。N 的所有弱平衡子集族构成的集合记为 WeakBalFam(N)，假设 $\mathcal{B} \in$ WeakBalFam(N)，其对应的所有弱平衡权重集合记为 WeakBalCoef($\mathcal{B}$)。

定义 9.6 假设 N 是有限的参与人集合，$\mathcal{P}_0(N)$ 是所有非空子集构成的子集族，如果满足

$$\boldsymbol{\delta} \geqslant \mathbf{0}, \boldsymbol{\delta} \boldsymbol{M}_{\mathcal{P}_0(N)} = \boldsymbol{e}_N$$

那么权重 $\boldsymbol{\delta} = (\delta_A)_{A \in \mathcal{P}_0(N)}$ 称为 $\mathcal{P}_0(N)$ 的弱平衡权重。如果 $\mathcal{P}_0(N)$ 存在一个弱平衡权重，那么称为全集弱平衡，所有全集弱平衡权重集合记为 WeakBalCoef ($\mathcal{P}_0(N)$)。

注释 9.1 对于一个弱平衡的子集族，可以在子集族中通过剔除弱平衡权重为零的子集后产生严格平衡的子集族。同样，可以通过在严格平衡的子集族中添加非空子集并且赋予零权重产生弱平衡子集族。所有的严格平衡子集可以扩充为全集弱平衡，所有的全集弱平衡可以精炼为严格平衡。因此本质上可以只考虑严格平衡、弱平衡和全集弱平衡中的一种。

定理 9.4 假设 N 是有限的参与人集合，$\mathcal{B} \subseteq \mathcal{P}(N)$ 是一个子集族，并且 $\varnothing \notin \mathcal{B}$，$\boldsymbol{\delta} = (\delta_A)_{A \in \mathcal{B}} > \mathbf{0}$，$\mathcal{B}$ 相对于 $\boldsymbol{\delta} = (\delta_A)_{A \in \mathcal{B}} > \mathbf{0}$ 是严格平衡的当且仅当

$$\forall \boldsymbol{x} \in \mathbb{R}^N, \sum_{A \in \mathcal{B}} \delta_A x(A) = x(N)$$

证明 $\mathcal{B}$ 相对于 $\boldsymbol{\delta} = (\delta_A)_{A \in \mathcal{B}} > \mathbf{0}$ 是严格平衡的当且仅当

$$\boldsymbol{\delta} \boldsymbol{M}_{\mathcal{B}} = \boldsymbol{e}_N$$

根据线性代数的基本知识可知，上式成立当且仅当

$$\forall \boldsymbol{x} \in \mathbb{R}^N, \boldsymbol{\delta M}_{\mathcal{B}} x = \boldsymbol{e}_N \boldsymbol{x}$$

即

$$\forall \boldsymbol{x} \in \mathbb{R}^N, \boldsymbol{\delta} \begin{pmatrix} x(S_1) \\ \vdots \\ x(S_k) \end{pmatrix} = x(N)$$

即

$$\forall \boldsymbol{x} \in \mathbb{R}^N, \sum_{A \in \mathcal{B}} \delta_A x(A) = x(N)$$

由此证明了结论。■

定理 9.5　假设 N 是有限的参与人集合，$\mathcal{B} \subseteq \mathcal{P}(N)$ 是一个子集族，并且 $\varnothing \notin \mathcal{B}$，$\boldsymbol{\delta} = (\delta_A)_{A \in \mathcal{B}} \geqslant \mathbf{0}$，那么 $\mathcal{B}$ 相对于 $\boldsymbol{\delta} = (\delta_A)_{A \in \mathcal{B}} > \mathbf{0}$ 是弱平衡的当且仅当

$$\forall x \in \mathbb{R}^N, \sum_{A \in \mathcal{B}} \delta_A x(A) = x(N)$$

证明　$\mathcal{B}$ 相对于 $\boldsymbol{\delta} = (\delta_A)_{A \in \mathcal{B}} \geqslant \mathbf{0}$ 是弱平衡的当且仅当

$$\boldsymbol{\delta M}_{\mathcal{B}} = \boldsymbol{e}_N$$

根据线性代数的基本知识可知，上式成立当且仅当

$$\forall \boldsymbol{x} \in \mathbb{R}^N, \boldsymbol{\delta M}_{\mathcal{B}} \boldsymbol{x} = \boldsymbol{e}_N \boldsymbol{x}$$

即

$$\forall \boldsymbol{x} \in \mathbb{R}^N, \boldsymbol{\delta} \begin{pmatrix} x(S_1) \\ \vdots \\ x(S_k) \end{pmatrix} = x(N)$$

即

$$\forall \boldsymbol{x} \in \mathbb{R}^N, \sum_{A \in \mathcal{B}} \delta_A x(A) = x(N)$$

由此证明了结论。■

定理 9.6　假设 N 是有限的参与人集合，$\mathcal{P}_0(N)$ 是所有的非空子集构成的子集族，$\boldsymbol{\delta} = (\delta_A)_{A \in \mathcal{P}_0(N)} \geqslant \mathbf{0}$，那么 $\mathcal{P}_0(N)$ 相对于 $\boldsymbol{\delta} = (\delta_A)_{A \in \mathcal{P}_0(N)} \geqslant \mathbf{0}$ 是全集弱平衡的当且仅当

$$\forall \boldsymbol{x} \in \mathbb{R}^N, \sum_{A \in \mathcal{P}_0(N)} \delta_A x(A) = x(N)$$

Note

证明 $\mathcal{P}_0(N)$ 相对于 $\boldsymbol{\delta} = (\delta_A)_{A\in\mathcal{P}_0(N)} \geqslant \mathbf{0}$ 是全集弱平衡的当且仅当

$$\boldsymbol{\delta}\boldsymbol{M}_{\mathcal{P}_0(N)} = \boldsymbol{e}_N$$

根据线性代数的基本知识可知，上式成立当且仅当

$$\forall \boldsymbol{x} \in \mathbb{R}^N, \boldsymbol{\delta}\boldsymbol{M}_{\mathcal{P}_0(N)}\boldsymbol{x} = \boldsymbol{e}_N\boldsymbol{x}$$

即

$$\forall \boldsymbol{x} \in \mathbb{R}^N, \boldsymbol{\delta}\begin{pmatrix} x(S_1) \\ \vdots \\ x(S_{2^n-1}) \end{pmatrix} = x(N)$$

即

$$\forall \boldsymbol{x} \in \mathbb{R}^N, \sum_{A\in\mathcal{P}_0(N)} \delta_A x(A) = x(N)$$

由此证明了结论。 ■

定义 9.7 假设 N 是有限的参与人集合，如果任取严格平衡的子集族 $\mathcal{B} \in \mathrm{StrBalFam}(N)$ 和对应的严格平衡权重 $\boldsymbol{\delta} \in \mathrm{StrBalCoef}(\mathcal{B})$ 都满足

$$f(N) \geqslant \sum_{A\in\mathcal{B}} \delta_A f(A)$$

那么 $(N, f, \{N\})$ 是一个严格平衡的 TUCG。

定义 9.8 假设 N 是有限的参与人集合，如果任取弱平衡的子集族 $\mathcal{B} \in \mathrm{WeakBalFam}(N)$ 和对应的弱平衡权重 $\boldsymbol{\delta} \in \mathrm{WeakBalCoef}\mathcal{B}$ 都满足

$$f(N) \geqslant \sum_{A\in\mathcal{B}} \delta_A f(A)$$

那么 $(N, f, \{N\})$ 是一个弱平衡的 TUCG。

定理 9.7 假设 N 是有限的参与人集合，$(N, f, \{N\})$ 是一个严格平衡的 TUCG 当且仅当它是一个弱平衡的 TUCG。

证明 严格平衡的子集族和严格平衡的权重在本质上也是弱平衡的子集族和弱平衡的权重，因此如果 $(N, f, \{N\})$ 是弱平衡的 TUCG，那么也一定是严格平衡的 TUCG；反过来所有弱平衡的子集族和弱平衡的权重都可以转化为严格平衡的子集族和严格平衡的权重，因此如果 $(N, f, \{N\})$ 是严格平衡的 TUCG，那么也一定是弱平衡的 TUCG。由此证明了结论。 ■

定义 9.9　假设 N 是有限的参与人集合，如果取定子集族 $\mathcal{P}_0(N)$ 和对应的弱平衡权重 $\boldsymbol{\delta} \in \mathrm{WeakBalCoef}(\mathcal{P}_0(N))$ 都满足

$$f(N) \geqslant \sum_{A \in \mathcal{P}_0(N)} \delta_A f(A)$$

那么 $(N, f, \{N\})$ 是一个全集弱平衡 TUCG。

定理 9.8　假设 N 是有限的参与人集合，$(N, f, \{N\})$ 是一个合作博弈，那么下面三者等价：

（1）$(N, f, \{N\})$ 是严格平衡的；

（2）$(N, f, \{N\})$ 是弱平衡的；

（3）$(N, f, \{N\})$ 是全集弱平衡的。

证明　已经证明了严格平衡与弱平衡的等价性，下面证明弱平衡与全集弱平衡是等价的。

（1）假设 $(N, f, \{N\})$ 是弱平衡的，根据定义显然是全集弱平衡的。

（2）假设 $(N, f, \{N\})$ 是全集弱平衡的，取定 $\mathcal{B} \in \mathrm{WeakBalFam}(N)$ 和 $\boldsymbol{\delta} \in \mathrm{WeakBalCoef}(\mathcal{B})$，扩充 $\mathcal{B}$ 为全集 $\mathcal{P}_0(N)$，赋予相应增加的子集的权重为零，根据全集弱平衡的定义，可得

$$f(N) \geqslant \sum_{A \in \mathcal{P}_0(N)} \delta_A f(A) = \sum_{A \in \mathcal{B}} \delta_A f(A)$$

因此 $(N, f, \{N\})$ 是弱平衡的。由此证明了结论。■

定义 9.10　假设 N 是有限的参与人集合，$(N, f, \{N\})$ 是一个合作博弈，如果 $(N, f, \{N\})$ 是严格平衡的或弱平衡的或全集弱平衡的，那么统一称为平衡博弈。

9.2.2　非空性定理

定理 9.9 (Bondareva-Shapley 定理 V0)　假设 N 是有限的参与人集合，$(N, f, \{N\})$ 是一个合作博弈，那么核心非空当且仅当 $(N, f, \{N\})$ 是平衡的。

定理 9.10 (Bondareva-Shapley 定理 V1)　假设 N 是有限的参与人集合，$(N, f, \{N\})$ 是一个合作博弈，那么核心非空当且仅当 $(N, f, \{N\})$ 是严格平衡的，即

$$\mathrm{Core}(N, f, \{N\}) \neq \varnothing$$

当且仅当

$$\forall \mathcal{B} \in \mathrm{StrBalFam}(N), \forall \boldsymbol{\delta} \in \mathrm{StrBalCoef}(\mathcal{B}), f(N) \geqslant \sum_{A \in \mathcal{B}} \delta_A f(A)$$

定理 9.11 (Bondareva-Shapley 定理 V2) 假设 N 是有限的参与人集合，$(N, f, \{N\})$ 是一个合作博弈，那么核心非空当且仅当 $(N, f, \{N\})$ 是弱平衡的，即

$$\mathrm{Core}(N, f, \{N\}) \neq \varnothing$$

当且仅当

$$\forall \mathcal{B} \in \mathrm{WeakBalFam}(N), \forall \boldsymbol{\delta} \in \mathrm{WeakBalCoef}(\mathcal{B}), f(N) \geqslant \sum_{A \in \mathcal{B}} \delta_A f(A)$$

定理 9.12 (Bondareva-Shapley 定理 V3) 假设 N 是有限的参与人集合，$(N, f, \{N\})$ 是一个合作博弈，那么核心非空当且仅当 $(N, f, \{N\})$ 是全集弱平衡的，即

$$\mathrm{Core}(N, f, \{N\}) \neq \varnothing$$

当且仅当

$$\forall \boldsymbol{\delta} \in \mathrm{WeakBalCoef}(\mathcal{P}_0(N)), f(N) \geqslant \sum_{A \in \mathcal{P}_0(N)} \delta_A f(A)$$

下面证明 Bondareva-Shapley 定理的 V3 版本。为了证明定理，需要线性规划的基本对偶引理，可参考标准的数学优化的教材。

引理 9.1 (一般形式的线性规划的对偶) 假设 $\boldsymbol{c} \in \mathbb{R}^n, d \in \mathbb{R}^1, \boldsymbol{G} \in M_{m \times n}(\mathbb{R})$, $\boldsymbol{h} \in \mathbb{R}^m, \boldsymbol{A} \in M_{l \times n}(\mathbb{R}), \boldsymbol{b} \in \mathbb{R}^l$，一般形式的线性规划模型：

$$\begin{aligned} \min\ & \boldsymbol{c}^{\mathrm{T}} \boldsymbol{x} + d \\ \text{s.t.}\ & \boldsymbol{G}\boldsymbol{x} - \boldsymbol{h} \leqslant \boldsymbol{0}, \\ & \boldsymbol{A}\boldsymbol{x} - \boldsymbol{b} = \boldsymbol{0} \end{aligned}$$

其对偶问题为

$$\begin{aligned} \min\ & \boldsymbol{\alpha}^{\mathrm{T}} \boldsymbol{h} + \boldsymbol{\beta}^{\mathrm{T}} \boldsymbol{b} - d \\ \text{s.t.}\ & \boldsymbol{\alpha} \geqslant \boldsymbol{0}, \boldsymbol{G}^{\mathrm{T}} \boldsymbol{\alpha} + \boldsymbol{A}^{\mathrm{T}} \boldsymbol{\beta} + \boldsymbol{c} = \boldsymbol{0} \end{aligned}$$

二者等价。

引理 9.2 (标准形式的线性规划的对偶) 假设 $\boldsymbol{c} \in \mathbb{R}^n, d \in \mathbb{R}^1, \boldsymbol{A} \in M_{l \times n}(\mathbb{R})$, $\boldsymbol{b} \in \mathbb{R}^l$，标准形式的线性规划模型：

$$\begin{aligned} \min\ & \boldsymbol{c}^{\mathrm{T}} \boldsymbol{x} + d \\ \text{s.t.}\ & \boldsymbol{x} \geqslant \boldsymbol{0}, \end{aligned}$$

$$\boldsymbol{A}\boldsymbol{x}-\boldsymbol{b}=\boldsymbol{0}$$

其对偶问题为

$$\begin{aligned}&\min\ \boldsymbol{\beta}^{\mathrm{T}}\boldsymbol{b}-d\\&\text{s.t.}\quad \boldsymbol{\alpha}\geqslant\boldsymbol{0},-\boldsymbol{\alpha}+\boldsymbol{A}^{\mathrm{T}}\boldsymbol{\beta}+\boldsymbol{c}=\boldsymbol{0}\end{aligned}$$

二者等价。

引理 9.3 (不等式形式的线性规划的对偶)　假设 $\boldsymbol{c}\in\mathbb{R}^n,d\in\mathbb{R}^1,\boldsymbol{A}\in M_{m\times n}(\mathbb{R}),\boldsymbol{b}\in\mathbb{R}^m$，求解不等式形式的线性规划模型：

$$\begin{aligned}&\min\ \boldsymbol{c}^{\mathrm{T}}\boldsymbol{x}+\boldsymbol{d}\\&\text{s.t.}\quad \boldsymbol{A}\boldsymbol{x}\leqslant\boldsymbol{b}\end{aligned}$$

其对偶问题为

$$\begin{aligned}&\min\ \boldsymbol{\alpha}^{\mathrm{T}}\boldsymbol{b}-d\\&\text{s.t.}\quad \boldsymbol{\alpha}\geqslant\boldsymbol{0},\boldsymbol{A}^{\mathrm{T}}\boldsymbol{\alpha}+\boldsymbol{c}=\boldsymbol{0}\end{aligned}$$

二者等价。

下面证明 Bondareva-Shapley 定理的 V3 版本。

证明　（1）假设合作博弈 $(N,f,\{N\})$ 的核心非空，不妨设

$$\boldsymbol{x}\in\mathrm{Core}(N,f,\{N\})$$

根据核心的定义可知

$$x_i\geqslant f(i),\forall i\in N;x(N)=f(N);x(A)\geqslant f(A),\forall A\in\mathcal{P}(N)$$

假设 $\boldsymbol{\delta}\in\mathrm{WeakBalCoef}(\mathcal{P}_0(N))$，根据权重的刻画定理可知

$$\sum_{A\in\mathcal{P}_0(N)}\delta_A x(A)=x(N)$$

根据核心的条件，代入可得

$$f(N)=x(N)=\sum_{A\in\mathcal{P}_0(N)}\delta_A x(A)\geqslant\sum_{A\in\mathcal{P}_0(N)}\delta_A f(A)$$

即合作博弈 $(N,f,\{N\})$ 是全集弱平衡的。

（2）假设 $(N, f, \{N\})$ 是全集弱平衡的，即

$$\forall \boldsymbol{\delta} \in \text{WeakBalCoef}(\mathcal{P}_0(N)), f(N) \geqslant \sum_{A \in \mathcal{P}_0(N)} \delta_A f(A)$$

要证核心非空，关键要点是构造线性规划及其对偶形式。

① 构造线性规划：

$$(P_1): \max \sum_{A \in \mathcal{P}_0(N)} \delta_A f(A)$$

$$\text{s.t.} \quad \boldsymbol{\delta} = (\delta_A)_{A \in \mathcal{P}_0(N)} \geqslant 0, \boldsymbol{\delta M}_{\mathcal{P}_0(N)} = \boldsymbol{e}_N$$

其中，决策变量是 $\boldsymbol{\delta} = (\delta_A)_{A \in \mathcal{P}_0(N)}$，显然，线性规划的可行域为 WeakBalCoef $(\mathcal{P}_0(N))$，因为 $\boldsymbol{\delta} \geqslant \mathbf{0}$ 且 $\delta_A \leqslant 1, \forall A \in \mathcal{P}_0(N)$，因此可行域是有界的。又因为 $\boldsymbol{\delta} \geqslant \mathbf{0}$ 且 $\boldsymbol{\delta M}_{\mathcal{P}_0(N)} = \boldsymbol{e}_N$，因此可行域是闭的；显然，$\delta_A = \dfrac{1}{2^{n-1}-1}, \forall A \in \mathcal{P}_0(N)$ 是可行域中的点。综上可知，可行域是一个非空紧致集。问题 P_1 的本质是在紧致集合上求解线性函数的最大值和最大值点，因此一定存在且有界，不妨设最大值为 p^*，最大值点为 Argmax P_1。

② 构造对偶问题。经过简单计算可以得到问题 P_1 的对偶问题是

$$(Q_1): \min \ x(N)$$

$$\text{s.t.} \boldsymbol{x} \in \mathbb{R}^N, x(A) \geqslant f(A), \forall A \in \mathcal{P}_0(N)$$

显然，问题 Q_1 的可行域是集体理性集合，是具有下界的闭集，目标函数是可行域元素求和的最小值，因此一定存在且有界。不妨设问题 Q_1 的最小值为 q^*，最小值点为 Argmin Q_1。根据线性规划的对偶定理可知，q^* 一定存在且

$$p^* = q^*$$

③ 如果核心非空，那么

$$q^* \leqslant f(N)$$

因为核心非空，不妨假设

$$\boldsymbol{x} \in \text{Core}(N, f, \{N\})$$

根据核心的定义可知

$$x(A) \geqslant f(A), \forall A \in \mathcal{P}_0(N), x(N) = f(N)$$

因此 $\boldsymbol{x}$ 在问题 Q_1 的可行域中且 $x(N) = f(N)$，因此一定有

$$q^* \leqslant f(N)$$

④ 如果 $q^* \leqslant f(N)$，那么有

$$\text{Core}(N, f, \{N\}) \neq \varnothing$$

假设 $\boldsymbol{x}$ 是问题 Q_1 中的可行点且

$$x(N) = q^*$$

根据可行域的约束可知

$$x(N) \geqslant f(N)$$

又因为

$$x(N) = q^* \leqslant f(N)$$

可知

$$x(N) = f(N)$$

根据可行域的定义可知

$$x(A) \geqslant f(A), \forall A \in \mathcal{P}_0(N)$$

综上可得，$\boldsymbol{x}$ 满足

$$x_i \geqslant f(i), \forall i \in N; x(N) = f(N); x(A) \geqslant f(A), \forall A \in \mathcal{P}_0(N)$$

因此

$$\boldsymbol{x} \in \text{Core}(N, f, \{N\})$$

⑤ $p^* \leqslant f(N)$ 当且仅当

$$\forall \boldsymbol{\delta} \in \text{WeakBalCoef}(\mathcal{P}_0(N)), f(N) \geqslant \sum_{A \in \mathcal{P}_0(N)} \delta_A f(A)$$

根据问题 P_1 的表述可知

$$p^* \leqslant f(N)$$

当且仅当

$$\forall \boldsymbol{\delta} \in \text{WeakBalCoef}(\mathcal{P}_0(N)), f(N) \geqslant \sum_{A \in \mathcal{P}_0(N)} \delta_A f(A)$$

由此证明了结论。 ■

由上面的证明过程可得如下的定理。

定理 9.13　假设 N 是有限的参与人集合，$\mathcal{P}_0(N)$ 是所有非空子集构成的子集族，全集弱平衡权重集合记为 WeakBalCoef($\mathcal{P}_0(N)$)，是一个有界闭的多面体。

合作博弈的子博弈的核心非空性也很重要。

定义 9.11 假设 N 是有限的参与人集合，$(N, f, \{N\})$ 是一个合作博弈，如果每一个子博弈 $(S, f, \{S\}), \forall S \in \mathcal{P}_0(N)$ 都是平衡的，那么 $(N, f, \{N\})$ 称为全平衡的。

根据 Bondareva-Shapley 定理，很容易得出如下的定理。

定理 9.14 假设 N 是有限的参与人集合，$(N, f, \{N\})$ 是一个合作博弈为全平衡的当且仅当每一个子博弈 $(S, f, \{S\}), \forall S \in \mathcal{P}_0(N)$ 的核心非空。

9.3 平衡与全平衡覆盖

根据 Bondareva-Shapley 定理，要使得

$$\text{Core}(N, f, \{N\}) \neq \varnothing$$

当且仅当

$$\forall \boldsymbol{\delta} \in \text{WeakBalCoef}(\mathcal{P}_0(N)), f(N) \geqslant \sum_{A \in \mathcal{P}_0(N)} \delta_A f(A)$$

因此要使得核心非空，只需要使得 $f(N)$ 充分大即可。同理，对于一个合作博弈 $(N, f, \{N\})$，如果核心为空，那么只需要适度增大 $f(N)$ 的值以保证核心非空。如何适度增大 $f(N)$ 的值呢？根据 Bondareva-Shapley 定理，只需要进行如下的处理。

定义 9.12 (平衡覆盖博弈) 假设 N 是有限的参与人集合，$(N, f, \{N\})$ 是一个合作博弈，其平衡覆盖博弈定义为 $(N, \bar{f}, \{N\})$，其中

$$\bar{f}(A) = \begin{cases} f(A), & A \in \mathcal{P}_1(N) \\ \max\limits_{\boldsymbol{\delta} \in \text{WeakBalCoef}(\mathcal{P}_0(N))} \sum\limits_{B \in \mathcal{P}_0(N)} \delta_B f(B), & A = N \end{cases}$$

定理 9.15 假设 N 是有限的参与人集合，$(N, f, \{N\})$ 是一个合作博弈，其平衡覆盖博弈为 $(N, \bar{f}, \{N\})$，那么

$$\text{Core}(N, f, \{N\}) \neq \varnothing$$

当且仅当

$$\bar{f}(N) = f(N)$$

证明 易知

$$\boldsymbol{\delta}=(\delta_A)_{A\in\mathcal{P}_0(N)},\delta_A=0,\forall A\in\mathcal{P}_2(N),\delta_N=1$$

在全集弱平衡权重集合中，根据平衡覆盖博弈的定义可知

$$\bar{f}(N)\geqslant f(N)$$

因此只需证明

$$\text{Core}(N,f,\{N\})\neq\varnothing\Leftrightarrow\bar{f}(N)\leqslant f(N)$$

根据 Bondareva-Shapley 定理可知

$$\text{Core}(N,f,\{N\})\neq\varnothing$$

当且仅当

$$\forall\boldsymbol{\delta}\in\text{WeakBalCoef}(\mathcal{P}_0(N)),f(N)\geqslant\sum_{A\in\mathcal{P}_0(N)}\delta_A f(A)$$

根据定义可知

$$\forall\boldsymbol{\delta}\in\text{WeakBalCoef}(\mathcal{P}_0(N)),f(N)\geqslant\sum_{A\in\mathcal{P}_0(N)}\delta_A f(A)$$

当且仅当

$$f(N)\geqslant\bar{f}(N)$$

由此证明了结论。 ■

定义 9.13 (全平衡覆盖博弈) 假设 N 是有限的参与人集合，$(N,f,\{N\})$ 是一个合作博弈，其全平衡覆盖博弈定义为 $(N,\hat{f},\{N\})$，其中

$$\hat{f}(A)=\max_{\boldsymbol{\delta}\in\text{WeakBalCoef}(\mathcal{P}_0(A))}\sum_{B\in\mathcal{P}_0(A)}\delta_B f(B),\forall A\in\mathcal{P}_0(N)$$

定理 9.16 假设 N 是有限的参与人集合，$(N,f,\{N\})$ 是一个合作博弈，其全平衡覆盖博弈为 $(N,\hat{f},\{N\})$ 当且仅当

$$f(A)=\hat{f}(A),\forall A\in\mathcal{P}(N)$$

$(N,f,\{N\})$ 是全平衡的。

证明 根据定义可知，$(N,f,\{N\})$ 是全平衡的当且仅当

$$\text{Core}(S,f,\{S\})\neq\varnothing,\forall S\in\mathcal{P}_0(N)$$

Note

根据上面的定理可知，当且仅当

$$f(S)=\bar{f}(S)$$

其中

$$\bar{f}(S)=\max_{\delta\in\text{WeakBalCoef}(\mathcal{P}_0(S))}\sum_{B\in\mathcal{P}_0(S)}\delta_B f(B),\forall S\in\mathcal{P}_0(N)$$

根据定义可知

$$\bar{f}(S)=\hat{f}(S),\forall S\in\mathcal{P}_0(N)$$

由此证明了结论。 ■

9.4 核心的一致性

定义 9.14 假设 N 是一个有限的参与人集合，$\varGamma_N$ 表示所有具有大联盟结构的 TUCG，解概念分为集值解概念和数值解概念。

（1）集值解概念：$\phi:\varGamma_N\to\mathcal{P}(\mathbb{R}^N),\phi(N,f,\{N\})\subseteq\mathbb{R}^N$。

（2）数值解概念：$\phi:\varGamma_N\to\mathbb{R}^N,\phi(N,f,\{N\})\in\mathbb{R}^N$。

显然，核心是一种集值解概念。对于一个合作博弈 $(N,f,\{N\})$，取定 $\boldsymbol{x}\in\text{Core}(N,f,\{N\})$，若其中某些人 $S\subseteq N$ 按照分配 $\boldsymbol{x}$ 拿走自己的份额，则剩下的人 $N\setminus S$ 如何分配利益 $\sum\limits_{i\in N\setminus S}x_i$ 呢？为了实现解概念的统一，需要重新设计子博弈的盈利函数，这就是解概念的一致性问题。

定义 9.15 假设 N 是有限的参与人集合，$(N,f,\{N\})$ 是一个合作博弈，而

$$\boldsymbol{x}\in X^1(N,f,\{N\})$$

是结构理性向量，并且 $A\in\mathcal{P}_0(N)$。定义 A 相对于 x 的 Davis-Maschler 约简博弈 $(A,f_{A,x},\{A\})$ 为

$$f_{A,x}(B)=\begin{cases}\max\limits_{Q\in\mathcal{P}(N\setminus A)}[f(Q\cup B)-x(Q)], & B\in\mathcal{P}_2(A)\\ 0, & B=\varnothing\\ x(A), & B=A\end{cases}$$

上面约简博弈的定义体现了如下的思想：首先，联盟 A 创造的价值即为 $\boldsymbol{x}$ 给定的价值 $x(A)$；然后，空联盟的价值按照合作博弈的定义必须为 0；其次，$B\in\mathcal{P}_2(N)$

的联盟创造的价值可以先选择 $Q \in \mathcal{P}(N \setminus A)$ 一起构造成联盟 $Q \cup B$，并创造价值 $f(Q \cup B)$，再按照 $\boldsymbol{x}$ 向联盟 Q 支付报酬 $x(Q)$，剩下的收益 $f(Q \cup B) - x(Q)$ 即为 B 创造的价值，进行极大化处理后即为 B 创造的最大价值。

定义 9.16　假设 N 是一个有限的参与人集合，Γ_N 表示 N 上的所有具有大联盟结构的 TUCG，有集值解概念：$\phi : \Gamma_N \to \mathcal{P}(\mathbb{R}^N), \phi(N, f, \{N\}) \subseteq \mathbb{R}^N$，称其满足 Davis-Maschler 约简博弈性质，如果

$$\forall (N, f, \{N\}) \in \Gamma_N, \forall A \in \mathcal{P}_0(N), \forall x \in \phi(N, f, \{N\})$$

都有

$$(x_i)_{i \in A} \in \phi(A, f_{A,x}, \{A\})$$

那么 $(A, f_{A,x}, \{A\})$ 称为 A 相对于 x 的 Davis-Maschler 约简博弈。

定理 9.17　假设 N 是一个有限的参与人集合，Γ_N 表示 N 上的所有具有大联盟结构的 TUCG，则核心满足 Davis-Maschler 约简博弈性质。

证明　假设

$$\boldsymbol{x} \in \mathrm{Core}(N, f, \{N\})$$

要证

$$\forall A \in \mathcal{P}_0(N), (x_i)_{i \in A} \in \mathrm{Core}(A, f_{A,x}, \{A\})$$

因此，只需证明

$$x(B) \geqslant f_{A,x}(B), \forall B \in \mathcal{P}_1(A); x(A) = f_{A,x}(A)$$

根据约简博弈价值函数的定义可知

$$x(A) = f_{A,x}(A)$$

因此，只需证明

$$x(B) \geqslant f_{A,x}(B), \forall B \in \mathcal{P}_1(A)$$

根据约简博弈的定义可知，取定 $B \in \mathcal{P}_1(A)$，有

$$f_{A,x}(B) = \max_{Q \in \mathcal{P}(N \setminus A)} [f(Q \cup B) - x(Q)]$$

假设 $Q^* \in \mathcal{P}(N \setminus A)$ 取到上面的极大值，即

$$f_{A,x}(B) = f(Q^* \cup B) - x(Q^*)$$

因为

$$\boldsymbol{x} \in \mathrm{Core}(N, f, \{N\})$$

根据定义一定有

$$x(B\cup Q^*)=x(B)+x(Q^*)\geqslant f(Q^*\cup B)$$

因此一定有

$$x(B)\geqslant f(Q^*\cup B)-x(Q^*)=f_{A,x}(B)$$

综上可得

$$(x_i)_{i\in A}\in \text{Core}(A,f_{A,x},\{A\})$$

即核心满足 Davis-Maschler 约简博弈性质。由此证明了结论。 ■

可以考虑上面的约简博弈性质的反问题：给定一个解概念 ϕ，给定 $x\in X^1(N,f,\{N\})$，如果满足

$$(x_i,x_j)\in\phi(\ (i,j),f_{(i,j),x},\{(i,j)\}\ ),\forall(i,j)\in N\times N,i\neq j$$

那么 $x\in\phi(N,f,\{N\})$ 是否成立呢?

定义 9.17 假设 N 是一个有限的参与人集合，Γ_N 表示集合上的所有具有大联盟结构的 TUCG，有集值解概念：$\phi:\Gamma_N\to\mathcal{P}(\mathbb{R}^N),\phi(N,f,\{N\})\subseteq\mathbb{R}^N$，称其满足 Davis-Maschler 反向约简博弈性质，如果

$$\forall(N,f,\{N\})\in\Gamma_N,\forall x\in X^1(N,f,\{N\})$$

且满足

$$(x_i,x_j)\in\phi(\ (i,j),f_{(i,j),x},\{(i,j)\}\ ),\forall(i,j)\in N\times N,i\neq j$$

则有

$$\boldsymbol{x}\in\phi(N,f,\{N\})$$

其中，$((i,j),f_{(i,j),x},\{(i,j)\})$ 称为 (i,j) 相对于 x 的 Davis-Maschler 约简博弈。

定理 9.18 假设 N 是一个有限的参与人集合，Γ_N 表示集合 N 上的所有具有大联盟结构的 TUCG，则解概念核心满足 Davis-Maschler 反向约简博弈性质。

证明 假设

$$\forall(N,f,\{N\})\in\Gamma_N,\forall\boldsymbol{x}\in X^1(N,f,\{N\})$$

且满足

$$(x_i,x_j)\in\text{Core}(\ (i,j),f_{(i,j),x},\{(i,j)\}\ ),\forall(i,j)\in N\times N,i\neq j$$

要证

$$\boldsymbol{x}\in\text{Core}(N,f,\{N\})$$

因此，只需证明

$$x(A) \geqslant f(A), \forall A \in \mathcal{P}_1(N); x(N) = f(N)$$

因为 $x \in X^1(N, f, \{N\})$，所以根据结构理性的定义可得

$$x(N) = f(N)$$

因此，只需证明

$$x(A) \geqslant f(A), \forall A \in \mathcal{P}_2(N)$$

取定 $A \in \mathcal{P}_2(N)$，取定 $i \in A, j \notin A$，根据假设，可得

$$(x_i, x_j) \in \text{Core}(\ (i,j), f_{(i,j),x}, \{(i,j)\}\ )$$

根据核心的定义可得

$$x_i \geqslant f_{(i,j),x}(i); x_j \geqslant f_{(i,j),x}(j)$$

根据约简博弈的定义可得

$$f_{(i,j),x}(i) = \max_{Q \in \mathcal{P}(N \setminus (i,j))} [f(Q \cup i) - x(Q)]$$

取 $Q = A \setminus \{i\}$，那么 $i, j \notin A$，因此一定有

$$x_i \geqslant f(A \cup Q) - x(Q) = f(A) - x(A \setminus \{i\}) = f(A) - x(A) + x_i$$

推出

$$x(A) \geqslant f(A), \forall A \in \mathcal{P}_2(N)$$

综上可得

$$\boldsymbol{x} \in \text{Core}(N, f, \{N\})$$

因此，核心满足 Davis-Maschler 反向约简博弈性质。由此证明了结论。

■

9.5　市场博弈的核心

假设有 n 个参与人 $N = \{1, 2, \cdots, n\}$，每个参与人都拥有 l 种商品，商品的种类集记为 $L = \{1, 2, \cdots, j, \cdots, l\}$，商品的数量空间记为 $\mathbb{R}_+^L$，$a_i = (a_{ij})_{j \in L} \in \mathbb{R}_+^L$

Note

表示参与人 i 初始拥有的商品数量，每个参与人都有生产能力去创造价值 $u_i:\mathbb{R}_+^L\to\mathbb{R}$，如果生产者 $S\subseteq N$ 构成一个联盟，那么可以通过交换商品来创造更大的价值，因此此时联盟 $S\subseteq N$ 具有的商品总数为

$$a(S)=\sum_{i\in S}a_i\in\mathbb{R}_+^L$$

他们的目的是制定一个交易方案 $(x_i)_{i\in S},x_i\in\mathbb{R}_+^L$，满足

$$x(S)=\sum_{i\in S}x_i=a(S)$$

使得联盟创造出更大的价值。这时在交易方案 $(x_i)_{i\in S}$ 下联盟创造的价值为

$$\sum_{i\in S}u_i(x_i)$$

将上面的设想转化为以下形式化语言，即市场的定义。

定义 9.18 市场是一个四元组 $(N,L,(a_i)_{i\in N},(u_i)_{i\in N})$：

（1）$N=\{1,2,\cdots,i,\cdots,n\}$ 是 n 个生产者集合；

（2）$L=\{1,2,\cdots,j,\cdots,l\}$ 是 l 类商品集合；

（3）$a_i\in\mathbb{R}_+^L,\forall i\in N$ 是生产者 i 的初始商品数量；

（4）$u_i:\mathbb{R}_+^L\to\mathbb{R},\forall i\in N$ 是生产者 i 的生产函数。

定义 9.19 假设四元组 $(N,L,(a_i)_{i\in N},(u_i)_{i\in N})$ 是市场，$S\in\mathcal{P}_0(N)$，定义联盟 S 的分配方案为

$$(x_i)_{i\in S},\text{s.t.}x_i\in\mathbb{R}_+^L,\forall i\in S;x(S)=\sum_{i\in S}x_i=\sum_{i\in S}a_i=a(S)$$

联盟 S 的所有分配方案记为 $\text{Alloc}(S)$。

定理 9.19 假设四元组 $(N,L,(a_i)_{i\in N},(u_i)_{i\in N})$ 是市场，$S\in\mathcal{P}_0(N)$，联盟 S 的分配方案集合 $\text{Alloc}(S)$ 是 $\mathbb{R}^{S\times L}$ 中有限个闭的半空间的交集，是有界闭集、凸集。

定义 9.20 假设四元组 $(N,L,(a_i)_{i\in N},(u_i)_{i\in N})$ 是市场，对应的合作博弈 $(N,f,\{N\})$ 定义为

$$f(A)=\max_{(x_i)_{i\in A}\in\text{Alloc}(A)}\sum_{i\in A}u_i(x_i),\forall A\in\mathcal{P}(N)$$

首先要解决的问题是 $f(A)$ 的定义。如果对生产函数 $u_i,\forall i\in N$ 增加一些条件，那么是可以给出肯定回答的。

定理 9.20 假设四元组 $(N, L, (a_i)_{i\in N}, (u_i)_{i\in N})$ 是市场，如果对于每个生产者 $i \in N$，生产函数 $u_i : \mathbb{R}_+^L \to \mathbb{R}$ 是连续函数，那么

$$\max_{(x_i)_{i\in A}\in \mathrm{Alloc}(A)} u_i(x_i)$$

可以取到最大值。

证明 因为 $\forall i \in N$，函数 $u_i : \mathbb{R}_+^L \to \mathbb{R}$ 是连续函数，那么

$$\phi : \mathbb{R}_+^{A\times L} \to \mathbb{R}, \mathrm{s.t.}\phi((x_i)_{i\in A})) = \sum_{i\in A} u_i(x_i)$$

是连续函数，又因为 $\mathrm{Alloc}(A) \subseteq \mathbb{R}_+^{A\times L}$ 是紧致集合，因此

$$\max_{(x_i)_{i\in A}\in \mathrm{Alloc}(A)} \phi((x_i)_{i\in A}) = \max_{(x_i)_{i\in A}\in \mathrm{Alloc}(A)} u_i(x_i)$$

存在。由此证明了结论。 ■

定义 9.21 假设 N 是一个有限集合，$(N, f, \{N\})$ 是合作博弈，如果存在市场 $(N, L, (a_i)_{i\in N}, (u_i)_{i\in N})$ 且其中的每个生产函数 $\forall i \in N, u_i : \mathbb{R}_+^L \to \mathbb{R}$ 是连续的凹函数，使得

$$f(A) = \max_{(x_i)_{i\in A}\in \mathrm{Alloc}(A)} \sum_{i\in A} u_i(x_i), \forall A \in \mathcal{P}(N)$$

成立，那么称 $(N, f, \{N\})$ 为市场博弈。

定理 9.21 假设 N 是一个有限集合，$(N, f, \{N\})$ 是一个市场博弈，那么

$$\forall \alpha > 0, \boldsymbol{b} \in \mathbb{R}^N, (N, \alpha f + \boldsymbol{b}, \{N\})$$

依然是市场博弈，即正仿射变换不改变合作博弈的市场属性。

证明 因为 $(N, f, \{N\})$ 是市场博弈，因此根据定义存在每个生产函数 $\forall i \in N, u_i : \mathbb{R}_+^L \to \mathbb{R}$ 为连续凹函数的市场 $(N, L, (a_i)_{i\in N}, (u_i)_{i\in N})$，使得

$$f(A) = \max_{(x_i)_{i\in A}\in \mathrm{Alloc}(A)} \sum_{i\in A} u_i(x_i), \forall A \in \mathcal{P}(N)$$

现在构造新的市场 $(N, L, (a_i)_{i\in N}, (v_i)_{i\in N})$，其中

$$v_i = \alpha u_i + b_i : \mathbb{R}_+^L \to \mathbb{R}, \forall i \in N$$

显然 $v_i, \forall i \in N$ 都是连续凹函数，并且

$$\alpha f(A) + b(A)$$

$$
\begin{aligned}
&= \alpha \max_{(x_i)_{i\in A}\in \mathrm{Alloc}(A)} \sum_{i\in A} u_i(x_i) + b(A) \\
&= \max_{(x_i)_{i\in A}\in \mathrm{Alloc}(A)} \sum_{i\in A} [\alpha u_i(x_i) + b_i] \\
&= \max_{(x_i)_{i\in A}\in \mathrm{Alloc}(A)} \sum_{i\in A} [v_i(x_i)]
\end{aligned}
$$

所以 $(N, \alpha f + \boldsymbol{b}, \{N\})$ 可由市场 $(N, L, (a_i)_{i\in N}, (v_i)_{i\in N})$ 刻画，因此 $(N, \alpha f + \boldsymbol{b}, \{N\})$ 是市场博弈。由此证明了结论。 ■

定理 9.22 (Shapley-Shubik 定理)　假设 N 是一个有限集合，$(N, f, \{N\})$ 是一个市场博弈，那么

$$
\mathrm{Core}(N, f, \{N\}) \neq \varnothing
$$

证明　因为 $(N, f, \{N\})$ 是市场博弈，因此根据定义存在每个生产函数 $\forall i \in N, u_i : \mathbb{R}_+^L \to \mathbb{R}$ 为连续凹函数的市场 $(N, L, (a_i)_{i\in N}, (u_i)_{i\in N})$，使得

$$
f(A) = \max_{(x_i)_{i\in A}\in \mathrm{Alloc}(A)} \sum_{i\in A} u_i(x_i), \forall A \in \mathcal{P}_0(N)
$$

不妨假设

$$
\begin{aligned}
&x_A =: (x_{i,A})_{i\in A} \in R_+^{A\times L} \\
&\sum_{i\in A} x_{i,A} = \sum_{i\in A} a_i \\
&f(A) = \sum_{i\in A} u_i(x_{i,A})
\end{aligned}
$$

根据 Bondareva-Shapley 定理的 V3 版本，仅需证明

$$
f(N) \geqslant \sum_{A\in\mathcal{P}_0(N)} \delta_A f(A), \forall \boldsymbol{\delta} \in \mathrm{WeakBalCoef}(\mathcal{P}_0(N))
$$

因为 $\boldsymbol{\delta} \in \mathrm{WeakBalCoef}(\mathcal{P}_0(N))$，所以有

$$
\boldsymbol{\delta} \geqslant \boldsymbol{0}, \sum_{A\in\mathcal{P}_0(N), i\in A} \delta_A = 1, \forall i \in N
$$

定义

$$
z_i = \sum_{A\in\mathcal{P}_0(N), i\in A} \delta_A x_{i,A}, \forall i \in N
$$

显然

$$z_i \in \mathbb{R}_+^L, \forall i \in N$$

并且

$$\begin{aligned}
& z(N) \\
&= \sum_{i \in N} z_i \\
&= \sum_{i \in N} \sum_{A \in \mathcal{P}_0(N), i \in A} \delta_A x_{i,A} \\
&= \sum_{A \in \mathcal{P}_0(N)} \sum_{i \in A} \delta_A x_{i,A} \\
&= \sum_{A \in \mathcal{P}_0(N)} \delta_A a(A) \\
&= \sum_{A \in \mathcal{P}_0(N)} \sum_{i \in A} \delta_A a_i \\
&= \sum_{i \in N} \sum_{A \in \mathcal{P}_0(N), i \in A} \delta_A a_i \\
&= \sum_{i \in N} a_i \Big(\sum_{A \in \mathcal{P}_0(N), i \in A} \delta_A \Big) \\
&= \sum_{i \in N} a_i \\
&= a(N)
\end{aligned}$$

因此 $\boldsymbol{z} = (z_i)_{i \in N} \in \mathrm{Alloc}(N)$，根据定义可得

$$\begin{aligned}
& f(N) \\
&= \max_{(x_i)_{i \in N} \in \mathrm{Alloc}(N)} \sum_{i \in N} u_i(x_i) \\
&\geqslant \sum_{i \in N} u_i(z_i) \\
&= \sum_{i \in N} u_i \Big(\sum_{A \in \mathcal{P}_0(N), i \in A} \delta_A x_{i,A} \Big) \\
&\geqslant \sum_{i \in N} \sum_{\mathcal{P}_0(N), i \in A} \delta_A u_i(x_{i,A}) \\
&= \sum_{A \in \mathcal{P}_0(N)} \delta_A \sum_{i \in A} u_i(x_{i,A})
\end{aligned}$$

$$= \sum_{A \in \mathcal{P}_0(N)} \delta_A f(A)$$

上式中第二行、第三行利用了市场博弈的定义，第四行代入了 z_i 的定义，第五行利用了函数 u_i 的凹性，第六行利用了指标的交换性。因此根据 Bondareva-Shapley 定理 V3 版本可知，市场博弈的核心非空。由此证明了结论。■

对于一个生产函数是连续凹函数的市场 $(N, L, (a_i)_{i\in N}, (u_i)_{i\in N})$，可以定义与其对应的合作博弈为 $(N, f, \{N\})$，盈利函数为

$$f(A) = \max_{(x_i)_{i\in A} \in \text{Alloc}(A)} \sum_{i\in A} u_i(x_i), \forall A \in \mathcal{P}(N)$$

取定 $S \in \mathcal{P}_0(N)$，新的市场 $(S, L, (a_i)_{i\in S}, (u_i)_{i\in S})$ 也会产生一个对应的合作博弈 $(S, \bar{f}, \{S\})$，思考：$\bar{f}(B) = f(B), \forall B \in \mathcal{P}_0(S)$ 是否成立。

根据定义可知

$$f(B) = \max_{(x_i)_{i\in B} \in \text{Alloc}(B)} \sum_{i\in B} u_i(x_i), \forall B \in \mathcal{P}_0(S)$$

再次根据定义可知

$$\bar{f}(B) = \max_{(x_i)_{i\in B} \in \text{Alloc}(B)} \sum_{i\in B} u_i(x_i), \forall B \in \mathcal{P}_0(S)$$

由此证明了结论。

定理 9.23 假设 $(N, L, (a_i)_{i\in N}, (u_i)_{i\in N})$ 是所有生产函数都为连续凹函数的市场，与其对应的合作博弈为 $(N, f, \{N\})$，盈利函数为

$$f(A) = \max_{(x_i)_{i\in A} \in \text{Alloc}(A)} \sum_{i\in A} u_i(x_i), \forall A \in \mathcal{P}(N)$$

取定 $S \in \mathcal{P}_0(N)$,新的市场 $(S, L, (a_i)_{i\in S}, (u_i)_{i\in S})$ 对应的合作博弈 $(S, \bar{f}, \{S\})$，盈利函数为

$$\bar{f}(T) = \max_{(x_i)_{i\in T} \in \text{Alloc}(T)} \sum_{i\in T} u_i(x_i), \forall T \in \mathcal{P}(S)$$

那么一定有

$$\bar{f}(B) = f(B), \forall B \in \mathcal{P}(S)$$

定义 9.22 假设 N 是一个有限集合，$(N, f, \{N\})$ 是一个合作博弈，$\forall A \in \mathcal{P}_0(N)$，子博弈 $(A, \bar{f}, \{A\})$ 定义为

$$\bar{f}(B) = f(B), \forall B \in \mathcal{P}_0(A)$$

为了方便起见，子博弈 $(A, \bar{f}, \{A\})$ 简记为 $(A, f, \{A\})$。

定义 9.23　假设 N 是一个有限集合，$(N,f,\{N\})$ 是一个合作博弈，如果子博弈 $(A,\bar{f},\{A\})$，$\forall A\in\mathcal{P}_0(N)$ 的核心非空，那么称 $(N,f,\{N\})$ 为全平衡博弈。

定理 9.24　假设 N 是一个有限集合，$(N,f,\{N\})$ 是一个市场博弈，那么子博弈 $(A,f,\{A\})$，$\forall A\in\mathcal{P}_0(N)$ 也为市场博弈。

证明　因为 $(N,f,\{N\})$ 是市场博弈，因此根据定义存在每个生产函数 $\forall i\in N, u_i:\mathbb{R}_+^L\to\mathbb{R}$ 为连续凹函数的市场 $(N,L,(a_i)_{i\in N},(u_i)_{i\in N})$，使得

$$f(T)=\max_{(x_i)_{i\in T}\in\mathrm{Alloc}(T)}\sum_{i\in T}u_i(x_i),\forall T\in\mathcal{P}_0(N)$$

成立。

任意取定 $\forall A\in\mathcal{P}_0(N)$，根据定理 9.23 的证明过程，新的市场 $(A,L,(a_i)_{i\in A},(u_i)_{i\in A})$ 对应的合作博弈是 $(A,f,\{A\})$，所以 $(A,f,\{A\})$ 也是市场博弈。由此证明了结论。■

定理 9.25　假设 N 是一个有限集合，$(N,f,\{N\})$ 是一个市场博弈，那么子博弈 $(A,f,\{A\})$，$\forall A\in\mathcal{P}_0(N)$ 的核心非空。

定理 9.26　假设 N 是一个有限集合，$(N,f,\{N\})$ 是一个市场博弈，那么也是全平衡博弈。

思考：全平衡博弈是市场博弈吗？回答是肯定的。

定理 9.27　假设 N 是一个有限集合，$(N,f,\{N\})$ 是一个全平衡博弈，那么也是市场博弈。

证明　正仿射变换不改变博弈的市场属性和全平衡属性，我们知道任何博弈都策略等价于 0 规范博弈，因此只需证明任何 0 规范的全平衡博弈都是市场博弈即可。假设 $(N,f,\{N\})$ 是 0 规范的全平衡博弈，即

$$f(i)=0,\forall i\in N;\mathrm{Core}(A,f,\{A\})\neq\varnothing,\forall A\in\mathcal{P}_0(N)$$

构造一个所有生产函数都为连续凹函数的市场 $(N,L,(a_i)_{i\in N},(u_i)_{i\in N})$，使得

$$f(A)=\max_{(x_i)_{i\in A}\in\mathrm{Alloc}(A)}\sum_{i\in A}u_i(x_i),\forall A\in\mathcal{P}(N)$$

（1）构造市场，令

$$N=L=\{1,2,\cdots,n\},a_i=e_i,\forall i\in N$$

那么有

$$\mathbb{R}_+^L=\mathbb{R}_+^N,a(A)=\sum_{i\in A}a_i=e_A,\forall A\in\mathcal{P}(N)$$

Note

取定 $\boldsymbol{x}\in\mathbb{R}_+^N$，定义集合为

$$\text{BalCoef}(\boldsymbol{x})=\{\boldsymbol{\delta}|\ \boldsymbol{\delta}=(\delta_A)_{A\in\mathcal{P}_0(N)};\boldsymbol{\delta}\geqslant\mathbf{0};\boldsymbol{\delta}\boldsymbol{M}_{\mathcal{P}_0(N)}=\boldsymbol{x}\}$$

因为

$$\boldsymbol{\delta}=(\delta_A)_{A\in\mathcal{P}_0(N)},\delta_A=\begin{cases}x_i, & A=\{i\}\\ 0, & |A|\geqslant 2\end{cases}$$

是 $\text{BalCoef}(\boldsymbol{x})$ 中的元素，并且 $\text{BalCoef}(x)$ 是有界闭集，因此 $\text{BalCoef}(\boldsymbol{x})$ 是非空紧致凸集合。定义函数 $u:\mathbb{R}_+^N\to\mathbb{R}$ 为

$$u(\boldsymbol{x})=\max_{\boldsymbol{\delta}\in\text{BalCoef}(\boldsymbol{x})}[\sum_{A\in\mathcal{P}_0(N)}\delta_A f(A)],\forall\boldsymbol{x}\in\mathbb{R}_+^N$$

显然，函数 $u(\boldsymbol{x})$ 是有限值。令 $u_i(\boldsymbol{x})=u(\boldsymbol{x}):\mathbb{R}_+^N\to\mathbb{R},\forall i\in N$ 是生产函数。

（2）研究函数 $u(\boldsymbol{x})$ 的性质。首先因为是线性函数的最大值，所以函数是连续的；其次，函数是非负齐次的，很容易验证零齐次，下面验证函数是正齐次的，显然有

$$\forall\alpha>0,\text{BalCoef}(\alpha\boldsymbol{x})=\alpha\text{BalCoef}(\boldsymbol{x}),\forall\boldsymbol{x}\in\mathbb{R}_+^N$$

因此对于 $\alpha>0,\boldsymbol{x}\in\mathbb{R}_+^N$ 有

$$\begin{aligned}&u(\alpha\boldsymbol{x})\\&=\max_{\boldsymbol{\delta}\in\text{BalCoef}(\alpha\boldsymbol{x})}\left[\sum_{A\in\mathcal{P}_0(N)}\delta_A f(A)\right]\\&=\max_{\boldsymbol{\delta}\in\text{BalCoef}(\boldsymbol{x})}\left[\sum_{A\in\mathcal{P}_0(N)}\alpha\delta_A f(A)\right]\\&=\alpha\max_{\boldsymbol{\delta}\in\text{BalCoef}(\boldsymbol{x})}\left[\sum_{A\in\mathcal{P}_0(N)}\delta_A f(A)\right]\\&=\alpha u(\boldsymbol{x})\end{aligned}$$

继续验证函数 u 满足

$$\forall\boldsymbol{x},\boldsymbol{y}\in\mathbb{R}_+^N,u(\boldsymbol{x}+\boldsymbol{y})\geqslant u(\boldsymbol{x})+u(\boldsymbol{y})$$

不妨假设

$$\exists\boldsymbol{\delta}=(\delta_A)_{A\in\mathcal{P}_0(N)}\in\text{BalCoef}(\boldsymbol{x}),\text{s.t.}u(x)=\sum_{A\in\mathcal{P}_0(N)}\delta_A f(A)$$

和

$$\exists \boldsymbol{\eta} = (\eta_A)_{A\in\mathcal{P}_0(N)} \in \mathrm{BalCoef}(\boldsymbol{y}), \mathrm{s.t.} u(y) = \sum_{A\in\mathcal{P}_0(N)} \eta_A f(A)$$

显然有

$$\boldsymbol{\delta} + \eta = (\delta_A + \eta_A)_{A\in\mathcal{P}_0(N)} \in \mathrm{BalCoef}(x+y)$$

因此有

$$\begin{aligned}
& u(\boldsymbol{x}+\boldsymbol{y}) \\
&= \max_{\gamma\in\mathrm{BalCoef}(\boldsymbol{x}+\boldsymbol{y})} [\sum_{A\in\mathcal{P}_0(N)} \gamma_A f(A)] \\
&\geqslant \sum_{A\in\mathcal{P}_0(N)} (\delta_A + \eta_A) f(A)] \\
&= u(\boldsymbol{x}) + u(\boldsymbol{y})
\end{aligned}$$

二者综合得到 $\forall \boldsymbol{x}, \boldsymbol{y} \in \mathbb{R}_+^N, \forall \alpha \in [0,1]$ 有

$$\begin{aligned}
& u(\alpha\boldsymbol{x} + (1-\alpha)\boldsymbol{y}) \\
&\geqslant u(\alpha\boldsymbol{x}) + u((1-\alpha)\boldsymbol{y}) \\
&= \alpha u(\boldsymbol{x}) + (1-\alpha)u(\boldsymbol{y})
\end{aligned}$$

因此函数 u 是连续的凹函数。

（3）$u(\boldsymbol{e}_A) = f(A)$。容易验证

$$\begin{aligned}
& \mathrm{BalCoef}(\boldsymbol{e}_A) \\
&= \{\boldsymbol{\delta} | \ \boldsymbol{\delta} = (\delta_B)_{B\in\mathcal{P}_0(N)}; \boldsymbol{\delta} \geqslant 0; \boldsymbol{\delta M}_{\mathcal{P}_0(N)} = \boldsymbol{e}_A\} \\
&= \{\boldsymbol{\delta} | \ \boldsymbol{\delta} = (\delta_B)_{B\in\mathcal{P}_0(A)}; \boldsymbol{\delta} \geqslant 0; \boldsymbol{\delta M}_{\mathcal{P}_0(A)} = \boldsymbol{e}_A\} \\
&= \mathrm{WeakBalCoef}(\mathcal{P}_0(A))
\end{aligned}$$

根据合作博弈的全平衡覆盖博弈的定义可知

$$\begin{aligned}
& u(\boldsymbol{e}_A) \\
&= \max_{\boldsymbol{\delta}\in\mathrm{BalCoef}(e_A)} \left[\sum_{B\in\mathcal{P}_0(N)} \delta_B f(B)\right] \\
&= \max_{\boldsymbol{\delta}\in\mathrm{WeakBalCoef}(\mathcal{P}_0(A))} \left[\sum_{B\in\mathcal{P}_0(A)} \delta_B f(B)\right]
\end{aligned}$$

$$= \hat{f}(A)$$

Note

根据全平衡博弈的性质可知

$$u(\boldsymbol{e}_A) = \hat{f}(A) = f(A)$$

（4）推导市场 $(N, N, (e_i)_{i\in N}, (u_i)_{i\in N})$ 对应的合作博弈 $(N, h, \{N\})$。根据定义可知

$$h(A) = \max_{(x_i)_{i\in A}\in \mathrm{Alloc}(A)} [\sum_{i\in A} u_i(x_i)], \forall A \in \mathcal{P}_0(N)$$

根据分配集合的定义可知

$$\begin{aligned}
&\mathrm{Alloc}(A)\\
&= \{(x_i)_{i\in A} |\ x_i \in \mathbb{R}_+^N, \forall i \in A; \sum_{i\in A} x_i = a(A) = \sum_{i\in A} e_i = e_A\}\\
&\supseteq \bigcup_{i\in A} \{(\hat{x}_i)_{i\in A} |\ \hat{x}_j = 0, \forall j \in A, j \neq i; \hat{x}_i \in \mathbb{R}_+^N; \hat{x}_i = e_A\}
\end{aligned}$$

因此必定有

$$h(A) \geqslant u_i(\hat{x}_i) = u(\hat{x}_i) = u(e_A) = f(A), \forall A \in \mathcal{P}_0(N)$$

另一方面，假设

$$\exists (x_i^*)_{i\in A} \in \mathrm{Alloc}(A), \mathrm{s.t.}, h(A) = \sum_{i\in A} u(x_i^*)$$

根据函数的性质可得

$$\begin{aligned}
&h(A)\\
&= \sum_{i\in A} u(x_i^*)\\
&\leqslant u\left(\sum_{i\in A} x_i^*\right)\\
&= u(e_A) = f(A)
\end{aligned}$$

二者综合可得

$$h(A) = f(A), \forall A \in \mathcal{P}_0(N)$$

即证明了 $(N, f, \{N\})$ 是一个市场博弈。 ■

前面证明了市场博弈是全平衡博弈，反过来也证明了全平衡博弈是市场博弈，因此可以得出下面的定理。

定理 9.28 假设 N 是一个有限集合，$(N,f,\{N\})$ 是一个全平衡博弈当且仅当是市场博弈。

9.6 可加博弈的核心

定义 9.24 假设 N 是有限的参与人集合，$(N,f,\{N\})$ 为一个合作博弈，如果满足

$$f(A)=\sum_{i\in A}f(i),\forall A\in\mathcal{P}(N)$$

那么称 $(N,f,\{N\})$ 为可加的或者线性可加的。

定理 9.29 假设 N 是有限的参与人集合，$(N,f,\{N\})$ 为一个合作博弈，如果其是可加的，那么一定是全平衡的。

证明 假设 $A\in\mathcal{P}_0(N)$，对于子博弈 $(A,f,\{A\})$，有

$$(f(i))_{i\in A}\in\operatorname{Core}(A,f,\{A\})$$

验证如下：

$$(f(i))_{i\in A}\in\mathbb{R}^A$$

$$f(i)\geqslant f(i),\forall i\in A$$

$$\sum_{i\in A}f(i)=f(A)$$

$$\sum_{j\in B}f(j)=f(B)\geqslant f(B),\forall B\in\mathcal{P}_0(A)$$

则每一个子博弈的核心非空，因此可加的合作博弈是全平衡博弈。由此证明了结论。 ■

定理 9.30 假设 N 是有限的参与人集合，$(N,f,\{N\})$ 和 $(N,g,\{N\})$ 都是全平衡的合作博弈，定义新的合作博弈 $(N,h,\{N\})$，其中

$$h(A)=\min(f(A),g(A)),\forall A\in\mathcal{P}(N)$$

那么 $(N,h,\{N\})$ 也是全平衡的。取定 $A\in\mathcal{P}_0(N)$，如果 $h(A)=f(A)$，那么有

$$\operatorname{Core}(A,f,\{A\})\subseteq\operatorname{Core}(A,h,\{A\})$$

如果 $h(A)=g(A)$，那么有

$$\operatorname{Core}(A,g,\{A\})\subseteq\operatorname{Core}(A,h,\{A\})$$

证明 取定 $A \in \mathcal{P}_0(N)$，要证明

$$\text{Core}(A, h, \{A\}) \neq \varnothing$$

不妨设 $f(A) \leqslant g(A)$，那么有

$$h(A) = f(A)$$

因为 $(N, f, \{N\})$ 是全平衡的合作博弈，因此

$$\text{Core}(A, f, \{A\}) \neq \varnothing$$

我们断言

$$\text{Core}(A, f, \{A\}) \subseteq \text{Core}(A, h, \{A\})$$

假设 $\boldsymbol{x} \in \text{Core}(A, f, \{A\})$，根据核心的定义可得

$$x(A) = f(A); x(B) \geqslant f(B), \forall B \in \mathcal{P}(A)$$

因此一定有

$$x(A) = f(A) = h(A); x(B) \geqslant f(B) \geqslant h(B), \forall B \in \mathcal{P}(A)$$

即

$$\boldsymbol{x} \in \text{Core}(A, h, \{A\})$$

所以

$$\text{Core}(A, f, \{A\}) \subseteq \text{Core}(A, h, \{A\}) \neq \varnothing$$

由此证明了结论。 ■

定理 9.31 假设 N 是有限的参与人集合，$(N, f, \{N\})$ 是全平衡的当且仅当其是有限个可加博弈 $(N, f_i, \{N\})_{i=1,2,\cdots,k}$ 的最小博弈，即

$$f = \min\ (f_1, f_2, \cdots, f_k)$$

证明 （1）若 $(N, f_i, \{N\})_{i=1,2,\cdots,k}$ 是有限个可加博弈，则

$$f = \min\ (f_1, f_2, \cdots, f_k)$$

要证 $(N, f, \{N\})$ 是全平衡博弈。因为可加博弈是全平衡博弈，所以 $(N, f_i, \{N\})_{i=1,2,\cdots,k}$ 是有限个全平衡博弈，根据上面的定理可知

$$(N, f, \{N\}), f = \min\ (f_1, f_2, \cdots, f_k)$$

是全平衡博弈。

（2）假设 $(N,f,\{N\})$ 是全平衡博弈，要构造有限个可加博弈 $(N,f_i,\{N\})_{i=1,2,\cdots,k}$，使得

$$f=\min\ (f_1,f_2,\cdots,f_k)$$

令 $M=2\max\limits_{A\in\mathcal{P}(N)}|f(A)|$。对于 $A\in\mathcal{P}_0(N)$，因为 $(N,f,\{N\})$ 是全平衡的，所以

$$\mathrm{Core}(A,f,\{A\})\neq\varnothing$$

取定 $\hat{x}^A\in\mathrm{Core}(A,f,\{A\})$，将 $\hat{x}_A$ 扩充为 $\mathbb{R}^N$ 中的向量 $\boldsymbol{x}^A$，有

$$x_i^A=\hat{x}_i^A,\forall i\in A;x_i^A=M,\forall i\notin A$$

根据核心的定义和向量的扩充定义可得

$$x_i^A\geqslant f(i),\forall i\in N;\sum_{i\in A}x_i^A=f(A)$$

对于空集 $\varnothing$，定义 $x^{\varnothing}$ 为

$$x_i^{\varnothing}=M,\forall i\in N$$

对于 $A\in\mathcal{P}(N)$，定义合作博弈 $(N,f_A,\{N\})$ 为

$$f_A(B)=:\sum_{i\in B}x_i^A,\forall B\in\mathcal{P}_0(N);f_A(\varnothing)=:0$$

根据定义可知 $(N,f_A,\{N\})$ 是可加博弈。

（3）对于 $\forall A,B\in\mathcal{P}(N)$，有 $f_A(B)\geqslant f(B)$。当 $A=\varnothing$ 时，有

$$f_{\varnothing}(B)=\sum_{i\in B}M=|B|M\geqslant f(B)$$

当 $B=\varnothing$ 时，显然成立。当 $A\neq\varnothing,B\neq\varnothing$ 时，可得

$$\begin{aligned}&f_A(B)\\=&\sum_{\in B}x_i^A\\=&\sum_{i\in B\cap A}x_i^A+\sum_{i\in B\setminus A}x_i^A\\\geqslant& f(A\cap B)+\sum_{i\in B\setminus A}x_i^A\end{aligned}$$

$$= f(A \cap B) + |B \setminus A|M$$

下面分情况讨论：如果 $B \subseteq A$，那么 $A \cap B = B$ 并且 $|B \setminus A| = 0$，代入上面的式子可得

$$f_A(B) \geqslant f(B)$$

如果 $B \not\subseteq A$，那么 $|B \setminus A| \geqslant 1$，根据 M 的定义可得

$$M \geqslant f(B) - f(A \cap B)$$

因此有

$$f_A(B) \geqslant f(A \cap B) + M \geqslant f(A \cap B) + f(A) - f(A \cap B) = f(B)$$

综上可得

$$f_A(B) \geqslant f(B), \forall A, B \in \mathcal{P}(N)$$

（4）$\forall B \in \mathcal{P}(N)$，有

$$\min_{A \in \mathcal{P}(N)} f_A(B) = f(B)$$

根据（3）中的结论可知

$$\min_{A \in \mathcal{P}(N)} f_A(B) \geqslant f(B), \forall B \in \mathcal{P}(N)$$

根据定义可知

$$f_B(B) = \sum_{i \in B} x_i^B = f(B)$$

因此

$$\min_{A \in \mathcal{P}(N)} f_A(B) = f(B), \forall B \in \mathcal{P}(N)$$

至此构造了一系列的可加博弈：

$$(N, f_A, \{N\})_{A \in \mathcal{P}(N)}, \text{s.t.} f(\cdot) = \min_{A \in \mathcal{P}(N)} f_A(\cdot)$$

由此证明了结论。■

一个合作博弈为全平衡博弈当且仅当它是市场博弈，因此有如下的简单定理。

定理 9.32 假设 N 是有限的参与人集合，$(N, f, \{N\})$ 是市场博弈的当且仅当其是有限个可加博弈 $(N, f_i, \{N\})_{i=1,2,\cdots,k}$ 的最小博弈，即

$$f = \min\ (f_1, f_2, \cdots, f_k)$$

9.7 凸博弈的核心

定义 9.25　假设 N 是有限的参与人集合，$(N, f, \{N\})$ 是一个合作博弈，如果满足

$$\forall A, B \in \mathcal{P}(N), f(A) + f(B) \leqslant f(A \cap B) + f(A \cup B)$$

那么称 $(N, f, \{N\})$ 为凸博弈。

定理 9.33　假设 N 是有限的参与人集合，$(N, f, \{N\})$ 是一个凸博弈，那么子博弈 $(A, f, \{A\})$，$\forall A \in \mathcal{P}_0(N)$ 也是凸博弈。

证明　因为 $(N, f, \{N\})$ 是凸博弈，所以

$$\forall A, B \in \mathcal{P}(N), f(A) + f(B) \leqslant f(A \cap B) + f(A \cup B)$$

满足

$$\forall S, T \in \mathcal{P}(A), f(S) + f(T) \leqslant f(S \cap T) + f(S \cup T)$$

根据定义，$(A, f, \{A\})$ 是凸博弈。由此证明了结论。■

定理 9.34　假设 N 是有限的参与人集合，$(N, f, \{N\})$ 是一个合作博弈，那么下面三者等价：

（1）$(N, f, \{N\})$ 是凸博弈；

（2）$\forall B \subseteq A \subseteq N, \forall Q \subseteq N \setminus A$ 有

$$f(B \cup Q) - f(B) \leqslant f(A \cup Q) - f(A)$$

（3）$\forall B \subseteq A \subseteq N, \forall i \in N \setminus A$ 有

$$f(B \cup \{i\}) - f(B) \leqslant f(A \cup \{i\}) - f(A)$$

证明　（1）先证明 $(1) \Rightarrow (2)$。取定

$$B \subseteq A \subseteq N, Q \subseteq N \setminus A$$

利用博弈的凸性可得

$$f(B \cup Q) + f(A) \leqslant f(B \cup Q \cup A) + f((B \cup Q) \cap A)$$

显然可得

$$B \cup Q \cup A = A \cup Q, (B \cup Q) \cap A = B$$

代入可得

$$f(B \cup Q) + f(A) \leqslant f(A \cup Q) + f(B)$$

转化为

$$f(B \cup Q) - f(B) \leqslant f(A \cup Q) - f(A)$$

（2）再证明 (2) ⇒ (3)，此时取定 $Q = \{i\}$ 即可。

（3）最后证明 (3) ⇒ (1)，分情况讨论，任意取定 $A, B \in \mathcal{P}(N)$。

情形一：$B \subseteq A$ 时，有

$$B \cap A = B, A \cup B = A$$

因此必定有

$$f(A) + f(B) \leqslant f(A) + f(B) = f(A \cup B) + f(A \cap B)$$

情形二：$B \nsubseteq A$，定义 $D = B \cap A, E = B \setminus A$，因为 $B \nsubseteq A$，因此一定有 $E \neq \varnothing$，不妨假设

$$E = \{i_1, i_2, \cdots, i_k\}$$

显然有

$$D \subseteq A, E = \{i_1, i_2, \cdots, i_k\} \subseteq N \setminus A$$

显然有

$$A \cup \{i_1, i_2, \cdots, i_l\} \supseteq D \cup \{i_1, i_2, \cdots, i_l\}, \forall l = 0, 1, \cdots, k-1$$

并且

$$i_{l+1} \notin A \cup \{i_1, i_2, \cdots, i_l\}, l = 0, 1, \cdots, k-1$$

因此根据结论（3）中的条件可得

$$f(A \cup \{i_1, i_2, \cdots, i_l, i_{l+1}\}) - f(A \cup \{i_1, i_2, \cdots, i_l\}) \geqslant$$
$$f(D \cup \{i_1, i_2, \cdots, i_l, i_{l+1}\}) - f(D \cup \{i_1, i_2, \cdots, i_l\}), l = 0, 1, \cdots, k-1$$

相加得到

$$f(A \cup \{i_1, i_2, \cdots, i_{k-1}, i_k\}) - f(A) \geqslant$$
$$f(D \cup \{i_1, i_2, \cdots, i_{k-1}, i_k\}) - f(D)$$

即

$$f(A \cup E) - f(A) \geqslant f(D \cup E) - f(D)$$

转化为

$$f(A \cup B) - f(A) \geqslant f(B) - f(A \cap B)$$

进一步转化为

$$f(A)+f(B)\leqslant f(A\cap B)+f(A\cup B)$$

由此证明了结论。■

接下来用构造性的方法给出凸博弈核心中的一个元素。

定理 9.35　假设 N 是有限的参与人集合，$(N,f,\{N\})$ 是一个凸的合作博弈，构造向量 $\boldsymbol{x}\in\mathbb{R}^N$ 为

$$\begin{aligned}
x_1 &= f(1)\\
x_2 &= f(1,2)-f(1)\\
x_3 &= f(1,2,3)-f(1,2)\\
&\vdots\\
x_n &= f(1,2,\cdots,n)-f(1,2,\cdots,n-1)
\end{aligned}$$

那么

$$\boldsymbol{x}\in\mathrm{Core}(N,f,\{N\})\neq\varnothing$$

证明　首先验证 x 满足结构理性，即

$$\begin{aligned}
x(N) &= \sum_{i\in N}x_i\\
&= f(1,2,\cdots,n)=f(N)
\end{aligned}$$

然后验证 x 满足集体理性，即

$$\forall A\in\mathcal{P}_0(N),x(A)\geqslant f(A)$$

因为 A 是有限的，不妨假设

$$A=\{i_1,i_2,\cdots,i_k\},i_1<i_2<\cdots<i_k$$

因此

$$\{i_1,i_2,\cdots,i_{j-1}\}\subseteq\{1,2,\cdots,i_j-1\},\forall j=1,2,\cdots,k$$

利用凸性的等价刻画可得

$$\begin{aligned}
&f(\{1,2,\cdots,i_j\})-f(\{1,2,\cdots,i_{j-1}\})\geqslant\\
&f(\{i_1,i_2,\cdots,i_{j-1},i_j\})-f(\{i_1,i_2,\cdots,i_{j-1}\}),\forall j=1,2,\cdots,k
\end{aligned}$$

Note

因此得到

$$\begin{aligned}
x(A) &= \sum_{j=1}^{k} x_{i_j} \\
&= \sum_{j=1}^{k}[f(\{1,2,\cdots,i_j\}) - f(\{1,2,\cdots,i_{j-1}\})] \\
&\geqslant \sum_{j=1}^{k}[f(\{i_1,i_2,\cdots,i_{j-1},i_j\}) - f(\{i_1,i_2,\cdots,i_{j-1}\})] \\
&= f(\{i_1,i_2,\cdots,i_k\}) = f(A)
\end{aligned}$$

二者综合可以得出

$$\boldsymbol{x} \in \mathrm{Core}(N,f,\{N\}) \neq \varnothing$$

由此证明了结论。 ■

定义 9.26 假设 $N=\{1,2,\cdots,n\}$ 是一个有限集合，N 的一个置换是

$$\pi = (i_1,i_2,\cdots,i_n), \{i_1,i_2,\cdots,i_n\} = \{1,2,\cdots,n\}$$

所有的置换记为 $\mathrm{Permut}(N)$。

定理 9.36 假设 N 是有限的参与人集合，$(N,f,\{N\})$ 是一个合作博弈，$\pi=(i_1,i_2,\cdots,i_n)$ 是一个置换，构造向量 $\boldsymbol{x}\in\mathbb{R}^N$ 为

$$\begin{aligned}
x_1 &= f(i_1) \\
x_2 &= f(i_1,i_2) - f(i_1) \\
x_3 &= f(i_1,i_2,i_3) - f(i_1,i_2) \\
&\vdots \\
x_n &= f(i_1,i_2,\cdots,i_n) - f(i_1,i_2,\cdots,i_{n-1})
\end{aligned}$$

那么

$$\boldsymbol{x} \in \mathrm{Core}(N,f,\{N\}) \neq \varnothing$$

证明 采用相似的证明思路即可。 ■

定义 9.27 假设 N 是有限的参与人集合，$(N,f,\{N\})$ 是一个合作博弈，$\pi=(i_1,i_2,\cdots,i_n)$ 是一个置换，构造向量 $\boldsymbol{x}\in\mathbb{R}^N$ 为

$$x_1 = f(i_1)$$

$$
\begin{aligned}
x_2 &= f(i_1, i_2) - f(i_1) \\
x_3 &= f(i_1, i_2, i_3) - f(i_1, i_2) \\
&\vdots \\
x_n &= f(i_1, i_2, \cdots, i_n) - f(i_1, i_2, \cdots, i_{n-1})
\end{aligned}
$$

上面的这个向量记为 $\boldsymbol{x} := \boldsymbol{w}^{\pi}$。

定理 9.37　假设 N 是有限的参与人集合，$(N, f, \{N\})$ 是一个合作博弈，那么

$$\text{ConvHull}\{\boldsymbol{w}^{\pi} | \forall \pi \in \text{Permut}(N)\} \subseteq \text{Core}(N, f, \{N\})$$

证明　显然

$$\{\boldsymbol{w}^{\pi} |\ \pi \in \text{Permut}(N)\} \subseteq \text{Core}(N, f, \{N\})$$

因为核心是凸集，所以

$$\text{ConvHull}\{\boldsymbol{w}^{\pi} | \forall \pi \in \text{Permut}(N)\} \subseteq \text{Core}(N, f, \{N\})$$

由此证明了结论。■

思考问题：反过来对吗？利用凸集分离定理可以较容易证明反方向的定理（留作练习）。综合起来得到如下的凸博弈核心的刻画定理。

定理 9.38　假设 N 是有限的参与人集合，$(N, f, \{N\})$ 是一个合作博弈，那么

$$\text{ConvHull}\{\boldsymbol{w}^{\pi} | \forall \pi \in \text{Permut}(N)\} = \text{Core}(N, f, \{N\})$$

定理 9.39　假设 N 是有限的参与人集合，$(N, f, \{N\})$ 是一个合作博弈，那么

$$\forall A \in \mathcal{P}_0(N), \exists \boldsymbol{x} \in \text{Core}(N, f, \{N\}), \text{s.t.} x(A) = f(A)$$

证明　令

$$A = \{i_1, i_2, \cdots, i_k\}$$

考察一个置换

$$\pi = (i_1, i_2, \cdots, i_k, i_{k+1}, \cdots, i_n)$$

那么 $\boldsymbol{x} = \boldsymbol{w}^{\pi} \in \text{Core}(N, f, \{N\})$ 表示为

$$
\begin{aligned}
x_1 &= f(i_1) \\
x_2 &= f(i_1, i_2) - f(i_1)
\end{aligned}
$$

Note

$$x_3 = f(i_1, i_2, i_3) - f(i_1, i_2)$$

$$\vdots$$

$$x_n = f(i_1, i_2, \cdots, i_n) - f(i_1, i_2, \cdots, i_{n-1})$$

显然有

$$x(A) = \sum_{j=1}^{k} x_j = f(i_1, i_2, \cdots, i_k) = f(A)$$

由此证明了结论。 ■

9.8 一般联盟的核心

前面考虑了具有大联盟结构的合作博弈的核心，本节考虑具有一般联盟结构的合作博弈的核心。

9.8.1 一般联盟核心的定义

定义 9.28 假设 N 是一个有限的参与人集合，(N, f, τ) 是具有一般联盟结构的合作博弈，其核心定义为

$$\begin{aligned}
&\mathrm{Core}(N, f, \tau)\\
&= X^0(N, f, \tau) \bigcap X^1(N, f, \tau) \bigcap X^2(N, f, \tau)\\
&= X(N, f, \tau) \bigcap X^2(N, f, \tau)\\
&= \{\boldsymbol{x} |\ \boldsymbol{x} \in \mathbb{R}^N; x_i \geqslant f_i, \forall i \in N; x(A) = f(A), \forall A \in \tau; x(B) \geqslant f(B), \forall B \in \mathcal{P}(N)\}
\end{aligned}$$

定理 9.40 假设 N 是一个有限的参与人集合，(N, f, τ) 表示一个具有一般联盟结构的 TUCG，那么它的核心是 $\mathbb{R}^N$ 中有限个闭的半空间的交集，是有界闭集、凸集。

证明 根据核心的定义可得

$$\begin{aligned}
&\mathrm{Core}(N, f, \tau)\\
&= \{\boldsymbol{x} |\ \boldsymbol{x} \in \mathbb{R}^N; x_i \geqslant f_i, \forall i \in N; x(A) = f(A), \forall A \in \tau; x(B) \geqslant f(B), \forall B \in \mathcal{P}(N)\}
\end{aligned}$$

因此本质上求解一个 TUCG 的核心是求解如下的不等式方程组

$$\begin{cases} \boldsymbol{x} \in \mathbb{R}^n, & \text{分配向量} \\ x_i \geqslant f(i), \forall i \in N, & \text{个体理性} \\ \sum\limits_{i \in A} x_i = f(A), \forall A \in \tau, & \text{结构理性} \\ \sum\limits_{i \in B} x_i \geqslant f(B), \forall B \in \mathcal{P}(N), & \text{集体理性} \end{cases}$$

根据数学分析的基本知识，可知核心是有限个闭的半空间的交集，因此一定是闭集，也一定是凸集。下证核心是有界集合。根据个体理性，可知核心是有下界的，记为

$$\min_{i \in N} x_i \geqslant \min_{i \in N} f(i) > l < 0, \forall \boldsymbol{x} \in \mathrm{Core}(N, f, \tau)$$

综合运用个体理性和结构理性，取定 $i \in A \in \tau$，可知

$$x_i = f(A) - \sum_{j \neq i, j \in A} x_j \leqslant f(A) - (|A| - 1)l \leqslant$$

$$\max_{A \in \mathcal{P}(N)} f(A) - (n-1)l =: u, \forall i \in N, \forall \boldsymbol{x} \in \mathrm{Core}(N, f, \tau)$$

因此核心中的元素有上界。二者结合得出，核心是一个有界集合。综上，核心是一个有界的、闭的、凸的多面体。由此证明了结论。■

下面介绍解概念在等价变换意义下的变换规律。

定理 9.41　假设 N 是一个有限的参与人集合，(N, f, τ) 表示一个具有一般联盟结构的 TUCG，那么

$$\forall \alpha > 0, \forall \boldsymbol{b} \in \mathbb{R}^N \Rightarrow \mathrm{Core}(N, \alpha f + \boldsymbol{b}, \tau) = \alpha \mathrm{Core}(N, f, \tau) + \boldsymbol{b}$$

即合作博弈 $(N, \alpha f + \boldsymbol{b}, \tau), \forall \alpha > 0, \boldsymbol{b} \in \mathbb{R}^N$ 与 (N, f, τ) 的核心之间具有协变关系。

证明　取定 $\alpha > 0, \boldsymbol{b} \in \mathbb{R}^N$，根据定义合作博弈 (N, f, τ) 的核心是如下方程组的解集

$$E_1 : \begin{cases} \boldsymbol{x} \in \mathbb{R}^n, & \text{分配向量} \\ x_i \geqslant f(i), \forall i \in N, & \text{个体理性} \\ \sum\limits_{i \in A} x_i = f(A), \forall A \in \tau, & \text{结构理性} \\ \sum\limits_{i \in B} x_i \geqslant f(B), \forall B \in \mathcal{P}(N), & \text{集体理性} \end{cases}$$

Note

同样根据定义可知合作博弈 $(N, \alpha f+b, \{N\})$ 的核心是如下方程组的解集：

$$E_2: \begin{cases} \boldsymbol{y} \in \mathbb{R}^n, & \text{分配向量} \\ y_i \geqslant f(i), \forall i \in N, & \text{个体理性} \\ \sum\limits_{i \in A} y_i = f(A), \forall A \in \tau, & \text{结构理性} \\ \sum\limits_{i \in B} y_i \geqslant f(B), \forall B \in \mathcal{P}(N), & \text{集体理性} \end{cases}$$

假设 $\boldsymbol{x}$ 是方程组 E_1 的解，显然 $\alpha\boldsymbol{x}+\boldsymbol{b}$ 是方程组 E_2 的解，因为正仿射变换是等价变化，因此如果 $\boldsymbol{y}$ 是方程组 E_2 的解，那么 $\dfrac{\boldsymbol{y}}{\alpha}-\dfrac{\boldsymbol{b}}{\alpha}$ 是方程组 E_1 的解，综上可得

$$\operatorname{Core}(N, \alpha f+\boldsymbol{b}, \tau)=\alpha \operatorname{Core}(N, f, \tau)+\boldsymbol{b}$$

由此证明了结论。 ■

定理 9.42 假设 N 是一个有限的参与人集合，(N, f, τ) 表示一个具有一般联盟结构的 TUCG，那么核心非空与否在策略等价意义下是不变的。

9.8.2 一般联盟核心的性质

定义 9.29 假设 N 是一个有限的参与人集合，(N, f) 表示一个不具有联盟结构的 TUCG，如果满足

$$\forall A, B \in \mathcal{P}(N), A \cap B=\varnothing \Rightarrow f(A)+f(B) \leqslant f(A \cup B)$$

称 (N, f) 为超可加的。

定义 9.30 假设 N 是一个有限的参与人集合，(N, f) 表示一个不具有联盟结构的 TUCG，定义其对应的超可加覆盖博弈 (N, f^*) 为

$$f^*(A)=\max _{\tau \in \operatorname{Part(A)}} \sum_{B \in \tau} f(B)$$

定义 9.31 假设 N 是一个有限的参与人集合，$(N, f),(N, g)$ 表示两个不具有联盟结构的 TUCG，如果满足

$$g(A) \geqslant f(A), \forall A \in \mathcal{P}(N)$$

那么称博弈 (N, g) 大于或者等于 (N, f)，记为 $(N, g) \geqslant(N, f)$。

定理 9.43　假设 N 是一个有限的参与人集合，(N,f) 表示一个不具有联盟结构的 TUCG，其对应的超可加覆盖博弈为 (N,f^*)，那么有

（1）$f^*(A) \geqslant f(A), \forall A \in \mathcal{P}(N)$；

（2）$f^*(i) = f(i), \forall i \in N$；

（3）(N,f^*) 是超可加博弈；

（4）(N,f^*) 是大于或等于 (N,f) 的最小的超可加博弈，即假设 (N,h) 是超可加博弈，并且 $(N,h) \geqslant (N,f)$，那么一定有 $(N,h) \geqslant (N,g)$；

（5）(N,f) 是超可加博弈当且仅当 $f(A) = f^*(A), \forall A \in \mathcal{P}(N)$。

证明　（1）显然有 $f^*(\varnothing) = 0 = f(\varnothing)$，对于 $A \in \mathcal{P}_0(N)$，显然 $\tau = \{A\} \in \mathrm{Part}(N)$，因此一定有

$$f^*(A) = \max_{\tau \in \mathrm{Part(A)}} \sum_{B \in \tau} f(B) \geqslant f(A)$$

（2）对于 $i \in N$ 只有一种划分即 $\mathrm{Part}(i) = \{\tau = \{i\}\}$，因此必定有

$$f(i) = f^*(i), \forall i \in N$$

（3）取定 $A, B \in \mathcal{P}_0(N), A \cap B = \varnothing$，假设

$$\tau_1 = \{B_1, B_2, \cdots, B_k\} \in \mathrm{Part}(B)$$

和

$$\tau_2 = \{A_1, A_2, \cdots, A_l\} \in \mathrm{Part}(A)$$

分别取到下面各式的最大值：

$$f^*(B) = \max_{\tau \in \mathrm{Part(B)}} \sum_{C \in \tau} f(C)$$

$$f^*(A) = \max_{\tau \in \mathrm{Part(A)}} \sum_{D \in \tau} f(D)$$

即

$$f^*(B) = \sum_{i=1,2,\cdots,k} f(B_i)$$

$$f^*(A) = \sum_{j=1,2,\cdots,l} f(A_j)$$

那么显然有

$$\{A_1, A_2, \cdots, A_l, B_1, B_2, \cdots, B_k\} \in \mathrm{Part}(A \cup B)$$

Note

根据超可加覆盖的定义有

$$f^*(A\cup B)\geqslant \sum_{i=1,2,\cdots,k} f(B_i)+\sum_{j=1,2,\cdots,l} f(A_j)$$

又因为

$$f^*(B)+f^*(A)=\sum_{i=1,2,\cdots,k} f(B_k)+\sum_{j=1,2,\cdots,l} f(A_j)$$

二者综合可得

$$f^*(A)+f^*(B)\leqslant f^*(A\cup B)$$

即 (N,f^*) 是超可加博弈。

（4）假设 (N,h) 是超可加博弈，并且 $(N,h)\geqslant(N,f)$，取定 $A\in\mathcal{P}_0(N)$，取定一个划分：

$$\tau=\{A_1,A_2,\cdots,A_i,\cdots,A_k\}\in\mathrm{Part}(A)$$

使得达到下式的最大值

$$f^*(A)=\max_{\tau\in\mathrm{Part(A)}}\sum_{D\in\tau} f(D)$$

即

$$f^*(A)=\sum_{i=1,2,\cdots,k} f(A_k)$$

又因为 (N,h) 是超可加的，并且大于或等于 (N,f)，那么有

$$f(A_i)\leqslant h(A_i),i=1,2,\cdots,k;\ \sum_{i=1,2,\cdots,k} h(A_i)\leqslant h(\cup_{i=1,2,\cdots,k}A_i)=h(A)$$

因此必定有

$$f^*(A)=\sum_{i=1,2,\cdots,k} f(A_i)\leqslant\sum_{i=1,2,\cdots,k} h(A_i)\leqslant h(A)$$

即

$$(N,f^*)\leqslant(N,h)$$

（5）首先，$(N,f)=(N,f^*)$，因为 (N,f^*) 是超可加的，因此 (N,f) 也是超可加的；然后，如果 (N,f) 是超可加的，那么根据上面的结论可知 $(N,f)\geqslant(N,f^*)$，又因为 $(N,f)\leqslant(N,f^*)$，那么一定有 $(N,f)=(N,f^*)$。由此证明了结论。 ■

定理 9.44 假设 N 是一个有限的参与人集合，(N,f,τ) 是具有一般联盟结构的合作博弈，其对应的超可加覆盖博弈为 (N,f^*)，那么有

$$\mathrm{Core}(N,f,\tau)=\mathrm{Core}(N,f^*,\{N\})\cap X(N,f,\tau)$$

证明　（1）首先证明

$$\mathrm{Core}(N,f,\tau)\supseteq \mathrm{Core}(N,f^*,\{N\})\cap X(N,f,\tau)$$

假设 $\boldsymbol{x}\in \mathrm{Core}(N,f^*,\{N\})\cap X(N,f,\tau)$，因为 $\boldsymbol{x}\in X(N,f,\tau)$，所以 $\boldsymbol{x}$ 满足个体理性和结构理性，因此要证明 $\boldsymbol{x}\in Core(N,f,\tau)$，只需证明 $\boldsymbol{x}$ 的集体理性，即

$$x(A)\geqslant f(A),\forall A\in \mathcal{P}(N)$$

又因为 $\boldsymbol{x}\in \mathrm{Core}(N,f,\{N\})$，因此一定满足

$$x(A)\geqslant f^*(A),\forall A\in \mathcal{P}(N)$$

根据定理 9.43 可知

$$f^*(A)\geqslant f(A),\forall A\in \mathcal{P}(N)$$

综上可得

$$x(A)\geqslant f^*(A)\geqslant f(A),\forall A\in \mathcal{P}(N)$$

因此证明了

$$\boldsymbol{x}\in \mathrm{Core}(N,f,\tau)$$

即

$$\mathrm{Core}(N,f,\tau)\supseteq \mathrm{Core}(N,f^*,\{N\})\cap X(N,f,\tau)$$

（2）其次证明

$$\mathrm{Core}(N,f,\tau)\subseteq \mathrm{Core}(N,f^*,\{N\})\cap X(N,f,\tau)$$

假设 $\boldsymbol{x}\in \mathrm{Core}(N,f,\tau)$。固定 $A\in \mathcal{P}_0(N)$，给定一个划分：

$$\sigma=\{A_1,A_2,\cdots,A_i,\cdots,A_k\}\in \mathrm{Part}(A)$$

并且满足

$$f^*(A)=\sum_{i=1}^{k}f(A_i)$$

因为 $\boldsymbol{x}\in \mathrm{Core}(N,f,\tau)$，根据核心的定义可得

$$x(A_i)\geqslant f(A_i),i=1,2,\cdots,k$$

综合得到

$$x(A)=\sum_{i=1}^{k}x(A_i)\geqslant \sum_{i=1}^{k}f(A_i)=f^*(A)$$

Note

特别地，令 $A=N$，可得

$$x(N)\geqslant f^*(N)$$

因为 $\boldsymbol{x}\in \mathrm{Core}(N,f,\tau)$，可得

$$x(N)=\sum_{B\in\tau}x(B)=\sum_{B\in\tau}f(B)\leqslant f^*(N)$$

二者结合得到

$$x(N)=f^*(N)$$

因此

$$\boldsymbol{x}\in \mathrm{Core}(N,f^*,\{N\})$$

且

$$\mathrm{Core}(N,f,\tau)\subseteq \mathrm{Core}(N,f^*,\{N\})$$

根据核心的定义显然有

$$\mathrm{Core}(N,f,\tau)\subseteq X(N,f,\tau)$$

二者结合推得

$$\mathrm{Core}(N,f,\tau)\subseteq \mathrm{Core}(N,f^*,\{N\})\cap X(N,f,\tau)$$

由此证明了结论。 ■

定理 9.45 假设 N 是一个有限的参与人集合，(N,f,τ) 是具有一般联盟结构的合作博弈，其对应的超可加覆盖博弈为 (N,f^*)，那么有

（1）如果 $f^*(N)>\sum\limits_{A\in\tau}f(A)$，那么可得

$$\mathrm{Core}(N,f,\tau)=\varnothing$$

（2）如果 $f^*(N)=\sum\limits_{A\in\tau}f(A)$，那么可得

$$\mathrm{Core}(N,f,\tau)=\mathrm{Core}(N,f^*,\{N\})$$

证明 （1）假设 $f^*(N)>\sum\limits_{A\in\tau}f(A)$，要证明

$$\mathrm{Core}(N,f^*,\{N\})\cap X(N,f,\tau)=\varnothing$$

如不然，那么存在

$$\boldsymbol{x}\in \mathrm{Core}(N,f^*,\{N\})\cap X(N,f,\tau)$$

因为

$$\boldsymbol{x} \in X(N,f,\tau)$$

根据结构理性可得

$$x(A)=f(A),\forall A\in\tau$$

并且有

$$x(N)=\sum_{A\in\tau}x(A)=\sum_{A\in\tau}f(A)$$

又因为

$$\boldsymbol{x}\in \mathrm{Core}(N,f^*,\{N\})$$

根据核心的定义可得

$$x(N)=f^*(N)$$

综合二者得到

$$\begin{aligned}&\sum_{A\in\tau}f(A)\\&=x(N)=f^*(N)>\sum_{A\in\tau}f(A)\end{aligned}$$

由此导出矛盾，因此

$$\mathrm{Core}(N,f,\tau)=\mathrm{Core}(N,f^*,\{N\})\cap X(N,f,\tau)=\varnothing$$

（2）假设 $f^*(N)=\sum\limits_{A\in\tau}f(A)$，要证明

$$\mathrm{Core}(N,f^*,\{N\})\subseteq X(N,f,\tau)$$

取定 $\boldsymbol{x}\in \mathrm{Core}(n,f^*,\{N\})$，根据核心的定义可得

$$\begin{aligned}&x(S)\geqslant f^*(S)\geqslant f(S),\forall S\in\mathcal{P}(N)\\&\sum_{A\in\tau}x(A)=x(N)\geqslant\sum_{A\in\tau}f^*(A)\geqslant\sum_{A\in\tau}f(A)\\&\sum_{A\in\tau}x(A)=x(N)=f^*(N)=\sum_{A\in\tau}f(A)\end{aligned}$$

上面第二行和第三行的所有不等式变为等式可得

$$x(A)=f(A),\forall A\in\tau$$

同时显然有

$$x_i \geqslant f^*(i) \geqslant f(i), \forall i \in N$$

二者综合可得

$$\boldsymbol{x} \in X(N, f, \tau)$$

即

$$\mathrm{Core}(N, f^*, \{N\}) \subseteq X(N, f, \tau)$$

由此可得

$$\mathrm{Core}(N, f, \tau) = \mathrm{Core}(N, f^*, \{N\}) \cap X(N, f, \tau) = \mathrm{Core}(N, f^*, \{N\})$$

由此证明了结论。 ■

第10章

解概念之沙普利值

对于可转移盈利的合作博弈，立足于稳定分配的指导原则，基于经验设计了多个分配公理，得到一个重要的数值解概念：沙普利值。本章介绍了合作博弈的沙普利公理、沙普利值的计算公式、沙普利值的一致性、凸博弈的沙普利值及沙普利值的各种刻画。

10.1 数值解的公理体系

定义 10.1 假设 N 是一个有限的参与人集合，Γ_N 表示 N 上所有具有大联盟结构的合作博弈，假设有一个数值解概念 $\phi:\Gamma_N \to \mathbb{R}^N, \phi(N,f,\{N\}) \in \mathbb{R}^N$，参与人 $i\in N$，在解概念意义下，参与人 i 获得的分配记为 $\phi_i(N,f,\{N\})$，分配向量记为 $\phi(N,f,\{N\}) = (\phi_i(N,f,\{N\}))_{i\in N} \in \mathbb{R}^N$。

定义 10.2 (有效公理) 假设 N 是一个有限的参与人集合，Γ_N 表示 N 上所有具有大联盟结构的合作博弈，如果一个数值解概念 $\phi:\Gamma_N \to \mathbb{R}^N, \phi(N,f,\{N\}) \in \mathbb{R}^N$ 满足

$$\sum_{i\in N}\phi_i(N,f,\{N\}) = f(N); \forall (N,f,\{N\}) \in \Gamma_N$$

那么称其满足有效公理。

定义 10.3 假设 N 是一个有限的参与人集合，$(N,f,\{N\})$ 是一个合作博弈，如果满足

$$\forall A \subseteq N\setminus\{i,j\} \Rightarrow f(A\cup\{i\}) = f(A\cup\{j\})$$

那么称参与人 i 和 j 关于 $(N,f,\{N\})$ 对称，记为 $i\approx_{(N,f,\{N\})} j$ 或者简单记为 $i\approx j$。

定义 10.4 (对称公理) 假设 N 是一个有限的参与人集合，Γ_N 表示 N 上所有具有大联盟结构的合作博弈，如果一个数值解概念 $\phi:\Gamma_N \to \mathbb{R}^N, \phi(N,f,\{N\}) \in \mathbb{R}^N$ 满足

$$\phi_i(N,f,\{N\}) = \phi_j(N,f,\{N\}), \forall (N,f,\{N\}) \in \Gamma_N, \forall i \approx_{(N,f,\{N\})} j$$

那么称其满足对称公理。

定义 10.5 (协变公理) 假设 N 是一个有限的参与人集合，Γ_N 表示 N 上所有具有大联盟结构的合作博弈，如果一个数值解概念 $\phi: \Gamma_N \to \mathbb{R}^N, \phi(N, f, \{N\}) \in \mathbb{R}^N$ 满足

$$\phi(N, \alpha f + \boldsymbol{b}, \{N\}) = \alpha\phi(N, f, \{N\}) + \boldsymbol{b}, \forall (N, f, \{N\}) \in \Gamma_N, \forall \alpha > 0, \boldsymbol{b} \in \mathbb{R}^N$$

那么称其满足协变公理。

定义 10.6 假设 N 是一个有限的参与人集合，$(N, f, \{N\})$ 是一个合作博弈，如果满足

$$\forall A \subseteq N \Rightarrow f(A \cup \{i\}) = f(A)$$

那么称参与人 i 关于 $(N, f, \{N\})$ 是零贡献的，记为 $i \in \mathrm{Null}(N, f, \{N\})$ 或者简单记为 $i \in Null$。

定义 10.7 假设 N 是一个有限的参与人集合，$(N, f, \{N\})$ 是一个合作博弈，如果满足

$$\forall A \subseteq N \setminus \{i\} \Rightarrow f(A \cup \{i\}) = f(A) + f(i)$$

那么称参与人 i 关于 $(N, f, \{N\})$ 是愚蠢的，记为 $i \in \mathrm{Dummy}(N, f, \{N\})$ 或者简单记为 $i \in \mathrm{Dummy}$。

定义 10.8 (零贡献公理) 假设 N 是一个有限的参与人集合，Γ_N 表示 N 上所有具有大联盟结构的合作博弈，如果一个数值解概念 $\phi: \Gamma_N \to \mathbb{R}^N, \phi(N, f, \{N\}) \in \mathbb{R}^N$ 满足

$$\phi_i(N, f, \{N\}) = 0, \forall (N, f, \{N\}) \in \Gamma_N, \forall i \in \mathrm{Null}(N, f, \{N\})$$

那么称其满足零贡献公理。

定义 10.9 (加法公理) 假设 N 是一个有限的参与人集合，Γ_N 表示 N 上所有带有大联盟结构的合作博弈，如果一个数值解概念 $\phi: \Gamma_N \to \mathbb{R}^N, \phi(N, f, \{N\}) \in \mathbb{R}^N$ 满足

$$\phi(N, f + g, \{N\}) = \phi(N, f, \{N\}) + \phi(N, g, \{N\}), \forall (N, f, \{N\}), (N, g, \{N\}) \in \Gamma_N$$

那么称其满足加法公理。

定义 10.10 (线性公理) 假设 N 是一个有限的参与人集合，Γ_N 表示 N 上所有具有大联盟结构的合作博弈，如果一个数值解概念 $\phi: \Gamma_N \to \mathbb{R}^N, \phi(N, f, \{N\}) \in \mathbb{R}^N$ 满足

$$\phi(N, \alpha f + \beta g, \{N\})$$

Note

$$= \alpha\phi(N,f,\{N\}) + \beta\phi(N,g,\{N\}), \forall(N,f,\{N\}),(N,g,\{N\}) \in \Gamma_N,$$

$$\forall \alpha, \beta \in \mathbb{R}$$

那么称其满足线性公理。

定义 10.11 (边际单调公理)　假设 N 是一个有限的参与人集合，Γ_N 表示 N 上所有具有大联盟结构的合作博弈，如果一个数值解概念 $\phi: \Gamma_N \to \mathbb{R}^N, \phi(N,f,\{N\}) \in \mathbb{R}^N$ 对于任意取定的 $i \in N$ 有

$$\forall(N,f,\{N\}),(N,g,\{N\}), \text{s.t.} f(A\cup\{i\}) - f(A) \geqslant g(A\cup\{i\}) - g(A), \forall A \subseteq N\setminus\{i\}$$

那么称其满足边际单调公理。则一定有

$$\phi_i(N,f,\{N\}) \geqslant \phi_i(N,g,\{N\})$$

定义 10.12 (边际公理)　假设 N 是一个有限的参与人集合，Γ_N 表示 N 上所有具有大联盟结构的合作博弈，如果一个数值解概念 $\phi: \Gamma_N \to \mathbb{R}^N, \phi(N,f,\{N\}) \in \mathbb{R}^N$ 对于任意取定的 $i \in N$ 有

$$\forall(N,f,\{N\}),(N,g,\{N\}), \text{s.t.} f(A\cup\{i\}) - f(A) = g(A\cup\{i\}) - g(A), \forall A \subseteq N\setminus\{i\}$$

那么称其满足边际公理，则一定有

$$\phi_i(N,f,\{N\}) = \phi_i(N,g,\{N\})$$

定理 10.1　假设 N 是一个有限的参与人集合，Γ_N 表示 N 上所有具有大联盟结构的合作博弈，如果一个数值解概念 $\phi: \Gamma_N \to \mathbb{R}^N, \phi(N,f,\{N\}) \in \mathbb{R}^N$，满足边际单调公理，那么一定满足边际公理。

证明　取定的 $i \in N$, 有

$$\forall(N,f,\{N\}),(N,g,\{N\}), \text{s.t.} f(A\cup\{i\}) - f(A) = g(A\cup\{i\}) - g(A), \forall A \subseteq N\setminus\{i\}$$

显然，上式可以转化为

$$\forall(N,f,\{N\}),(N,g,\{N\}), \text{s.t.} f(A\cup\{i\}) - f(A) \geqslant g(A\cup\{i\}) - g(A), \forall A \subseteq N\setminus\{i\}$$

且

$$\forall(N,f,\{N\}),(N,g,\{N\}), \text{s.t.} f(A\cup\{i\}) - f(A) \leqslant g(A\cup\{i\}) - g(A), \forall A \subseteq N\setminus\{i\}$$

因为解概念 ϕ 满足边际单调公理，因此一定有

$$\phi_i(N,f,\{N\}) \geqslant \phi_i(N,g,\{N\}), \phi_i(N,f,\{N\}) \leqslant \phi_i(N,g,\{N\})$$

二者综合得到

$$\phi_i(N,f,\{N\})=\phi_i(N,g,\{N\})$$

由此证明了结论。 ■

上面介绍的各种公理相互组合可以产生各种解概念，但是并不能保证解概念是唯一的。

10.2　满足部分公理的解

例 10.1　假设 N 是一个有限的参与人集合，Γ_N 表示其上所有具有大联盟结构的合作博弈，定义一个数值解概念 $\phi:\Gamma_N\to\mathbb{R}^N,\phi(N,f,\{N\})\in\mathbb{R}^N$ 为

$$\phi_i(N,f,\{N\})=f(i),\forall i\in N,\forall(N,f,\{N\})\in\Gamma_N$$

那么此解概念 ϕ 满足加法、对称、零贡献和协变公理，但是不满足有效公理。

例 10.2　假设 N 是一个有限的参与人集合，Γ_N 表示其上所有具有大联盟结构的合作博弈，定义一个数值解概念 $\phi:\Gamma_N\to\mathbb{R}^N,\phi(N,f,\{N\})\in\mathbb{R}^N$ 为

$$\forall i\in N,\forall(N,f,\{N\})\in\Gamma_N,$$

$$\phi_i(N,f,\{N\})=\begin{cases}f(i)+\dfrac{f(N)-\sum\limits_{j\in N}f(j)}{n-|\mathrm{Dummy}(N,f,\{N\})|}, & i\notin \mathrm{Dummy}(N,f,\{N\})\\ f(i), \quad i\in \mathrm{Dummy}(N,f,\{N\})\end{cases}$$

那么此解概念 ϕ 满足有效、对称、零贡献和协变公理，但是不满足加法公理。

例 10.3　假设 N 是一个有限的参与人集合，Γ_N 表示其上所有具有大联盟结构的合作博弈，定义一个数值解概念 $\phi:\Gamma_N\to\mathbb{R}^N,\phi(N,f,\{N\})\in\mathbb{R}^N$ 为

$$\forall i\in N,\forall(N,f,\{N\})\in\Gamma_N,\phi_i(N,f,\{N\})=\max_{A\in\mathcal{P}_0(N\backslash\{i\})}[f(A\cup\{i\})-f(A)]$$

那么此解概念 ϕ 满足对称、零贡献和协变公理，但是不满足有效和加法公理。

例 10.4　假设 N 是一个有限的参与人集合，Γ_N 表示其上所有具有大联盟结构的合作博弈，定义一个数值解概念 $\phi:\Gamma_N\to\mathbb{R}^N,\phi(N,f,\{N\})\in\mathbb{R}^N$ 为

$$\forall i\in N,\forall(N,f,\{N\})\in\Gamma_N,\phi_i(N,f,\{N\})=f(1,2,\cdots,i-1,i)-f(1,2,\cdots,i-1)$$

那么此解概念 ϕ 满足有效、加法、零贡献和协变公理，但是不满足对称公理。

10.3 沙普利值经典刻画

定义 10.13 假设 N 是一个包含有 n 个人的有限的参与人集合，$\text{Permut}(N)$ 表示 N 中的所有置换，假设 $\pi \in \text{Permut}(N)$，则

$$P_i(\pi) = \{j |\ j \in N; \pi(j) < \pi(i)\}$$

表示按照置换 π 在参与人 i 之前的参与人集合。

定理 10.2 假设 N 是一个包含有 n 个人的有限的参与人集合，$\text{Permut}(N)$ 表示 N 中的所有置换，假设 $\pi \in \text{Permut}(N)$，那么

$$P_i(\pi) = \varnothing \Leftrightarrow \pi(i) = 1$$

$$\#P_i(\pi) = 1 \Leftrightarrow \pi(i) = 2$$

$$P_i(\pi) \cup \{i\} = P_k(\pi) \Leftrightarrow \pi(k) = \pi(i) + 1$$

定义 10.14 假设 N 是一个有限的参与人集合，$\varGamma_N$ 表示其上所有具有大联盟结构的合作博弈，假设 $\pi \in \text{Permut}(N)$，定义一个数值解概念 $\phi^\pi : \varGamma_N \to \mathbb{R}^N, \phi(N, f, \{N\}) \in \mathbb{R}^N$ 为

$$\phi_i^\pi(N, f, \{N\}) = f(P_i(\pi) \cup \{i\}) - f(P_i(\pi)), \forall i \in N, \forall (N, f, \{N\}) \in \varGamma_N$$

根据 10.2 节中的例 10.4 可知，解概念 ϕ^π 满足有效、协变、零贡献和加法公理，但是不满足对称公理。

定义 10.15 假设 N 是一个有限的参与人集合，$\varGamma_N$ 表示其上所有具有大联盟结构的合作博弈，假设 $\pi \in \text{Permut}(N)$，定义一个数值解概念 $\text{Sh} : \varGamma_N \to \mathbb{R}^N, \text{Sh}(N, f, \{N\}) \in \mathbb{R}^N$ 为

$$\begin{aligned} &\text{Sh}_i(N, f, \{N\}) \\ &= \frac{1}{n!} \sum_{\pi \in \text{Permut}(N)} [f(P_i(\pi) \cup \{i\}) - f(P_i(\pi))], \forall i \in N, \forall (N, f, \{N\}) \in \varGamma_N \end{aligned}$$

即

$$\text{Sh}_i(N, f, \{N\}) = \frac{1}{n!} \sum_{\pi \in \text{Permut}(N)} \phi_i^\pi(N, f, \{N\}), \forall i \in N, \forall (N, f, \{N\}) \in \varGamma_N$$

这个数值解概念称为沙普利值。

定理 10.3　假设 N 是一个有限的参与人集合，$\varGamma_N$ 表示其上所有具有大联盟结构的合作博弈，沙普利值可以具体表示为

$$\mathrm{Sh}_i(N,f,\{N\}) = \sum_{A\in\mathcal{P}(N\backslash\{i\})} \frac{|A|!\times(n-|A|-1)!}{n!}[f(A\cup\{i\})-f(A)], \forall i\in N$$

证明　根据定义可知

$$\mathrm{Sh}_i(N,f,\{N\}) = \frac{1}{n!}\sum_{\pi\in\mathrm{Permut}(N)}[f(P_i(\pi)\cup\{i\})-f(P_i(\pi))], \forall i\in N$$

固定 $A\in\mathcal{P}(N\setminus\{i\})$，需要计算有多少个置换 π 使得 $P_i(\pi)=A$。显然这种类型的置换为 $(A,i,A^c\setminus\{i\})$，前面的集合 A 内部有 $|A|!$ 种内部排列，后面的集合内部有 $A^c\setminus\{i\}$ 有 $(n-|A|-1)!$ 种排列，所以满足 $P_i(\pi)=A$ 的置换有 $|A|!\times(n-|A|-1)!$ 种，所以

$$\mathrm{Sh}_i(N,f,\{N\}) = \sum_{A\in\mathcal{P}(N\backslash\{i\})} \frac{|A|!\times(n-|A|-1)!}{n!}(f(A\cup\{i\})-f(A)), \forall i\in N$$

由此证明了结论。■

定理 10.4　假设 N 是一个有限的参与人集合，$\varGamma_N$ 表示其上所有具有大联盟结构的合作博弈，假设 $\pi\in\mathrm{Permut}(N)$，则沙普利值满足有效、对称、零贡献、加法、协变、线性公理。

证明　根据定义可知

$$\mathrm{Sh}(N,f,\{N\}) = \frac{1}{n!}\sum_{\pi\in\mathrm{Permut}(N)}\phi^\pi(N,f,\{N\})$$

根据例子 10.4 可知

$$\forall\pi\in\mathrm{Permut}(N), \phi^\pi$$

是满足有效、零贡献、加法和协变公理的数值解概念。沙普利值作为它们的平均值，显然满足有效、零贡献、加法、协变和线性公理，下一步证明沙普利值满足对称公理。取定 $(N,f,\{N\})\in\varGamma_N$，假设 $i\approx_{(N,f,\{N\})}j$，下面证明

$$\mathrm{Sh}_i(N,f,\{N\}) = \mathrm{Sh}_j(N,f,\{N\})$$

定义映射 $\alpha:\mathrm{Permut}(N)\to\mathrm{Permut}(N)$ 使得

$$\alpha(\pi)(k) = \begin{cases} \pi(j), & k=i \\ \pi(i), & k=j \\ \pi(k), & k\neq i,j \end{cases}$$

置换集合是一个群，当前的映射 α 相当于一个特殊置换的作用，因此 α 是单射和满射。假设 $i \approx_{(N,f,\{N\})} j$，那么

$$f(P_i(\pi) \cup \{i\}) - f(P_i(\pi)) = f(P_j(\alpha(\pi)) \cup \{j\}) - f(P_j(\alpha(\pi)))$$

情形一：假设 $\pi(i) < \pi(j)$ 那么显然有

$$P_i(\pi) = P_j(\alpha(\pi)), P_i(\pi), P_j(\alpha(\pi)) \subseteq N \setminus \{i, j\}$$

根据对称的定义可知

$$f(P_i(\pi)) = f(P_j(\alpha(\pi))), f(P_i(\pi) \cup \{i\}) = f(P_j(\alpha(\pi)) \cup \{j\})$$

因此一定有

$$f(P_i(\pi) \cup \{i\}) - f(P_i(\pi)) = f(P_j(\alpha(\pi)) \cup \{j\}) - f(P_j(\alpha(\pi)))$$

情形二：假设 $\pi(i) > \pi(j)$，那么显然有

$$P_i(\pi) \cup \{i\} = P_j(\alpha(\pi)) \cup \{j\}, P_i(\pi) \setminus \{j\} = P_j(\alpha(\pi)) \setminus \{i\} \subseteq N \setminus \{i, j\}$$

根据对称的定义可知

$$f(P_i(\pi) \cup \{i\}) = f(P_j(\alpha(\pi)) \cup \{j\}), f((P_i(\pi) \setminus \{j\}) \cup \{j\}) = f((P_j(\alpha(\pi)) \setminus \{i\}) \cup \{i\})$$

即

$$f(P_i(\pi) \cup \{i\}) = f(P_j(\alpha(\pi)) \cup \{j\}), f(P_i(\pi)) = f(P_j(\alpha(\pi)))$$

因此一定有

$$f(P_i(\pi) \cup \{i\}) - f(P_i(\pi)) = f(P_j(\alpha(\pi)) \cup \{j\}) - f(P_j(\alpha(\pi)))$$

因为 α 是双射，因此 $\forall i \approx_{(N,f,\{N\})} j$ 有

$$\begin{aligned}
&\mathrm{Sh}_i(N, f, \{N\}) \\
&= \frac{1}{n!} \sum_{\pi \in \mathrm{Permut}(N)} [f(P_i(\pi) \cup \{i\}) - f(P_i(\pi))] \\
&= \frac{1}{n!} \sum_{\pi \in \mathrm{Permut}(N)} [f(P_j(\alpha(\pi)) \cup \{j\}) - f(P_j(\alpha(\pi)))] \\
&= \frac{1}{n!} \sum_{\pi \in \mathrm{Permut}(N)} [f(P_j(\pi) \cup \{j\}) - f(P_j(\pi))] \\
&= \mathrm{Sh}_j(N, f, \{N\})
\end{aligned}$$

因此沙普利值满足对称公理。由此证明了结论。 ■

定义 10.16　假设 N 是一个有限的参与人集合，任取 $A \in \mathcal{P}_0(N)$，定义 A 上的 1-0 承载博弈为 $(N, C_{(A,1,0)}, \{N\})$ 为

$$C_{(A,1,0)}(B) = \begin{cases} 1, & A \subseteq B \\ 0, & \text{其他} \end{cases}$$

定义 10.17　假设 N 是一个有限的参与人集合，任取 $A \in \mathcal{P}_0(N), \alpha \in \mathbb{R}$，定义 A 上的 α-0 承载博弈为 $(N, C_{(A,\alpha,0)}, \{N\})$ 为

$$C_{(A,\alpha,0)}(B) = \begin{cases} \alpha, & A \subseteq B \\ 0, & \text{其他} \end{cases}$$

定理 10.5　假设 N 是一个有限的参与人集合，$\varGamma_N$ 表示其上所有具有大联盟结构的合作博弈，$(N, f, \{N\})$ 是一个合作博弈，那么它是有限个 1-0 承载博弈的线性组合。

证明　根据合作博弈的向量表示，可知 $\varGamma_N$ 是一个线性空间，并且

$$\varGamma_N \cong \mathbb{R}^{2^n-1}$$

因此只需要证明 $(N, C_{(A,1,0)}, \{N\}), A \in \mathcal{P}_0(N)$ 构成了 $\varGamma_N$ 的基。如不然，那么必定有

$$\exists \boldsymbol{\alpha} = (\alpha_A)_{A\in\mathcal{P}_0(N)} \neq 0, \text{s.t.} \sum_{A\in\mathcal{P}_0(N)} \alpha_A C_{(A,1,0)}(B) = 0, \forall B \in \mathcal{P}(N)$$

令

$$\tau = \{A |\ A \in \mathcal{P}_0(N); \alpha_A \neq 0\}$$

因为 $\boldsymbol{\alpha} \neq \mathbf{0}$，所以 $\tau \neq \varnothing$，按照集合的包含关系，取定 B_0 是 τ 中的极小集合，即 τ 中的其他集合没有被 B_0 严格包含。我们需要证明

$$\sum_{A\in\mathcal{P}_0(N)} \alpha_A C_{(A,1,0)}(B_0) \neq 0$$

从而产生矛盾。根据前面的推导可知

$$\begin{aligned} &\sum_{A\in\mathcal{P}_0(N)} \alpha_A C_{(A,1,0)}(B_0) \\ =& \sum_{A\in\mathcal{P}_0(N), A\subset B_0} \alpha_A C_{(A,1,0)}(B_0) \end{aligned}$$

$$+\alpha_{B_0}C_{(B_0,1,0)}(B_0)+\sum_{A\in\mathcal{P}_0(N),A\not\subseteq B_0}\alpha_A C_{(A,1,0)}(B_0),$$

因为 $B_0=\min\tau$，所以一定有

$$\forall A\in\mathcal{P}_0(N),A\subset B_0,\alpha_A=0$$

根据 1-0 承载博弈的定义可知

$$\forall A\in\mathcal{P}_0(N),A\not\subseteq B_0,C_{(A,1,0)}(B_0)=0$$

综上可得

$$\begin{aligned}&\sum_{A\in\mathcal{P}_0(N)}\alpha_A C_{(A,1,0)}(B_0)\\=&\sum_{A\in\mathcal{P}_0(N),A\subset B_0}\alpha_A C_{(A,1,0)}(B_0)\\&+\alpha_{B_0}C_{(B_0,1,0)}(B_0)+\sum_{A\in\mathcal{P}_0(N),A\not\subseteq B_0}\alpha_A C_{(A,1,0)}(B_0)\\=&\alpha_{B_0}C_{(B_0,1,0)}(B_0)=\alpha_{B_0}\neq 0\end{aligned}$$

矛盾。因此 $(N,C_{(A,1,0)},\{N\}),A\in\mathcal{P}_0(N)$ 构成了 $\varGamma_N$ 的基，因此任何一个合作博弈 $(N,f,\{N\})$ 都可以表示为有限个承载博弈的线性组合，由此证明了结论。 ■

定理 10.6 假设 N 是一个有限的参与人集合，$\varGamma_N$ 表示其上所有具有大联盟结构的合作博弈，$(N,C_{(A,\alpha,0)},\{N\}),A\neq\varnothing$ 为 A 上的 α-0 承载博弈，假设 $\phi:\varGamma_N\to\mathbb{R}^N,\phi(N,f,\tau)\in\mathbb{R}^N$ 是一个数值解概念，满足有效、对称、零贡献公理，那么有

$$\phi_i(N,C_{(A,\alpha,0)},\{N\})=\begin{cases}\dfrac{\alpha}{|A|}, & i\in A\\ 0, & i\notin A\end{cases}$$

证明 （1）在博弈 $(N,C_{(A,\alpha,0)},\{N\})$ 中，$\forall i\notin A$，参与人 i 是零贡献的。因为 $\forall B\in\mathcal{P}(N)$, 有

$$A\subseteq B\cup\{i\}\Leftrightarrow A\subseteq B$$

所以一定有

$$\forall B\in\mathcal{P}(N),\forall i\notin A,C_{(A,\alpha,0)}(B\cup\{i\})=C_{(A,\alpha,0)}(B)$$

根据定义，可得

$$\forall i\notin A,i\in\mathrm{Null}(N,C_{(A,,\alpha,0)},\{N\})$$

因为数值解概念 ϕ_i 满足零贡献公理，所以一定有

$$\forall i \notin A, \phi_i(N, C_{(A,\alpha,0)}, \{N\}) = 0$$

（2）在博弈 $(N, C_{(A,\alpha,0)}, \{N\})$ 中，$\forall i, j \in A$，参与人 i, j 是对称的。因为 $\forall B \in \mathcal{P}(N \setminus \{i, j\})$, 可得

$$A \not\subseteq B \cup \{i\}, A \not\subseteq B \cup \{j\}$$

所以一定有

$$\forall B \in \mathcal{P}(N \setminus \{i, j\}), \forall i, j \in A, C_{(A,\alpha,0)}(B \cup \{i\}) = C_{(A,\alpha,0)}(B \cup \{j\}) = 0$$

根据定义，可得

$$\forall i, j \in A, i \approx_{(N, C_{(A,\alpha,0)}, \{N\})} j$$

因为数值解概念 ϕ_i 满足对称公理，所以一定有

$$\forall i, j \in A, \phi_i(N, C_{(A,\alpha,0)}, \{N\}) = \phi_j(N, C_{(A,\alpha,0)}, \{N\})$$

（3）因为解概念满足有效性，因此一定有

$$\sum_{i \in N} \phi_i(N, C_{(A,\alpha,0)}, \{N\}) = C_{(A,\alpha,0)}(N) = \alpha$$

因为 $i \in \text{Null}(N, C_{(A,\alpha,0)}, \{N\}), \forall i \in A$，又因为 $i \approx_{(N, C_{(A,\alpha,0)}, \{N\})} j, \forall i, j \in A$ 可得

$$\forall i \notin A, \phi_i(N, C_{(A,\alpha,0)}, \{N\}) = 0$$
$$\forall i \in A, \phi_i(N, C_{(A,\alpha,0)}, \{N\}) = \frac{\alpha}{|A|}$$

由此证明了结论。 ■

定理 10.7 假设 N 是一个有限的参与人集合，Γ_N 表示其上所有具有大联盟结构的合作博弈，其满足有效、对称、零贡献和加法公理的数值解概念存在且是唯一的，即沙普利值。

证明 根据定理 10.4 可知沙普利值是满足有效、对称、零贡献和加法公理的数值解，因此要证明定理 10.7，只需要证明满足有效、对称、零贡献和加法公理的数值解概念是唯一的。假设 $\phi : \Gamma_N \to \mathbb{R}^N, \phi(N, f, \{N\}) \in \mathbb{R}^N$ 是一个数值解概念，满足有效、对称、零贡献和加法公理，下面证明

$$\phi(N, f, \{N\}) = \text{Sh}(N, f, \{N\}), \forall (N, f, \{N\}) \in \Gamma_N$$

Note

根据定理 10.5 可知

$$\exists(\alpha_A)_{A\in\mathcal{P}_0(N)}, \text{s.t.} f(B) = \sum_{A\in\mathcal{P}_0(N)} C_{(A,\alpha_A,0)}(B), \forall B \in \mathcal{P}(N)$$

因为解概念 ϕ 满足加法公理，所以

$$\phi_i(N, f, \{N\}) = \sum_{A\in\mathcal{P}_0(N)} \phi_i(N, C_{(A,\alpha_A,0)}, \{N\}), \forall i \in N$$

同样因为沙普利值 Sh 满足加法公理，所以

$$\text{Sh}_i(N, f, \{N\}) = \sum_{A\in\mathcal{P}_0(N)} \text{Sh}_i(N, C_{(A,\alpha_A,0)}, \{N\}), \forall i \in N$$

因为解概念 ϕ 和沙普利值 Sh 满足有效、对称和零贡献公理，根据前面的定理可知

$$\phi_i(N, C_{(A,\alpha_A,0)}, \{N\}) = \text{Sh}_i(N, C_{(A,\alpha_A,0)}, \{N\}), \forall i \in N$$

综上可得

$$\phi(N, f, \{N\}) = \text{Sh}(N, f, \{N\}), \forall (N, f, \{N\}) \in \Gamma_N$$

由此证明了结论。 ■

10.4 沙普利值的边际刻画

本节研究沙普利值的边际刻画，首先回顾 10.2 节中的关于边际单调公理和边际公理的定义及定理。

定理 10.8 假设 N 是一个有限的参与人集合，Γ_N 表示 N 上所有具有大联盟结构的合作博弈，沙普利值满足边际单调公理、满足边际公理。

证明 任意取定 $i \in N$,

$$\forall (N, f, \{N\}), (N, g, \{N\}), \text{s.t.} f(A\cup\{i\}) - f(A) \geqslant g(A\cup\{i\}) - g(A), \forall A \subseteq N\setminus\{i\}$$

根据沙普利值的定义可知

$$\begin{aligned}&\text{Sh}_i(N, f, \{N\})\\ =&\sum_{A\in\mathcal{P}(N\setminus\{i\})} \frac{|A|! \times (n-|A|-1)!}{n!}(f(A\cup\{i\}) - f(A))\end{aligned}$$

$$\geqslant \sum_{A\in\mathcal{P}(N\backslash\{i\})} \frac{|A|!\times(n-|A|-1)!}{n!}(g(A\cup\{i\})-g(A))$$

$$=\mathrm{Sh}_i(N,g,\{N\})$$

因此沙普利值满足边际单调公理，自然满足边际公理。由此证明了结论。 ■

定理 10.9　假设 N 是一个有限的参与人集合，$\varGamma_N$ 表示其上所有具有大联盟结构的合作博弈，假设有一个数值解概念 $\phi:\varGamma_N\to\mathbb{R}^N,\phi(N,f,\{N\})\in\mathbb{R}^N$，满足有效、对称和边际公理，那么一定满足零贡献公理。

证明　取定 $(N,f,\{N\})$，要证明

$$\phi_i(N,f,\{N\})=0,\forall i\in\mathrm{Null}(N,f,\{N\})$$

定义博弈 $(N,g,\{N\})$ 为

$$g(A)=0,\forall A\in\mathcal{P}(N)$$

显然有

$$i\in\mathrm{Null}(N,g,\{N\}),i\approx_{(N,g,\{N\})}j,\forall i,j\in N$$

根据解概念 ϕ 的有效、对称公理，可知

$$\forall i\in N,\phi_i(N,g,\{N\})=0$$

根据定义可知

$$\forall i\in\mathrm{Null}(N,f,\{N\})\Rightarrow f(A\cup\{i\})-f(A)=g(A\cup\{i\})-g(A)=0,\forall A\in\mathcal{P}(N\backslash\{i\})$$

根据解概念满足边际公理，可得

$$\forall i\in\mathrm{Null}(N,f,\{N\}),\phi_i(N,f,\{N\})=\phi_i(N,g,\{N\})=0$$

因此解概念 ϕ 满足零贡献公理。由此证明了结论。 ■

定理 10.10　假设 N 是一个有限的参与人集合，$\varGamma_N$ 表示 N 上所有具有大联盟结构的合作博弈，取定 $(N,f,\{N\})\in\varGamma_N$，定义子集族为

$$I(N,f,\{N\})=\{A|A\in\mathcal{P}(N);\exists B\subseteq A,\mathrm{s.t.}f(B)\neq 0\}$$

那么子集族 $I(N,f,\{N\})$ 具有如下性质：

（1）$\varnothing\notin I(N,f,\{N\})$，$A\notin I(N,f,\{N\})$ 当且仅当 $f(B)=0,\forall B\subseteq A$；

（2）按照集合的包含关系，令 $A_*=\min I(N,f,\{N\})$，则 $f(A_*)\neq 0,f(B)=0,\forall B\subset A_*$。

定理 10.11 假设 N 是一个有限的参与人集合，Γ_N 表示 N 上所有具有大联盟结构的合作博弈，取定 $(N,f,\{N\})\in\Gamma_N, A\in\mathcal{P}(N)$，定义博弈 $(N,f_A,\{N\})$ 为

$$f_A(B)=f(A\cap B),\forall B\in\mathcal{P}(N)$$

那么关于博弈 $(N,f_A,\{N\})$ 具有如下性质：

（1）$A^c\subseteq \mathrm{Null}(N,f_A,\{N\}),\forall A\in\mathcal{P}(N)$；

（2）$\forall A\in I(N,f,\{N\})$，那么 $I(N,f-f_A,\{N\})\subset I(N,f,\{N\})$。

证明 （1）任取 $i\in A^c, B\in\mathcal{P}(N)$，根据定义可得

$$\begin{aligned}&f_A(B\cup\{i\})\\=&f(A\cap(B\cup\{i\}))\\=&f(A\cap B)=f_A(B)\end{aligned}$$

因此 $i\in\mathrm{Null}(N,f_A,\{N\})$，即

$$A^c\subseteq\mathrm{Null}(N,f_A,\{N\})$$

（2）首先需要证明 $I(N,f-f_A,\{N\})\subseteq I(N,f,\{N\})$。取定 $B\in I(N,f-f_A,\{N\})$，根据定义可得

$$\exists D\subseteq B,\text{s.t.}(f-f_A)(D)=f(D)-f(A\cap D)\neq 0$$

则 $f(D)\neq 0$ 或者 $f(A\cap D)\neq 0$，因为 $D\subseteq B, A\cap D\subseteq B$，根据定义可知

$$B\in I(N,f,\{N\})$$

其次证明 $I(N,f-f_A,\{N\})\neq I(N,f,\{N\})$。$A\notin I(N,f-f_A,\{N\})$，任取 $B\subseteq A$，有

$$\begin{aligned}&(f-f_A)(B)\\=&f(B)-f_A(B)\\=&f(B)-f(A\cap B)\\=&f(B)-f(B)=0\end{aligned}$$

因此 $A\notin I(N,f-f_A,\{N\})$。即 $I(N,f-f_A,\{N\})\neq I(N,f,\{N\})$。综上可得

$$I(N,f-f_A,\{N\})\subseteq I(N,f,\{N\})$$

由此证明了结论。 ■

定理 10.12　假设 N 是一个有限的参与人集合，Γ_N 表示其上所有具有大联盟结构的合作博弈，假设有一个数值解概念 $\phi:\Gamma_N\to\mathbb{R}^N,\phi(N,f,\{N\})\in\mathbb{R}^N$，满足有效、对称和边际公理，那么此数值解概念一定是唯一的，即是沙普利值。

证明　沙普利值作为数值解概念是满足有效、对称和边际公理的。下面证明如果数值解概念 ϕ 满足有效、对称和有效公理，那么此数值解概念是唯一的。证明的思路是归纳子集族 $I(N,f,\{N\})$ 中集合的个数。

（1）当 $|I(N,f,\{N\})|=0$ 时，可得 $N\notin I(N,f,\{N\})$，根据定义可知

$$\forall A\in\mathcal{P}(N)\Rightarrow f(A)=0$$

因此 $(N,f,\{N\})$ 是零博弈，那么 $N=\mathrm{Null}(N,f,\{N\})$，因为数值解满足零贡献公理，所以

$$\phi_i(N,f,\{N\})=0,\forall i\in N$$

根据沙普利值的计算公式可得

$$\mathrm{Sh}_i(N,f,\{N\})=\sum_{A\in\mathcal{P}(N\backslash\{i\})}\frac{|A|!\times(n-|A|-1)!}{n!}(f(A\cup\{i\})-f(A))=0,\forall i\in N$$

综合上面的计算可得

$$\phi_i(N,f,\{N\})=\mathrm{Sh}_i(N,f,\{N\})=0,\forall i\in N$$

（2）假设当 $I(N,f,\{N\})<k$ 时，定理成立，即

$$\phi_i(N,f,\{N\})=\mathrm{Sh}_i(N,f,\{N\}),\forall i\in N,\forall(N,f,\{N\})\in\Gamma_N$$

（3）要证当 $I(N,f,\{N\})=k$ 时，定理成立，即

$$\phi_i(N,f,\{N\})=\mathrm{Sh}_i(N,f,\{N\}),\forall i\in N,\forall(N,f,\{N\})\in\Gamma_N$$

此时令

$$\hat{A}=\bigcap_{A\in I(N,f,\{N\})}A$$

分两步完成证明。

① 要证 $\phi_i(N,f,\{N\})=\mathrm{Sh}_i(N,f,\{N\}),\forall i\notin\hat{A}$。因为 $i\notin\hat{A}$，所以一定存在 $A\in I(N,f,\{N\})$ 使得 $i\notin A$，根据定理 10.11 可得

$$I(N,f-f_A,\{N\})\subset I(N,f,\{N\})$$

即

$$|I(N,f-f_A,\{N\})|<|I(N,f,\{N\})|=k$$

根据归纳法可知

$$\phi_j(N,f-f_A,\{N\})=\mathrm{Sh}_j(N,f-f_A,\{N\}),\forall j\in N$$

计算参与人 i 在博弈 $(N,f-f_A,\{N\})$ 中的边际贡献，$\forall B\subseteq N\setminus\{i\}$，可得

$$\begin{aligned}&(f-f_A)(B\cup\{i\})\\=&f(B\cup\{i\})-f_A(B\cup\{i\})\\=&f(B\cup\{i\})-f(A\cap(B\cup\{i\}))\\=&f(B\cup\{i\})-f(A\cap B)\\=&f(B\cup\{i\})-f_A(B)\end{aligned}$$

因此可得

$$(f-f_A)(B\cup\{i\})-(f-f_A)(B)=f(B\cup\{i\})-f(B),\forall B\subseteq N\setminus\{i\}$$

因为解概念 ϕ 满足边际公理，所以可得

$$\phi_i(N,f,\{N\})=\phi_i(N,f-f_A,\{N\})$$

因为沙普利值 Sh 满足边际公理，所以同样可得

$$\mathrm{Sh}_i(N,f,\{N\})=\mathrm{Sh}_i(N,f-f_A,\{N\})$$

前面已经证明

$$\phi_j(N,f-f_A,\{N\})=\mathrm{Sh}_j(N,f-f_A,\{N\}),\forall j\in N$$

所以可得

$$\phi_i(N,f,\{N\})=\mathrm{Sh}_i(N,f,\{N\}),\forall i\notin\hat{A}$$

② 要证 $\phi_i(N,f,\{N\})=\mathrm{Sh}_i(N,f,\{N\}),\forall i\in\hat{A}$，分为三种情形。

情形一：假设 $|\hat{A}|=0$，显然成立。

情形二：假设 $|\hat{A}|=1$，根据 ① 的证明可知

$$\phi_i(N,f,\{N\})=\mathrm{Sh}_i(N,f,\{N\}),\forall i\notin\hat{A}$$

解概念 ϕ 和 Sh 都是有效的，所以有

$$\begin{aligned}&\phi_i(N,f,\{N\})\\&=f(N)-\sum_{j\notin\hat{A}}\phi_i(N,f,\{N\})\\&=f(N)-\sum_{j\notin\hat{A}}\mathrm{Sh}_i(N,f,\{N\})\\&=\mathrm{Sh}_i(N,f,\{N\}),\forall i\in\hat{A}\end{aligned}$$

情形三：假设 $|\hat{A}|\geqslant 2$，$\forall i,j\in\hat{A},i\approx_{(N,f,\{N\})}j$。首先对于 $\forall A,\hat{A}\not\subseteq A$，必有 $f(A)=0$。如不然，那么 $f(A)\neq 0$，根据定义可得 $A\in I(N,f,\{N\})$，那么必有 $\hat{A}\subseteq A$ 与 $\hat{A}\not\subseteq A$ 矛盾。其次任取 $i,j\in\hat{A}$，任取 $B\subseteq N\setminus\{i,j\}$，可得

$$\hat{A}\not\subseteq B\cup\{i\},\hat{A}\not\subseteq B\cup\{j\}$$

因此必定有

$$f(B\cup\{i\})=0=f(B\cup\{j\}),\forall B\subseteq N\setminus\{i,j\}$$

即

$$i\approx_{(N,f,\{N\})}j,\forall i,j\in\hat{A}$$

因为解概念 ϕ 和沙普利值 Sh 都是满足对称公理的，所以一定有

$$\phi_i(N,f,\{N\})=\phi_j(N,f,\{N\});\mathrm{Sh}_i(N,f,\{N\})=\mathrm{Sh}_j(N,f,\{N\}),\forall i,j\in\hat{A}$$

根据对称性、有效性和前面的结论可得

$$\begin{aligned}&\phi_i(N,f,\{N\})\\&=\frac{1}{|\hat{A}|}\sum_{j\in\hat{A}}\phi_j(N,f,\{N\})\\&=\frac{1}{|\hat{A}|}[f(N)-\sum_{j\notin\hat{A}}\phi_j(N,f,\{N\})]\\&=\frac{1}{|\hat{A}|}[f(N)-\sum_{j\notin\hat{A}}Sh_j(N,f,\{N\})]\\&=\frac{1}{|\hat{A}|}\sum_{j\in\hat{A}}\mathrm{Sh}_j(N,f,\{N\})\\&=\mathrm{Sh}_i(N,f,\{N\}),\forall i\in\hat{A}\end{aligned}$$

综上可得

$$\phi_i(N,f,\{N\}) = \mathrm{Sh}_i(N,f,\{N\}), \forall i \in N, \forall (N,f,\{N\}) \in \Gamma_N$$

即满足有效、对称和边际公理的数值解概念存在且唯一，就是沙普利值。由此证明了结论。 ■

10.5 凸博弈的沙普利值

根据第 9 章凸博弈的定义和核心的性质我们得到了如下结果。

定义 10.18 假设 N 是有限的参与人集合，$(N,f,\{N\})$ 是一个合作博弈，如果满足

$$\forall A,B \in \mathcal{P}(N), f(A)+f(B) \leqslant f(A\cap B)+f(A\cup B)$$

那么称其为凸博弈。

定义 10.19 假设 N 是有限的参与人集合，$(N,f,\{N\})$ 是一个合作博弈，$\pi=(i_1,i_2,\cdots,i_n)$ 是一个置换，构造向量 $\boldsymbol{x}\in\mathbb{R}^N$ 为

$$\begin{aligned}
x_1 &= f(i_1)\\
x_2 &= f(i_1,i_2)-f(i_1)\\
x_3 &= f(i_1,i_2,i_3)-f(i_1,i_2)\\
&\vdots\\
x_n &= f(i_1,i_2,\cdots,i_n)-f(i_1,i_2,\cdots,i_{n-1})
\end{aligned}$$

上面的这个向量记为 $\boldsymbol{x}:=\boldsymbol{w}^\pi$。

定理 10.13 假设 N 是有限的参与人集合，$(N,f,\{N\})$ 是一个合作博弈，$\pi=(i_1,i_2,\cdots,i_n)$ 是一个置换，向量 $\boldsymbol{x}=\boldsymbol{w}^\pi\in\mathbb{R}^N$，

$$\begin{aligned}
x_1 &= f(i_1)\\
x_2 &= f(i_1,i_2)-f(i_1)\\
x_3 &= f(i_1,i_2,i_3)-f(i_1,i_2)\\
&\vdots\\
x_n &= f(i_1,i_2,\cdots,i_n)-f(i_1,i_2,\cdots,i_{n-1})
\end{aligned}$$

那么

$$x = w^\pi \in \mathrm{Core}(N, f, \{N\}) \neq \varnothing$$

定理 10.14 假设 N 是有限的参与人集合，$(N, f, \{N\})$ 是一个凸的合作博弈，那么

$$\mathrm{Sh}(N, f, \{N\}) \in \mathrm{Core}(N, f, \{N\})$$

证明 根据沙普利值的定义可得

$$\mathrm{Sh}_i(N, f, \{N\}) = \frac{1}{n!} \sum_{\pi \in \mathrm{Permut}(N)} [f(P_i(\pi) \cup \{i\}) - f(P_i(\pi))], \forall i \in N$$

根据定义可知

$$w_i^\pi = f(P_i(\pi) \cup \{i\}) - f(P_i(\pi)), \forall i \in N$$

因此

$$\mathrm{Sh}(N, f, \{N\}) = \frac{1}{n!} \sum_{\pi \in \mathrm{Permut}(N)} w^\pi$$

因为 $w^\pi \in \mathrm{Core}(N, f, \{N\})$，并且核心是凸集合，因此

$$\mathrm{Sh}(N, f, \{N\}) \in \mathrm{Core}(N, f, \{N\})$$

由此证明了结论。 ■

10.6 沙普利值的一致性

对于核心，我们定义了 David-Maschler 约简博弈，在这个意义下，证明了核心的一致性。对于沙普利值，我们需要重新定义约简博弈，这个博弈称为 Hart-Mas-Collel 约简博弈。

定义 10.20 假设 N 是有限的参与人集合，$(N, f, \{N\})$ 是一个合作博弈，

$$x \in X^1(N, f, \{N\})$$

是结构理性向量且 $A \in \mathcal{P}_0(N)$。定义 A 相对于 x 的 Davis-Maschler 约简博弈 $(A, f_{A,x}, \{A\})$，其中

$$f_{A,x}(B) = \begin{cases} \max\limits_{Q \in \mathcal{P}(N \setminus A)} [f(Q \cup B) - x(Q)], & B \in \mathcal{P}_2(A) \\ 0, & B = \varnothing \\ x(A), & B = A \end{cases}$$

定义 10.21 假设 N 是一个有限的参与人集合，Γ_N 表示其上所有具有大联盟结构的合作博弈，假设有一个数值解概念 $\phi: \Gamma_N \to \mathbb{R}^N, \phi(N, f, \{N\}) \in \mathbb{R}^N$，$A \in \mathcal{P}_0(N)$，固定一个博弈 $(N, f, \{N\})$，那么 $(N, f, \{N\})$ 在 A 上的相对于 ϕ 的 Hart-Mas-Collel 约简博弈定义为 $(A, f_{(A,\phi)}, \{A\})$，其中

$$f_{(A,\phi)}(B) = \begin{cases} f(B \cup A^c) - \sum\limits_{i \in A^c} \phi_i(B \cup A^c, f, \{B \cup A^c\}), & B \in \mathcal{P}_0(A) \\ 0, \quad B = \varnothing \end{cases}$$

注释 10.1 Hart-Mas-Collel 约简博弈与 Davis-Maschler 约简博弈有两个重要区别。第一，Hart-Mas-Collel 约简博弈适用于数值解概念，Davis-Maschler 约简博弈不仅适用于数值解概念，也适用于集值解概念；第二，在 Hart-Mas-Collel 约简博弈中，联盟 B 选用的合作联盟是 A^c，但是在 Davis-Maschler 约简博弈中，联盟 B 选用的合作联盟是 $D \subseteq A^c$。

例 10.5 假设 N 是一个有限的参与人集合，Γ_N 表示其上所有具有大联盟结构的合作博弈，对于 $T \in \mathcal{P}_0(N)$，T 上的 1-0 承载博弈记为 $(N, C_{(T,1,0)}, \{N\})$，定义为

$$C_{(T,1,0)}(R) = \begin{cases} 1, & T \subseteq R \\ 0, & T \not\subseteq R \end{cases}$$

承载博弈的沙普利值为

$$\mathrm{Sh}_i(N, C_{(T,1,0)}, \{N\}) = \begin{cases} \dfrac{1}{|T|}, & i \in T \\ 0, & i \notin T \end{cases}$$

取定 $A \in \mathcal{P}_0(N)$，计算承载博弈 $(N, C_{(T,1,0)}, \{N\})$ 在 A 上的相对于沙普利值的 Hart-Mas-Collel 约简博弈为

$$(A, C_{(T,1,0),A,Sh}, \{A\})$$

需要分情况讨论。

情形一：$A \cap T = \varnothing$。假设 $B \subseteq A$，那么 $B \subseteq N \setminus T = T^c$，易知

$$T^c \subseteq \mathrm{Null}(N, C_{(T,1,0)}, \{N\})$$

那么一定有

$$\mathrm{Sh}_i(N, C_{(T,1,0)}, \{N\}) = 0, \forall i \in T^c$$

因为

$$B \cup A^c \supseteq A^c \supseteq T$$

因此一定有

$$\begin{aligned}
&C_{(T,1,0),A,\mathrm{Sh}}(B)\\
&=C_{(T,1,0)}(B\cup A^c)-\sum_{i\in A^c}\mathrm{Sh}_i(B\cup A^c,C_{(T,1,0)},\{B\cup A^c\})\\
&=1-\sum_{i\in T}\mathrm{Sh}_i(B\cup A^c,C_{(T,1,0)},\{B\cup A^c\})\\
&=1-|T|\frac{1}{|T|}=0
\end{aligned}$$

情形二：$A\cap T\neq\varnothing$。假设 $B\subseteq A$。如果 $B\supseteq A\cap T$，那么 $R\cup A^c\supseteq T$，因此有

$$C_{(T,1,0)}(B\cup A^c)=1$$

计算得到

$$\sum_{i\in A^c}\mathrm{Sh}_i(B\cup A^c,C_{(T,1,0)},\{B\cup A^c\})=\frac{|T\setminus A|}{|T|}$$

如果 $B\not\supseteq A\cap T$，那么 $B\cup A^c\not\supseteq T$，因此有

$$C_{(T,1,0)}(B\cup A^c)=0$$

计算得到

$$\sum_{i\in A^c}\mathrm{Sh}_i(B\cup A^c,C_{(T,1,0)},\{B\cup A^c\})=0$$

对于情形二可得

$$C_{(T,1,0),A,\mathrm{Sh}}(B)=\begin{cases}1-\dfrac{|T\setminus A|}{|T|}, & B\supseteq A\cap T\\ 0, & B\not\supseteq A\cap T\end{cases}$$

综合情形一和情形二，可得

$$C_{(T,1,0),A,\mathrm{Sh}}(B)=\begin{cases}1-\dfrac{|T\setminus A|}{|T|}, & B\supseteq A\cap T\\ 0, & B\not\supseteq A\cap T\end{cases}$$

定义 10.22 (线性公理) 假设 N 是一个有限的参与人集合，Γ_N 表示其上所有具有大联盟结构的合作博弈，如果一个数值解概念 $\phi:\Gamma_N\to\mathbb{R}^N,\phi(N,f,\{N\})\in\mathbb{R}^N$ 满足

$$\phi(N,\alpha f+\beta g,\{N\})=\alpha\phi(N,f,\{N\})+\beta\phi(N,g,\{N\})$$

Note

$$\forall (N, f, \{N\}), (N, g, \{N\}) \in \Gamma_N, \forall \alpha, \beta \in \mathbb{R}$$

那么称其满足线性公理。

根据沙普利值的计算公式，可得

$$\mathrm{Sh}_i(N, f, \{N\}) = \sum_{A \in \mathcal{P}(N \backslash \{i\})} \frac{|A|! \times (n - |A| - 1)!}{n!} [f(A \cup \{i\}) - f(A)], \forall i \in N$$

可得沙普利值是线性解概念。

定理 10.15 假设 N 是一个有限的参与人集合，Γ_N 表示其上所有具有大联盟结构的合作博弈，数值解概念 $\phi : \Gamma_N \to \mathbb{R}^N, \phi(N, f, \{N\}) \in \mathbb{R}^N$ 满足线性公理，取定 $(N, f, \{N\}), (N, g, \{N\}) \in \Gamma_N$，那么任取 $\alpha, \beta \in \mathbb{R}$ 有

$$\forall A \in \mathcal{P}_0(N), (\alpha f + \beta g)_{(A,\phi)} = \alpha f_{(A,\phi)} + \beta g_{(A,\phi)}$$

其中，$(A, f_{(A,\phi)}, \{A\}), (A, g_{(A,\phi)}, \{A\}), (A, (\alpha f + \beta g)_{(A,\phi)}, \{A\})$ 是 Hart-Mas-Collel 约简博弈。

证明 令 $h = \alpha f + \beta g$，根据定义 $(A, h_{(A,\phi)}, \{A\})$，那么盈利函数为

$$h_{(A,\phi)}(B) = \begin{cases} h(B \cup A^c) - \sum\limits_{i \in A^c} \phi_i(B \cup A^c, h, \{B \cup A^c\}), & B \in \mathcal{P}_0(A) \\ 0, \quad B = \varnothing \end{cases}$$

根据 h 的定义和 ϕ 的线性，上式可转化为

$$\begin{aligned} & h_{(A,\phi)}(B) \\ = & h(B \cup A^c) - \sum_{i \in A^c} \phi_i(B \cup A^c, h, \{B \cup A^c\}) \\ = & (\alpha f + \beta g)(B \cup A^c) - \sum_{i \in A^c} \phi_i(B \cup A^c, \alpha f + \beta g, \{B \cup A^c\}) \\ = & \alpha f(B \cup A^c) - \alpha \sum_{i \in A^c} \phi_i(B \cup A^c, f, \{B \cup A^c\}) + \\ & \beta g(B \cup A^c) - \beta \sum_{i \in A^c} \phi_i(B \cup A^c, g, \{B \cup A^c\}) \\ = & \alpha f_{(A,\phi)}(B) + \beta g_{(A,\phi)}(B), \forall B \in \mathcal{P}_0(A) \end{aligned}$$

空联盟的盈利值为

$$h_{(A,\phi)}(\varnothing) = \alpha f_{(A,\phi)}(\varnothing) + \beta g_{(A,\phi)}(\varnothing) = 0$$

由此证明了结论。 ■

定义 10.23 假设 N 是一个有限的参与人集合，Γ_N 表示 N 上所有具有大联盟结构的合作博弈，如果数值解概念 $\phi: \Gamma_N \to \mathbb{R}^N$ 满足

$$\phi_i(N, f, \{N\}) = \phi_i(A, f_{(A,\phi)}, \{A\}), \forall A \in \mathcal{P}_0(N), \forall i \in A$$

那么称 $\phi(N, f, \{N\}) \in \mathbb{R}^N$ 满足 Hart-Mas-Collel 约简博弈一致性。

定理 10.16 假设 N 是一个有限的参与人集合，Γ_N 表示 N 上所有具有大联盟结构的合作博弈，沙普利值满足 Hart-Mas-Collel 约简博弈一致性，即

$$\mathrm{Sh}_i(N, f, \{N\}) = \mathrm{Sh}_i(A, f_{(A,\phi)}, \{A\}), \forall A \in \mathcal{P}_0(N), \forall i \in A$$

证明 令 G 满足

$$\mathrm{Sh}_i(N, f, \{N\}) = \mathrm{Sh}_i(A, f_{(A,\phi)}, \{A\}), \forall A \in \mathcal{P}_0(N), \forall i \in A$$

的所有合作博弈构成的集合，下面要证明 $G = \Gamma_N$，分两步完成证明。

第一步：所有的 1-0 承载博弈 $(N, C_{(T,1,0)}, \{N\})_{T \in \mathcal{P}_0(N)}$ 包含在 G 中。我们知道

$$T^c = \mathrm{Null}(N, C_{(T,1,0)}, \{N\}); i \approx_{(N, C_{(T,1,0)}, \{N\})} j, \forall i, j \in T$$

任取 $A \in \mathcal{P}_0(N)$，分以下两种情况讨论。

情形一：如果 $A \cap T = \varnothing$，那么 $A \subseteq T^c$，根据零贡献公理可知

$$\mathrm{Sh}_i(N, f, \{N\}) = 0, \forall i \in A$$

例子 10.5 计算了当 $A \cap T = \varnothing$ 时，Hart-Mas-Collel 约简博弈为 $(A, C_{(T,1,0),A,\mathrm{Sh}} \equiv 0, \{A\})$，所以根据零贡献公理可知

$$\mathrm{Sh}_i(A, C_{(T,1,0),A,\mathrm{Sh}}, \{A\}) = 0, \forall i \in A$$

因此

$$\mathrm{Sh}_i(N, f, \{N\}) = \mathrm{Sh}_i(A, f_{(A,\phi)}, \{A\}), \forall i \in A$$

情形二：$A \cap T \neq \varnothing$，根据前面的定理可知

$$\mathrm{Sh}_i(N, f, \{N\}) = \frac{1}{|T|}, \forall i \in A \cap T; \mathrm{Sh}_i(N, f, \{N\}) = 0, \forall i \in A \cap T^c$$

前面的例子计算了当 $A \cap T \neq \varnothing$ 时，Hart-Mas-Collel 约简博弈为 $(A, C_{(T,1,0),A,Sh}, \{A\})$，其中

$$C_{(T,1,0),A,Sh}(B) = \begin{cases} 1 - \dfrac{|T \setminus A|}{|T|}, & B \supseteq A \cap T \\ 0, & B \not\supseteq A \cap T \end{cases}$$

所以根据对称和零贡献公理可知

$$\mathrm{Sh}_i(A, C_{(T,1,0),A,\mathrm{Sh}}, \{A\}) = \begin{cases} \dfrac{1}{|T|}, & i \in A \cap T \\ 0, & i \in A \cap T^c \end{cases}$$

因此

$$\mathrm{Sh}_i(N, f, \{N\}) = \mathrm{Sh}_i(A, f_{(A,\phi)}, \{A\}), \forall i \in A$$

第二步：$\varGamma_N$ 包含在 G 中。任意取定 $(N, f, \{N\}) \in \varGamma_N$，根据前面的定理可知

$$\exists \boldsymbol{\alpha} = (\alpha_T)_{T \in \mathcal{P}_0(N)}, \mathrm{s.t.} f = \sum_{T \in \mathcal{P}_0(N)} \alpha_T C_{(T,1,0)}$$

因为沙普利值满足线性公理，所以 $\forall i \in A \in \mathcal{P}_0(N)$，可得

$$\begin{aligned}
&\mathrm{Sh}_i(N, f, \{N\}) \\
&= \mathrm{Sh}_i(N, \sum_{T \in \mathcal{P}_0(N)} \alpha_T C_{(T,1,0)}, \{N\}) \\
&= \sum_{T \in \mathcal{P}_0(N)} \alpha_T \mathrm{Sh}_i(N, C_{(T,1,0)}, \{N\}) \\
&= \sum_{T \in \mathcal{P}_0(N)} \alpha_T \mathrm{Sh}_i(A, C_{(T,1,0),A,\mathrm{Sh}}, \{A\}) \\
&= \mathrm{Sh}_i(A, \sum_{T \in \mathcal{P}_0(N)} \alpha_T C_{(T,1,0),A,\mathrm{Sh}}, \{A\}) \\
&= \mathrm{Sh}_i(A, (\sum_{T \in \mathcal{P}_0(N)} \alpha_T C_{(T,1,0)})_{A,\mathrm{Sh}}, \{A\}) \\
&= \mathrm{Sh}_i(A, f_{(A,Sh)}, \{A\}), \forall i \in A \in \mathcal{P}_0(N)
\end{aligned}$$

由此证明了结论。沙普利值满足 Hart-Mas-Collel 约简博弈一致性。■

定理 10.17 假设 N 是一个有限的参与人集合，$\varGamma_N$ 表示 N 上所有具有大联盟结构的合作博弈，如果数值解概念 $\phi: \varGamma_N \to \mathbb{R}^N, \phi(N, f, \{N\}) \in \mathbb{R}^N$ 满足有效、对称和协变公理，并且满足 Hart-Mas-Collel 约简博弈一致性，那么此数值解概念是唯一的，即沙普利值。

证明 需要证明

$$\phi_i(N, f, \{N\}) = \mathrm{Sh}_i(N, f, \{N\}), \forall (N, f, \{N\}), \forall i \in N$$

即利用归纳法计算参与人集合 N 中参与人的个数。

（1）当 $n=1$ 时，根据有效性可得

$$\phi_1(N,f,\{N\})=f(1)=\mathrm{Sh}_1(N,f,\{N\})$$

定理成立。

（2）当 $n=2$ 时，分情况讨论。

情形一：$f(1,2)>f(1)+f(2)$ 时。令 $\boldsymbol{b}=(f(1),f(2))^{\mathrm{T}}$，构造新的博弈：

$$\begin{aligned}&(N,g,\{N\}),g(A)\\=&\frac{1}{f(1,2)-f(1)-f(2)}f(A)-\frac{1}{f(1,2)-f(1)-f(2)}b(A),\forall A\in\mathcal{P}(N)\end{aligned}$$

显然有

$$\begin{aligned}&f(A)=(f(1,2)-f(1)-f(2))g(A)+b(A),\forall A\in\mathcal{P}(N),\\&g(1)=0,g(2)=0,g(1,2)=1\end{aligned}$$

因为解概念是满足有效、对称公理的，所以

$$\phi_1(N,g,\{N\})=\phi_2(N,g,\{N\})=\frac{1}{2}$$

同样因为沙普利值是满足有效、对称公理的，所以

$$\mathrm{Sh}_1(N,g,\{N\})=\mathrm{Sh}_2(N,g,\{N\})=\frac{1}{2}$$

又因为解概念是满足协变公理的，所以有

$$\begin{aligned}&\phi_1(N,f,\{N\})\\=&[f(1,2)-f(1)-f(2)]\phi_1(N,g,\{N\})+b_1\\=&f(1)+\frac{1}{2}(f(1,2)-f(1)-f(2))\\&\phi_2(N,f,\{N\})\\=&[f(1,2)-f(1)-f(2)]\phi_2(N,g,\{N\})+b_2\\=&f(2)+\frac{1}{2}[f(1,2)-f(1)-f(2)]\end{aligned}$$

沙普利值也满足协变公理，因此有

$$\mathrm{Sh}_1(N,f,\{N\})$$

Note

$$
\begin{aligned}
&= [f(1,2)-f(1)-f(2)]\phi_1(N,g,\{N\})+b_1\\
&= f(1)+\frac{1}{2}[f(1,2)-f(1)-f(2)]\\
&\quad \mathrm{Sh}_2(N,f,\{N\})\\
&= [f(1,2)-f(1)-f(2)]\phi_2(N,g,\{N\})+b_2\\
&= f(2)+\frac{1}{2}[f(1,2)-f(1)-f(2)]
\end{aligned}
$$

推得

$$\phi_i(N,f,\{N\})=\mathrm{Sh}_i(N,f,\{N\}),\forall i=1,2$$

情形二："$f(1,2)=f(1)+f(2)$" 和情形三："$f(1,2)<f(1)+f(2)$" 可类似计算，定理成立，并且有

$$\phi_1(N,f,\{N\})-\phi_2(N,f,\{N\})=f(1)-f(2)=\mathrm{Sh}_1(N,f,\{N\})-\mathrm{Sh}_2(N,f,\{N\})$$

（3）假设定理对所有的 $(K,f,\{K\})$ 都成立，其中 $2\leqslant k=|K|<n$，即

$$\phi(K,f,\{K\})=\mathrm{Sh}(K,f,\{K\})$$

下面证明定理对 $(N,f,\{N\})$ 也成立，其中 $|N|=n$，即

$$\phi(N,f,\{N\})=\mathrm{Sh}(N,f,\{N\})$$

任意取定 $i,j\in N$，令 $A=\{i,j\}$，显然有 $i\cup A^c=N\setminus\{j\},j\cup A^c=N\setminus\{i\}$，$(N,f,\{N\})$ 在 A 上的相对于 ϕ 的 Hart-Mas-Collel 约简博弈为 $((i,j),f_{(i,j,\phi)},(i,j))$，其中

$$f_{(i,j,\phi)}(i)=f(N\setminus\{j\})-\sum_{k\neq i,j}\phi_k(N\setminus\{j\},f,\{N\setminus\{j\}\})$$

$$f_{(i,j,\phi)}(j)=f(N\setminus\{i\})-\sum_{k\neq i,j}\phi_k(N\setminus\{i\},f,\{N\setminus\{i\}\})$$

同理，$(N,f,\{N\})$ 在 A 上的相对于解概念沙普利值 Sh 的 Hart-Mas-Collel 约简博弈为

$$((i,j),f_{(i,j,\mathrm{Sh})},(i,j))$$

其中

$$f_{(i,j,\mathrm{Sh})}(i)=f(N\setminus\{j\})-\sum_{k\neq i,j}\mathrm{Sh}_k(N\setminus\{j\},f,\{N\setminus\{j\}\})$$

$$f_{(i,j,\mathrm{Sh})}(j) = f(N \setminus \{i\}) - \sum_{k \neq i,j} \mathrm{Sh}_k(N \setminus \{i\}, f, \{N \setminus \{i\}\})$$

根据归纳假设，我们知道

$$\phi_k(N \setminus \{j\}, f, \{N \setminus \{j\}\}) = \mathrm{Sh}_k(N \setminus \{j\}, f, \{N \setminus \{j\}\}), \forall k \neq j$$
$$\phi_k(N \setminus \{i\}, f, \{N \setminus \{i\}\}) = \mathrm{Sh}_k(N \setminus \{i\}, f, \{N \setminus \{i\}\}), \forall k \neq i$$

可得

$$f_{(i,j,\phi)}(i) = f_{(i,j,\mathrm{Sh})}(i)$$
$$f_{(i,j,\phi)}(j) = f_{(i,j,\mathrm{Sh})}(j)$$

根据（2）中的最后一个公式可得

$$\phi_i((i,j), f_{(i,j,\phi)}, (i,j)) - \phi_j((i,j), f_{(i,j,\phi)}, (i,j)) = f_{(i,j,\phi)}(i) - f_{(i,j,\phi)}(j)$$
$$\mathrm{Sh}_i((i,j), f_{(i,j,\mathrm{Sh})}, (i,j)) - \mathrm{Sh}_j((i,j), f_{(i,j,\mathrm{Sh})}, (i,j)) = f_{(i,j,\mathrm{Sh})}(i) - f_{(i,j,\mathrm{Sh})}(j)$$

可得

$$\phi_i((i,j), f_{(i,j,\phi)}, (i,j)) - \phi_j((i,j), f_{(i,j,\phi)}, (i,j))$$
$$= \mathrm{Sh}_i((i,j), f_{(i,j,\mathrm{Sh})}, (i,j)) - \mathrm{Sh}_j((i,j), f_{(i,j,\mathrm{Sh})}, (i,j))$$

因为解概念 ϕ 满足 Hart-Mas-Collel 约简博弈一致公理，可得

$$\phi_k((i,j), f_{(i,j,\phi)}, (i,j)) = \phi_k(N, f, \{N\}), k = i, j$$

同理沙普利值 Sh 满足 Hart-Mas-Collel 约简博弈一致公理，可得

$$\mathrm{Sh}_k((i,j), f_{(i,j,\mathrm{Sh})}, (i,j)) = \mathrm{Sh}_k(N, f, \{N\}), k = i, j$$

可将

$$\phi_i((i,j), f_{(i,j,\phi)}, (i,j)) - \phi_j((i,j), f_{(i,j,\phi)}, (i,j))$$
$$= \mathrm{Sh}_i((i,j), f_{(i,j,\mathrm{Sh})}, (i,j)) - \mathrm{Sh}_j((i,j), f_{(i,j,\mathrm{Sh})}, (i,j))$$

替换为

$$\phi_i(N, f, \{N\}) - \phi_j(N, f, \{N\}) = \mathrm{Sh}_i(N, f, \{N\}) - \mathrm{Sh}_j(N, f, \{N\})$$

对 j 做加法可得

$$n\phi_i(N,f,\{N\}) - \sum_{j\in N}\phi_j(N,f,\{N\}) = n\mathrm{Sh}_i(N,f,\{N\}) - \sum_{j\in N}\mathrm{Sh}_j(N,f,\{N\})$$

利用有效性可得

$$\sum_{j\in N}\phi_j(N,f,\{N\}) = f(N); \sum_{j\in N}\mathrm{Sh}_j(N,f,\{N\}) = f(N)$$

可得

$$n\phi_i(N,f,\{N\}) - f(N) = n\mathrm{Sh}_i(N,f,\{N\}) - f(N)$$

即

$$\phi_i(N,f,\{N\}) = \mathrm{Sh}_i(N,f,\{N\}), \forall i\in N$$

由此证明了结论。 ■

10.7 一般联盟沙普利值

前面给出了带有大联盟结构的合作博弈的沙普利值，那么如何定义带有一般联盟结构的合作博弈的沙普利值呢？

10.7.1 一般联盟沙普利值的公理体系

定义 10.24 假设 N 是一个有限的参与人集合，$\mathrm{Part}(N)$ 表示 N 上的所有划分，假设 $\tau\in\mathrm{Part}(N)$，任取 $i\in N$，用 A_i 或者 $A_i(\tau)$ 表示在 τ 中的包含 i 的唯一非空子集，

$$\mathrm{Pair}(\tau) = \{\{i,j\}|\ i,j\in N; A_i(\tau) = A_j(\tau)\}$$

表示与划分 τ 对应的伙伴对。τ 中的某个子集可以记为 $A(\tau)$。

定义 10.25 假设 N 是一个有限的参与人集合，Γ_N 表示 N 上所有具有一般联盟结构的合作博弈，假设有一个数值解概念 $\phi:\Gamma_N\to\mathbb{R}^N, \phi(N,f,\tau)\in\mathbb{R}^N$，参与人 $i\in N$，在解概念意义下，参与人 i 获得的分配记为 $\phi_i(N,f,\tau)$，分配向量记为 $\phi(N,f,\tau) = (\phi_i(N,f,\tau))_{i\in N}\in\mathbb{R}^N$。

定义 10.26 (结构有效公理) 假设 N 是一个有限的参与人集合，Γ_N 表示 N 上所有具有一般联盟结构的合作博弈，如果一个数值解概念 $\phi:\Gamma_N\to\mathbb{R}^N, \phi(N,f,\tau)\in\mathbb{R}^N$ 满足

$$\sum_{i\in A}\phi_i(N,f,\tau) = f(A); \forall (N,f,\tau)\in\Gamma_N, \forall A\in\tau$$

那么称其满足结构有效公理。

定义 10.27 假设 N 是一个有限的参与人集合，(N, f, τ) 是一个合作博弈，如果满足

$$\forall A \subseteq N \setminus \{i, j\} \Rightarrow f(A \cup \{i\}) = f(A \cup \{j\})$$

那么参与人 i 和 j 关于 (N, f, τ) 对称，记为 $i \approx_{(N,f,\tau)} j$ 或者简单记为 $i \approx_f j$ 或者 $i \approx j$。

定义 10.28 (限制对称公理) 假设 N 是一个有限的参与人集合，$\mathit{\Gamma}_N$ 表示 N 上所有具有一般联盟结构的合作博弈，如果一个数值解概念 $\phi : \mathit{\Gamma}_N \to \mathbb{R}^N, \phi(N, f, \tau) \in \mathbb{R}^N$ 满足

$$\phi_i(N, f, \tau) = \phi_j(N, f, \tau), \forall (N, f, \tau) \in \mathit{\Gamma}_N, \forall i \approx_f j, \{i, j\} \in \mathrm{Pair}(\tau)$$

那么称其满足限制对称公理。

定义 10.29 (协变公理) 假设 N 是一个有限的参与人集合，$\mathit{\Gamma}_N$ 表示 N 上所有具有一般联盟结构的合作博弈，如果一个数值解概念 $\phi : \mathit{\Gamma}_N \to \mathbb{R}^N, \phi(N, f, \tau) \in \mathbb{R}^N$ 满足

$$\phi(N, \alpha f + \boldsymbol{b}, \tau) = \alpha\phi(N, f, \tau) + \boldsymbol{b}, \forall (N, f, \tau) \in \mathit{\Gamma}_N, \forall \alpha > 0, \boldsymbol{b} \in \mathbb{R}^N$$

称其满足协变公理。

定义 10.30 假设 N 是一个有限的参与人集合，(N, f, τ) 是一个合作博弈，如果满足

$$\forall A \subseteq N \Rightarrow f(A \cup \{i\}) = f(A)$$

那么参与人 i 关于 (N, f, τ) 是零贡献的，记为 $i \in \mathrm{Null}(N, f, \tau)$ 或者简单记为 $i \in \mathrm{Null}$。

定义 10.31 假设 N 是一个有限的参与人集合，(N, f, τ) 是一个合作博弈，如果满足

$$\forall A \subseteq N \setminus \{i\} \Rightarrow f(A \cup \{i\}) = f(A) + f(i)$$

那么参与人 i 关于 (N, f, τ) 是愚蠢的，记为 $i \in \mathrm{Dummy}(N, f, \tau)$ 或者简单记为 $i \in \mathrm{Dummy}$。

定义 10.32 (零贡献公理) 假设 N 是一个有限的参与人集合，$\mathit{\Gamma}_N$ 表示 N 上所有带有一般联盟结构的合作博弈，如果一个数值解概念 $\phi : \mathit{\Gamma}_N \to \mathbb{R}^N, \phi(N, f, \tau) \in \mathbb{R}^N$ 满足

$$\phi_i(N, f, \tau) = 0, \forall (N, f, \tau) \in \mathit{\Gamma}_N, \forall i \in \mathrm{Null}(N, f, \tau)$$

那么称其满足零贡献定理。

定义 10.33 (加法公理)　假设 N 是一个有限的参与人集合，Γ_N 表示 N 上所有具有一般联盟结构的合作博弈，如果一个数值解概念 $\phi:\Gamma_N\to\mathbb{R}^N,\phi(N,f,\tau)\in\mathbb{R}^N$ 满足

$$\phi(N,f+g,\tau)=\phi(N,f,\tau)+\phi(N,g,\tau),\forall(N,f,\tau),(N,g,\tau)\in\Gamma_N$$

那么称其满足加法公理。

定义 10.34 (线性公理)　假设 N 是一个有限的参与人集合，Γ_N 表示 N 上所有具有大联盟结构的合作博弈，如果一个数值解概念 $\phi:\Gamma_N\to\mathbb{R}^N,\phi(N,f,\tau)\in\mathbb{R}^N$ 满足

$$\phi(N,\alpha f+\beta g,\tau)=\alpha\phi(N,f,\tau)+\beta\phi(N,g,\tau),\forall(N,f,\tau),(N,g,\tau)\in\Gamma_N,\forall\alpha,\beta\in\mathbb{R}$$

那么称其满足线性公理。

定义 10.35 (边际单调公理)　假设 N 是一个有限的参与人集合，Γ_N 表示 N 上所有具有一般联盟结构的合作博弈，如果一个数值解概念 $\phi:\Gamma_N\to\mathbb{R}^N,\phi(N,f,\tau)\in\mathbb{R}^N$ 对于任意取定的 $i\in N$ 有

$$\forall(N,f,\tau),(N,g,\tau),\text{s.t.}f(A\cup\{i\})-f(A)\geqslant g(A\cup\{i\})-g(A),\forall A\subseteq N\setminus\{i\}$$

那么称其满足边际单调公理，则一定有

$$\phi_i(N,f,\tau)\geqslant\phi_i(N,g,\tau)$$

定义 10.36 (边际公理)　假设 N 是一个有限的参与人集合，Γ_N 表示 N 上所有具有一般联盟结构的合作博弈，如果一个数值解概念 $\phi:\Gamma_N\to\mathbb{R}^N,\phi(N,f,\tau)\in\mathbb{R}^N$ 对于任意取定的 $i\in N$ 有

$$\forall(N,f,\tau),(N,g,\tau),\text{s.t.}f(A\cup\{i\})-f(A)=g(A\cup\{i\})-g(A),\forall A\subseteq N\setminus\{i\}$$

那么称其满足边际公理，一定有

$$\phi_i(N,f,\tau)=\phi_i(N,g,\tau)$$

10.7.2　一般联盟沙普利值的定义性质

定义 10.37　假设 N 是一个有限的参与人集合，$\Gamma_{N,\tau}$ 表示其上所有具有一般联盟结构 τ 的合作博弈，定义一般联盟沙普利值为 $\text{Sh}_*:\Gamma_{N,\tau}\to\mathbb{R}^N,\phi(N,f,\tau)\in\mathbb{R}^N$，其中

$$\text{Sh}_{*,i}(N,f,\tau)=Sh_i(A_i,f,\{A_i\}),\forall i\in N$$

A_i 是唯一满足 $A_i\in\tau,i\in A_i$ 的子集，Sh 是大联盟沙普利值。

定理 10.18　假设 N 是一个有限的参与人集合，$\Gamma_{N,\tau}$ 表示其上所有具有一般联盟结构 τ 的合作博弈，一般联盟沙普利值 $\mathrm{Sh}_*:\Gamma_{N,\tau}\to\mathbb{R}^N,\phi(N,f,\tau)\in\mathbb{R}^N$ 满足结构有效、限制对称、零贡献和加法公理。

证明　（1）结构有效公理。$\forall A\in\tau$，根据一般联盟沙普利值的定义可得

$$
\begin{aligned}
&\sum_{i\in A}\mathrm{Sh}_{*,i}(N,f,\tau)\\
=&\sum_{i\in A}\mathrm{Sh}_i(A_i,f,\{A_i\})\\
=&\sum_{i\in A}\mathrm{Sh}_i(A,f,\{A\})\\
=&f(A)
\end{aligned}
$$

（2）限制对称公理。假设 $i\approx_{(N,f,\tau)} j,\{i,j\}\in\mathrm{Pair}(\tau)$，根据定义可得

$$
f(B\cup\{i\})=f(B\cup\{j\}),\forall B\subseteq N\setminus\{i,j\};A_i=A_j=:A
$$

特别地，有

$$
f(B\cup\{i\})=f(B\cup\{j\}),\forall B\subseteq A\setminus\{i,j\};A_i=A_j=:A
$$

即

$$
i\approx_{(A,f,\{A\})} j
$$

因此根据大联盟沙普利值的定义和性质可得

$$
\begin{aligned}
&\mathrm{Sh}_{*,i}(N,f,\tau)\\
=&\mathrm{Sh}_i(A_i,f,\{A_i\})\\
=&\mathrm{Sh}_i(A,f,\{A\})\\
=&\mathrm{Sh}_j(A,f,\{A\})\\
=&\mathrm{Sh}_j(A_j,f,\{A_j\})\\
=&\mathrm{Sh}_{*,j}(N,f,\tau)
\end{aligned}
$$

（3）零贡献公理。假设 $i\in\mathrm{Null}(N,f,\tau),i\in A_i(\tau)$，根据定义可得

$$
f(B\cup\{i\})=f(B),\forall B\subseteq N
$$

特别地，有

$$
f(B\cup\{i\})=f(B),\forall B\subseteq A_i
$$

因此一定有

$$i \in \mathrm{Null}(A_i, f, \{A_i\})$$

根据一般联盟沙普利值的定义可得

$$\begin{aligned}&\mathrm{Sh}_{*,i}(N, f, \tau)\\ =&\ \mathrm{Sh}_i(A_i, f, \{A_i\})\\ =&\ 0\end{aligned}$$

（4）加法公理。$(N, f, \tau), (N, g, \tau)$ 是两个具有相同一般联盟结构的合作博弈，根据一般联盟沙普利值的定义可得，取定 $i \in N$，假设 $i \in A_i$，根据大联盟沙普利值的定义可得

$$\begin{aligned}&\mathrm{Sh}_{*,i}(N, f+g, \tau)\\ =&\ \mathrm{Sh}_i(A_i, f+g, \{A_i\})\\ =&\ \mathrm{Sh}_i(A_i, f, \{A_i\}) + Sh_i(A_i, g, \{A_i\})\\ =&\ \mathrm{Sh}_{*,i}(N, f, \tau) + Sh_{*,i}(N, g, \tau)\end{aligned}$$

由此证明了结论。■

定义 10.38 假设 N 是一个有限的参与人集合，任取 $A \in \mathcal{P}_0(N), \tau \in \mathrm{Part}(N)$，定义 A 上的带有一般联盟结构 τ 的 1-0 承载博弈为 $(N, C_{(A,1,0)}, \tau)$：

$$C_{(A,1,0)}(B) = \begin{cases} 1, & A \subseteq B \\ 0, & \text{其他} \end{cases}$$

定义 10.39 假设 N 是一个有限的参与人集合，任取 $A \in \mathcal{P}_0(N), \alpha \in \mathbb{R}, \tau \in \mathrm{Part}(N)$，定义 A 上的带有一般联盟结构 τ 的 α-0 承载博弈为 $(N, C_{(A,\alpha,0)}, \tau)$：

$$C_{(A,\alpha,0)}(B) = \begin{cases} \alpha, & A \subseteq B \\ 0, & \text{其他} \end{cases}$$

定理 10.19 假设 N 是一个有限的参与人集合，$\Gamma_{N,\tau}$ 表示 N 上所有具有一般联盟结构 τ 的合作博弈，(N, f, τ) 是一个合作博弈，那么它是有限个带有一般联盟结构 τ 的 1-0 承载博弈的线性组合。

证明 固定一般联盟结构 $\tau \in \{\mathrm{Part}\}(\mathrm{N})$，根据合作博弈的向量表示，可知 $\Gamma_{N,\tau}$ 是一个线性空间，并且

$$\Gamma_N \cong \mathbb{R}^{2^n-1}$$

因此只需要证明 $(N, C_{(A,1,0)}, \tau), A \in \mathcal{P}_0(N)$ 构成了 Γ_N 的基。如不然，那么必定有

$$\exists \boldsymbol{\alpha} = (\alpha_A)_{A\in\mathcal{P}_0(N)} \neq 0, \text{s.t.} \sum_{A\in\mathcal{P}_0(N)} \alpha_A C_{(A,1,0)}(B) = 0, \forall B \in \mathcal{P}(N)$$

令

$$\eta = \{A|\ A \in \mathcal{P}_0(N); \alpha_A \neq 0\}$$

因为 $\boldsymbol{\alpha} \neq \mathbf{0}$，所以 $\eta \neq \varnothing$，按照集合的包含关系，取定 B_0 是 η 中的极小集合，即 η 中的其他集合严格没有被它包含。需要证明

$$\sum_{A\in\mathcal{P}_0(N)} \alpha_A C_{(A,1,0)}(B_0) \neq 0$$

从而产生矛盾。根据前面的推导可知

$$\begin{aligned}
&\sum_{A\in\mathcal{P}_0(N)} \alpha_A C_{(A,1,0)}(B_0) \\
=& \sum_{A\in\mathcal{P}_0(N), A\subset B_0} \alpha_A C_{(A,1,0)}(B_0) \\
&+ \alpha_{B_0} C_{(B_0,1,0)}(B_0) + \sum_{A\in\mathcal{P}_0(N), A\not\subseteq B_0} \alpha_A C_{(A,1,0)}(B_0)
\end{aligned}$$

因为 $B_0 = \min \eta$，所以一定有

$$\forall A \in \mathcal{P}_0(N), A \subset B_0, \alpha_A = 0$$

根据带有一般联盟结构 τ 的 1-0 承载博弈的定义可知

$$\forall A \in \mathcal{P}_0(N), A \not\subseteq B_0, C_{(A,1,0)}(B_0) = 0$$

综合可得

$$\begin{aligned}
&\sum_{A\in\mathcal{P}_0(N)} \alpha_A C_{(A,1,0)}(B_0) \\
=& \sum_{A\in\mathcal{P}_0(N), A\subset B_0} \alpha_A C_{(A,1,0)}(B_0) \\
&+ \alpha_{B_0} C_{(B_0,1,0)}(B_0) + \sum_{A\in\mathcal{P}_0(N), A\not\subseteq B_0} \alpha_A C_{(A,1,0)}(B_0) \\
=& \alpha_{B_0} C_{(B_0,1,0)}(B_0) = \alpha_{B_0} \neq 0
\end{aligned}$$

从而产生矛盾。因此 $(N, C_{(A,1,0)}, \tau), A \in \mathcal{P}_0(N)$ 构成了 $\Gamma_{N,\tau}$ 的基，因此任何一个合作博弈 (N, f, τ) 都可以表示为有限个承载博弈的线性组合。由此证明了结论。 ■

定理 10.20 假设 N 是一个有限的参与人集合，$\Gamma_{N,\tau}$ 表示 N 上所有具有一般联盟结构 τ 的合作博弈，$(N, C_{(T,\alpha,0)}, \tau), T \neq \varnothing$ 为 T 上的 α-0 承载博弈，假设 $\phi : \Gamma_{N,\tau} \to \mathbb{R}^N, \phi(N, f, \tau) \in \mathbb{R}^N$ 是一个数值解概念，满足结构有效、限制对称、零贡献公理，那么有

$$\phi_i(N, C_{(T,\alpha,0)}, \tau) = \begin{cases} \dfrac{\alpha}{|T|}, & i \in T, \exists A \in \tau, \text{s.t.} T \subseteq A \\ 0, & i \notin T \text{ 或 } \forall A \in \tau, T \nsubseteq A \end{cases}$$

证明 （1）在博弈 $(N, C_{(T,\alpha,0)}, \tau)$ 中，$\forall i \notin T$，参与人 i 是零贡献的。因为 $\forall B \in \mathcal{P}(N)$

$$T \subseteq B \cup \{i\} \Leftrightarrow T \subseteq B$$

所以一定有

$$\forall B \in \mathcal{P}(N), \forall i \notin T, C_{(T,\alpha,0)}(B \cup \{i\}) = C_{(T,\alpha,0)}(B)$$

根据定义可得

$$\forall i \notin T, i \in \text{Null}(N, C_{(T,,\alpha,0)}, \tau)$$

因为数值解概念 ϕ_i 满足零贡献公理，所以一定有

$$\forall i \notin T, \phi_i(N, C_{(T,\alpha,0)}, \tau) = 0$$

（2）在博弈 $(N, C_{(T,\alpha,0)}, \tau)$ 中，如果 $\forall A \in \tau, T \nsubseteq A$，那么一定有

$$\forall i \in N, \phi_i(N, C_{(T,\alpha,0)}, \tau) = 0$$

在（1）中已经证明了

$$\forall i \notin T, \phi_i(N, C_{(T,\alpha,0)}, \tau) = 0$$

因此只需证明

$$\forall i \in T, \phi_i(N, C_{(T,\alpha,0)}, \tau) = 0$$

假设 $i \in T$，将 $A_i(\tau)$ 中的参与人分为两个部分：

$$A_i(\tau) \cap T^c, A_i(\tau) \cap T$$

对于第一部分中的参与人 $j \in A_i(\tau) \cap T^c$，已知

$$\forall j \in A_i(\tau) \cap T^c, \phi_j(N, C_{(T,\alpha,0)}, \tau) = 0$$

接下来计算第二部分中的参与人的分配值。取定 $j \in A_i(\tau) \cap T$，显然 $T \not\subseteq A_i(\tau)$，任取 $B \subseteq N \setminus \{i,j\}$，因为 $i,j \in T; i,j \notin B$ 可得

$$T \not\subseteq B \cup \{i\}, T \not\subseteq B \cup \{j\}$$

根据承载博弈的定义可知

$$C_{(T,\alpha,0)}(B \cup \{i\}) = 0 = C_{(T,\alpha,0)}(B \cup \{j\})$$

即

$$i,j \in \text{Pair}(\tau), i \approx_{C_{(T,\alpha,0)}} j$$

所以根据解概念的限制对称性可得

$$\phi_i(N, C_{(T,\alpha,0)}, \tau) = \phi_j(N, C_{(T,\alpha,0)}, \tau)$$

综合起来得到

$$\begin{aligned}
&\phi_i(N, C_{(T,\alpha,0)}, \tau) = 0, \forall i \in T^c \\
&\phi_i(N, C_{(T,\alpha,0)}, \tau) = \phi_j(N, C_{(T,\alpha,0)}, \tau), \forall i,j \in A(\tau) \cap T \\
&\sum_{i \in A(\tau)} \phi_i(N, C_{(T,\alpha,0)}, \tau) \\
=& \sum_{i \in A(\tau) \cap T^c} \phi_i(N, C_{(T,\alpha,0)}, \tau) + \sum_{i \in A(\tau) \cap T} \phi_i(N, C_{(T,\alpha,0)}, \tau) \\
=& |A(\tau) \cap T| \phi_i(N, C_{(T,\alpha,0)}, \tau) \\
=& C_{(T,\alpha,0)}(A(\tau)) = 0
\end{aligned}$$

因此当 T 满足 $\forall A \in \tau, T \not\subseteq A$ 时，

$$\forall i \in N, \phi_i(N, C_{(T,\alpha,0)}, \tau) = 0$$

（3）在博弈 $(N, C_{(T,\alpha,0)}, \tau)$ 中，如果 $\exists A \in \tau, \text{s.t.} T \subseteq A$，那么一定有

$$\forall i \in T^c, \phi_i(N, C_{(T,\alpha,0)}, \tau) = 0$$
$$\forall i \in T, \phi_i(N, C_{(T,\alpha,0)}, \tau) = \frac{\alpha}{|T|}$$

Note

在（1）中，已经证明了

$$\forall i \in T^c, \phi_i(N, C_{(T,\alpha,0)}, \tau) = 0$$

因此只需证明此时

$$\forall i \in T, \phi_i(N, C_{(T,\alpha,0)}, \tau) = \frac{\alpha}{|T|}$$

假设 $i \in T$，因为 $T \subseteq A$，因此将 A 中的参与人分为两个部分：

$$A \cap T^c, A \cap T$$

对于第一部分中的参与人 $j \in A \cap T^c$，已知

$$\forall j \in A \cap T^c, \phi_j(N, C_{(T,\alpha,0)}, \tau) = 0$$

接下来计算第二部分中的参与人的分配值。取定 $j \in A \cap T = T$，显然 $T \subseteq A$，任取 $B \subseteq N \setminus \{i, j\}$，因为 $i, j \in T; i, j \notin B$ 可得

$$T \not\subseteq B \cup \{i\}, T \not\subseteq B \cup \{j\}$$

根据承载博弈的定义可知

$$C_{(T,\alpha,0)}(B \cup \{i\}) = 0 = C_{(T,\alpha,0)}(B \cup \{j\})$$

即

$$i, j \in \mathrm{Pair}(\tau), i \approx_{C_{(T,\alpha,0)}} j$$

所以根据解概念的限制对称性可得

$$\phi_i(N, C_{(T,\alpha,0)}, \tau) = \phi_j(N, C_{(T,\alpha,0)}, \tau)$$

综合可得

$$\begin{aligned}
&\phi_i(N, C_{(T,\alpha,0)}, \tau) = 0, \forall i \in T^c \\
&\phi_i(N, C_{(T,\alpha,0)}, \tau) = \phi_j(N, C_{(T,\alpha,0)}, \tau), \forall i, j \in T \\
&\sum_{i \in A} \phi_i(N, C_{(T,\alpha,0)}, \tau) \\
= &\sum_{i \in A \cap T^c} \phi_i(N, C_{(T,\alpha,0)}, \tau) + \sum_{i \in A \cap T} \phi_i(N, C_{(T,\alpha,0)}, \tau) \\
= &|T| \phi_i(N, C_{(T,\alpha,0)}, \tau)
\end{aligned}$$

$$= C_{(T,\alpha,0)}(A(\tau)) = \alpha$$

因此当 T 如果满足 $\exists A \in \tau, \text{s.t.} T \subseteq A$，那么一定有

$$\forall i \in T^c, \phi_i(N, C_{(T,\alpha,0)}, \tau) = 0$$

$$\forall i \in T, \phi_i(N, C_{(T,\alpha,0)}, \tau) = \frac{\alpha}{|T|}$$

由此证明了结论。■

定理 10.21　假设 N 是一个有限的参与人集合，$\Gamma_{N,\tau}$ 表示 N 上所有具有一般联盟结构 τ 的合作博弈，如果一个数值解概念 $\phi: \Gamma_N \to \mathbb{R}^N, \phi(N, f, \tau) \in \mathbb{R}^N$ 满足结构有效、限制对称、零贡献和加法公理，那么一般联盟沙普利值必定存在且唯一。

证明　（1）一般联盟沙普利值 Sh_* 满足结构有效、限制对称、零贡献和加法公理，所以已经解决定理中的存在性部分。

（2）下证这个解概念是唯一的。因为 $\Gamma_{N,\tau}$ 具有线性结构：

$$\Gamma_{N,\tau} \cong \mathbb{R}^{2^n-1}$$

并且

$$(N, C_{(T,1,0)}, \tau)_{T \in \mathcal{P}_0(N)}$$

是基，因此任意取定 $(N, f, \tau) \in \Gamma_{N,\tau}$，有

$$\exists \boldsymbol{\alpha} = (\alpha_T)_{T \in \mathcal{P}_0(N)}, \text{s.t.} f(B) = \sum_{T \in \mathcal{P}_0(N)} C_{(T,\alpha_T,0)}(B), \forall B \in \mathcal{P}(N)$$

解概念 ϕ 满足加法公理，一般联盟沙普利值也满足加法公理，因此一定有

$$\phi_i(N, f, \tau) = \sum_{T \in \mathcal{P}_0(N)} \phi_i(N, C_{(T,\alpha_T,0)}, \tau)$$

$$Sh_{*,i}(N, f, \tau) = \sum_{T \in \mathcal{P}_0(N)} \text{Sh}_{*,i}(N, C_{(T,\alpha_T,0)}, \tau)$$

要验证

$$\phi(N, f, \tau) = \text{Sh}_*(N, f, \tau), \forall (N, f, \tau) \in \Gamma_{N,\tau}$$

只需验证

$$\phi(N, C_{(T,\alpha,0)}, \tau) = \text{Sh}_*(N, C_{(T,\alpha,0)}, \tau), \forall T \in \mathcal{P}_0(N)$$

Note

根据上面的定理可知

$$\phi_i(N, C_{(T,\alpha,0)}, \tau) = \begin{cases} \dfrac{\alpha}{|T|}, & i \in T, \exists A \in \tau, \text{s.t.} T \subseteq A \\ 0, & i \notin T \text{ 或 } \forall A \in \tau, T \nsubseteq A \end{cases}$$

和

$$\text{Sh}_{*,i}(N, C_{(T,\alpha,0)}, \tau) = \begin{cases} \dfrac{\alpha}{|T|}, & i \in T, \exists A \in \tau, \text{s.t.} T \subseteq A \\ 0, & i \notin T \text{ 或 } \forall A \in \tau, T \nsubseteq A \end{cases}$$

因此

$$\phi(N, C_{(T,\alpha,0)}, \tau) = \text{Sh}_*(N, C_{(T,\alpha,0)}, \tau), \forall T \in \mathcal{P}_0(N)$$

综上可得

$$\phi(N, f, \tau) = \text{Sh}_*(N, f, \tau), \forall (N, f, \tau) \in \mathit{\Gamma}_{N,\tau}$$

由此证明了结论。 ■

对于具有大联盟结构的合作博弈，我们定义了 Hart-Mas-Collel 约简博弈；同样对于具有一般联盟结构的合作博弈，也可以定义与联盟结构有关系的 Hart-Mas-Collel 约简博弈。

定义 10.40 假设 N 是有限的参与人集合，(N, f, τ) 为一个带有联盟结构的 TUCG，$S \in \mathcal{P}_0(N)$ 是一个非空子集，S 诱导的带有联盟结构的子博弈记为

$$(S, f, \tau_S), \tau_S = \{A \cap S | \forall A \in \tau\} \setminus \{\varnothing\}$$

定义 10.41 假设 N 是一个有限的参与人集合，$\mathit{\Gamma}_{N,\tau}$ 表示 N 上所有具有一般联盟结构 τ 的合作博弈，假设有一个数值解概念 $\phi: \mathit{\Gamma}_{N,\tau} \to \mathbb{R}^N, \phi(N, f, \{\tau\}) \in \mathbb{R}^N$，$A \in \mathcal{P}_0(N), \exists R \in \tau, \text{s.t.} A \subseteq R$，此时 $\tau_A = \{A\}$，固定一个博弈 (N, f, τ)，那么 (N, f, τ) 在 A 上的相对于 ϕ 的 Hart-Mas-Collel 结构约简博弈定义为 $(A, f^{\tau}_{(A,\phi)}, \{A\})$，其中

$$\begin{aligned} & f^{\tau}_{(A,\phi)}(B) \\ = & \begin{cases} f(B \cup (R \setminus A)) - \sum\limits_{i \in A^c} \phi_i(B \cup (R \setminus A), f, \{B \cup (R \setminus A)\}), & B \in \mathcal{P}_0(A) \\ 0, \quad B = \varnothing \end{cases} \end{aligned}$$

定义 10.42 假设 N 是一个有限的参与人集合，$\mathit{\Gamma}_{N,\tau}$ 表示 N 上所有具有一般联盟结构 τ 的合作博弈，如果一个数值解概念 $\phi: \mathit{\Gamma}_{N,\tau} \to \mathbb{R}^N, \phi(N, f, \{\tau\}) \in \mathbb{R}^N$，满足任取 $A \in \mathcal{P}_0(N)$ 且 $\exists R \in \tau, \text{s.t.} A \subseteq R$ 有

$$\phi_i(N, f, \tau) = \phi_i(A, f^{\tau}_{(A,\phi)}, \{A\}), \forall i \in A, \forall (N, f, \tau) \in \mathit{\Gamma}_{N,\tau}$$

那么称其满足 Hart-Mas-Collel 结构约简博弈性质。

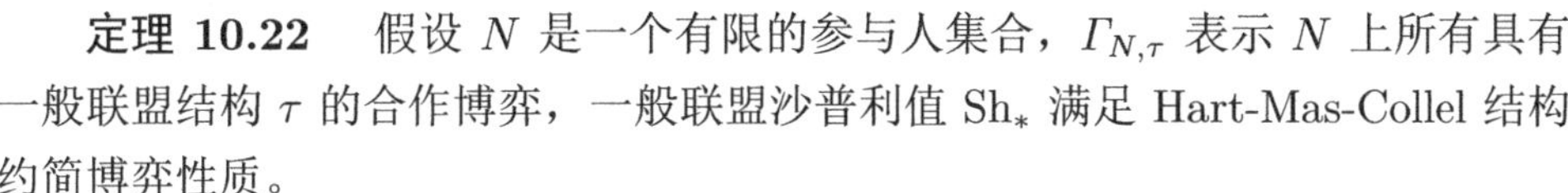

定理 10.22 假设 N 是一个有限的参与人集合，$\Gamma_{N,\tau}$ 表示 N 上所有具有一般联盟结构 τ 的合作博弈，一般联盟沙普利值 Sh_* 满足 Hart-Mas-Collel 结构约简博弈性质。

证明 根据一般联盟沙普利值的定义可知

$$\mathrm{Sh}_{*,i}(N,f,\tau)=\mathrm{Sh}_i(A_i,f,\{A_i\}),\forall i\in N$$

因此我们构造新的博弈 $(R,f,R),\forall R\in\tau$，已知经典的沙普利值满足 Hart-Mas-Collel 约简博弈性质，即

$$\mathrm{Sh}_i(R,f,\{R\})=\mathrm{Sh}_i(A,f_{(A,\mathrm{Sh})},\{A\}),\forall i\in A,\forall A\in\mathcal{P}_0(R)$$

根据定义可知，任取 $A\in\mathcal{P}_0(N)$ 且 $\exists R\in\tau,\mathrm{s.t.}A\subseteq R$，那么根据定义可知

$$(A,f^{\tau}_{(A,\phi)},\{A\})=(A,f_{(A,\phi)},\{A\})$$

此时 $A,f_{(A,\phi)},\{A\})$ 是 $(R,f,\{R\})$ 的 Hart-Mas-Collel 约简博弈，因此一定有

$$\begin{aligned}&\mathrm{Sh}_{*,i}(N,f,\tau)\\=&\mathrm{Sh}_i(A_i,f,\{A_i\})\\=:&\mathrm{Sh}_i(R,f,\{R\})\\=&\mathrm{Sh}_i(A,f_{(A,\mathrm{Sh})},\{A\})\\=&\mathrm{Sh}_i(A,f^{\tau}_{(A,\mathrm{Sh})},\{A\})\\=&\mathrm{Sh}_{*,i}(A,f^{\tau}_{(A,\mathrm{Sh})},\{A\}),\forall i\in A\end{aligned}$$

由此证明了结论。 ■

定理 10.23 假设 N 是一个有限的参与人集合，$\Gamma_{N,\tau}$ 表示 N 上所有具有一般联盟结构 τ 的合作博弈，如果一个数值解概念 $\phi:\Gamma_{N,\tau}\to\mathbb{R}^N,\phi(N,f,\{\tau\})\in\mathbb{R}^N$ 满足结构有效、限制对称、协变公理和 Hart-Mas-Collel 结构约简博弈性质，那么 ϕ 即为 Sh_*。

证明 固定 (N,f,τ)，考虑具有大联盟的合作博弈：

$$(R,f,R),\forall R\in\tau$$

解概念 $\phi:\Gamma_{N,\tau}\to\mathbb{R}^N,\phi(N,f,\{\tau\})\in\mathbb{R}^N$ 满足结构有效、限制对称、协变公理以及 Hart-Mas-Collel 结构约简博弈性质，即解概念 ϕ 在每个 $(R,f,\{R\})$ 上满足有

效、对称、协变公理和 Hart-Mas-Collel 约简博弈性质，因此在每个 $(R, f, \{R\})$ 上解概念 ϕ 即为经典的沙普利值 Sh，所以有

$$\phi_i(N, f, \tau) = \mathrm{Sh}_i(A_i, f, \{A_i\})$$

即

$$\phi(N, f, \tau) = \mathrm{Sh}_*(N, f, \tau), \forall(N, f, \tau) \in \Gamma_{N,\tau}$$

由此证明了结论。 ■

10.8 沙普利-舒比克权力指数

沙普利-舒比克权力指数是沙普利和舒比克在 1954 年的文章“评价委员会中权力分布的一个方法”中提出的，而该权力指数是基于沙普利值（Shapley value）的。纳什均衡是非合作博弈中的核心概念，而沙普利值是合作博弈（或联盟博弈）中的最重要的概念。

下面考虑这样一个合作博弈：假定财产为 100 万元，这 100 万元在三个人之间进行分配。a 拥有 50% 的票，b 拥有 40% 的票，c 拥有 10% 的票。规定只有超过 50% 的票认可某种方案才能获得整个财产，否则三人将一无所获。

任何人的票都不超过 50%，从而不能单独决定财产的分配。要超过 50% 的票必须形成联盟，即任何人的权力都不是决定性的，也没有一个人无权力或权力为 0。

此时财产应当按票分配吗？若按票分配，则 a、b、c 的财产分配比例分别为 50%、40%、10%，c 可以提出这样的方案：a、b、c 的财产分配比例分别为 70%、0、30%。这个方案能被 a、c 接受，因为对 a、c 来说这是一个比按票分配方案有明显改进的方案，尽管 b 被排除出去，但是 a、c 的票构成大多数，占 60%。

在这样的情况下，b 会向 a 提出方案：a、b、c 的财产分配比例分别为 80%、20%、0。此时 a 和 b 所得财产均高于 c 提出的方案，c 则一无所有，但 a、b 票的总和占大多数（90%）。

这样的过程可以一直进行下去。在这个过程中，理性的人会形成联盟 ab、ac 或 abc。但能够形成哪个联盟呢？最终的分配结果应该是怎样的呢？

沙普利提出了一种分配方式，根据他的理论求得的联盟者的先验实力被称为沙普利值。

沙普利值是指在各种可能的联盟顺序下参与者对联盟的边际贡献之和除以各种可能的联盟组合。

在财产分配问题上，可以写出各种可能的联盟顺序，而在这个顺序中联盟的关键加入者的边际贡献就为 100 万元。由此得出 a、b、c 的沙普利值分别为 $\phi(1) = 4/6, \phi(b) = 1/6, \phi(c) = 1/6$。

沙普利值是先验实力的一种度量，可以根据沙普利值来划分财产。按照沙普利值，a、b、c 的财产分配比例分别为 2/3、1/6、1/6，单位为百万元。

根据沙普利值的定义，所有排列的顺序是等可能的。而在每一个排列下，每个参与者对这个排列的联盟有一个边际贡献。在投票博弈中，这个值反映的是参与者与其他参与者结成联盟的可能性，因此沙普利值反映的是参与者的“权力”。沙普利值用于权力分析时，便得到了沙普利-舒比克权力指数。

10.9　人物故事：沙普利

10.9.1　人物简历

罗伊德·沙普利（Lloyd Shapley）于 1923 年出生在美国马萨诸塞州剑桥市，1943 年进入哈佛大学学习，1943 年至 1945 年加入美国陆军航空部队在成都支援中国抗战，战争结束后返回哈佛大学取得了数学学士学位，1948 年沙普利进入兰德公司工作，1953 年至 1954 年在美国普林斯顿大学学习并取得博士学位，1954 年重回兰德公司，1981 年任美国加利福尼亚大学洛杉矶分校教授。沙普利在整个学术生涯中获得了很多荣誉，1979 年当选为美国国家科学院院士，1981 年获得约翰·冯·诺依曼理论奖，1986 年被授予耶路撒冷希伯来大学名誉博士，2012 年沙普利与艾文·罗斯共同获得诺贝尔经济学奖。

10.9.2　学术贡献

沙普利早期在矩阵博弈上的研究十分深入，以至于此后该理论几乎未有补充。他对于效用理论的发展意义重大，为冯·诺依曼-摩根斯坦稳定集存在问题的解决奠定了基础，他在非合作博弈论及长期竞争理论方面的研究均对经济学论产生了巨大影响。20 世纪 40 年代，在诺依曼和摩根斯坦之后，沙普利被称为博弈论领域最出色的学者。他的博士后论文深入研究了埃奇沃斯的理论，并在博弈论中提出了沙普利价值和核心的解概念。在 80 岁高龄之际，沙普利在学术上仍有产出，如多人效用和权力分配理论。

沙普利的主要贡献有沙普利值、随机博弈论、邦德让娃-沙普利规则、沙普利-舒比克权力指数、盖尔-沙普利运算法则、势博弈论、奥曼-沙普利定价理论、海萨尼-沙普利解概念、沙普利-法克曼定理。

Note

10.9.3 中国情结

谈及沙普利，许多中国学者会对他有天然的亲切感，主要因为他曾经在中国的土地上与中国人民并肩抗击过日本侵略军。1943 年，作为哈佛大学数学系的本科生，他应征入伍成为一名空军中士，并很快奔赴成都战区。当时，沙普利就展现出卓越的数学天赋，曾因为破解气象密码获得铜星勋章。

在战争结束后，沙普利回到哈佛大学继续念书，在 1948 年取得数学学士学位，随后进入普林斯顿大学数学系，一路念到博士毕业，他的博士导师也是纳什的导师：塔克教授。此后，他长期在美国著名的“战略思想库”兰德公司工作，1981 年后，他一直担任美国加利福尼亚大学洛杉矶分校的数学和经济系教授。

2002 年 8 月 14 日至 17 日，沙普利因为参加青岛大学承办的“2002 国际数学家大会‘对弈论及其应用’卫星会议”，再次来到中国。青岛大学作为会议组织者，至今还留着一份为沙普利办理入境签证时青岛市政府出具的邀请函原件。沙普利被誉为博弈论的无冕之王，精通博弈论，但却不太喜欢现代的信息技术，不喜欢使用电子邮件与别人沟通。昔日的英武少年已成为一个科学“老顽童”，他不拘小节，时常突然“消失”，会议组织方的十几个学生找到他时，才发现 79 岁的教授没有回宾馆，竟然在大厅的沙发上睡了，而且一睡就是 3 个小时。在青岛之行，沙普利再次讲述起他与中国将近 70 年的缘份时，依然激动。

第11章

博弈论进阶学习

Note

博弈论从 1944 年成为一门科学理论以来，在 20 世纪得到蓬勃发展。1994 年纳什、泽尔腾、海萨尼三位博弈论大师获得诺贝尔经济学奖，标志着博弈论的理论发展达到了一个顶峰，同时也预示着博弈论的发展进入了一个瓶颈期，博弈论假设参与人绝对理性、绝对智能的弊端也暴露无遗，以纳什均衡为代表的均衡解概念体系无法解释诸多现象，以上种种都鞭策我们不仅要在数学理论上发展更符合实际的新博弈模型，也需要在应用上扩展博弈论的适用范围。

11.1 不确定博弈论

确定性是世界的偶然现象，不确定性是世界的普遍现象。不确定性不仅表现在自然世界的事件发生规律之中，也表现在人类世界的事件发生规律之中，如决策者因为外部环境、自身心理和群体行为等因素而出现决策波动或者可预测性弱化的现象。

自然世界的不确定事件在孤立的情况下基本上没有规律可循，但是通过大样本的统计分析，人类很早就发现不确定事件的发生频率总是在某个固定的数值附近波动，古典概率论应运而生。经过大量的积累研究，20 世纪初期，数学家科尔莫哥洛夫在公理意义上为现代概率论奠定了基础，突破了古典概率论建立在经验和直觉基础上的不可靠性，基于集合论和测度构建了可靠的概率论框架。科尔莫哥洛夫的工作分两步完成，第一步是构建测度空间，第二步是在测度空间上构建概率测度。科尔莫哥洛夫将某一个测度空间中的元素解释为随机事件，即在某一个随机试验或者观察中可能发生的事件。随机事件满足代数的三条运算规则，对古典概率论中基于经验的事件运算规则进行了精确化。频率是古典概率论的中心概念，科尔莫哥洛夫将频率进一步发展为概率测度。

科尔莫哥洛夫通过概率测度将古典概率论中的频率概念变为概率测度的特殊情形，在理论的深度和概念适用的广度上实现了巨大的突破。通过进一步的研究，古典概率论成为现代概率论的特殊情形。科尔莫哥洛夫创立的现代概率论在处理自然世界的不确定性方面取得了巨大的成功，现在已经成为不确定性处理的标准

模型，在包括人文社会科学的多个领域中得到广泛应用，当前博弈论处理不确定性时也采用概率模型。

基于大样本统计的现代概率论无疑是处理不确定性的首要选择，与现代概率论不一致的不确定现象，或者说概率论无法对这些不确定现象进行比较理想的解释和建模，促使很多专家学者重新审视概率论的适用范围，构建新的理论架构来解释不确定现象。除了概率论外，当前比较成功的不确定理论包括模糊理论、区间数理论和信念度理论。

20 世纪 60 年代，扎德尔研究控制论中的不确定现象时，扩张了传统的集合理论，规定了每个元素对于集合的隶属度，由传统的二值性突破为区间的多值性，即每个元素对于集合的隶属度可以是介于区间中的某一个数，这种理论称为模糊理论。模糊理论的创立在数学、控制和计算机学界引起了巨大反响和争议，数学界对此比较消极和否定，控制和计算机学界对此比较积极和肯定。随后模糊拓扑、模糊推理、模糊控制、模糊计算等概念和理论得以构建和发展，实现了模糊电器的制造。学者从扎德尔模糊集的定义出发，基于决策经验和数学上的扩展经验，推广了模糊集的定义，不仅定义了集合的隶属度函数，也定义了集合的非隶属度函数，在一定的条件下，二者共同作用产生了直觉模糊集的推广。

当前模糊理论已经成为数学和信息科学的重要分支，受到学术界和工业界的认可，为不确定现象的建模提供了重要选择，这使得概率论不再是唯一的选项，而且在很多重要的应用场合中具有概率论无法比拟的优势。

除了概率论和模糊理论，当前处理不确定现象的另一重要理论是区间数理论，该理论的基本思想是人的认知不一定是一个精确的数值，而是在一个区间之中，下确界代表决策者认知的底线，上确界代表决策者认知的顶线。传统的精确的数值可以按照数值的大小关系确定排序，若是区间数则有排序方面的困难，这就是区间数理论的中心课题。

除概率论、模糊理论、区间数理论以外，2007 年清华大学的刘宝碇教授从人类决策的范式出发，总结概率论、模糊理论的优点和缺点，建立了信念度理论，给出了公理化刻画，并迅速将信念度理论应用于控制、优化、逻辑、推理、方程、过程、金融等领域，产生了丰硕的成果和广泛的影响力，也得到了国际学术界的认可，目前已有信念度研究的国际领先团队。信念度理论的出发点是测度空间及其信念测度。

综上，概率论、模糊理论、区间数理论和信念度理论是刻画不确定现象的四大理论框架，其中，概率论在刻画自然世界的不确定性方面具有无可比拟的优势，模糊理论、区间数理论和信念度理论在刻画人类世界的不确定性方面具有概率论不可替代的优势，四大理论各具优势，也有其适应性方面的边界。

传统的博弈论在处理不确定现象时采用的理论框架是概率论，这种处理方式

Note

具有明显的逻辑上的缺陷，博弈论的决策主体是具有绝对智能和绝对理性的人类，对于人类决策的不确定现象，大量的事实表明，概率论的框架具有精度和逻辑上的不完备性，越来越多的学者将目光转向模糊理论、区间数理论和信念度理论与博弈论的结合，构建更加精确的人类决策不确定现象，这样的研究方向统称为不确定博弈论。对于非合作博弈的四大模型，不确定博弈论在三个方面进行了较大的改进，一是将参与人纯粹策略由经典的概率论扩展至模糊理论、区间数理论和信念度理论，二是将参与人基于概率论的贝叶斯推理扩展为基于模糊理论、区间数理论和信念度理论的推理范式，三是将参与人的盈利函数由基于概率论的期望理论扩展为基于模糊理论、区间数理论和信念度理论的期望盈利。

对于合作博弈的三大模型，不确定博弈论在两个方面进行了较大的改进。一是传统合作博弈的联盟是经典集合论意义下参与人集合的子集，在不确定博弈的情形下，模糊集和信念集突破了传统的制约，将联盟的意义推广到一般情形并给出了经济学和决策学的解释；二是传统合作博弈的联盟创造的财富只能用一个具体的数值或者一个经典集合来表示，在不确定博弈的情形下，突破了传统的限制，将财富的表现形式扩展为模糊集、区间数和信念集等全新的概念，并在对应的排序结构下进行了财富的分配。

不确定博弈论的研究和应用集中于麻省理工学院的运筹研究中心、英国剑桥大学的博弈论研究中心和以色列耶路撒冷希伯来大学的理性研究中心，它们的理论研究和实践特色如下。麻省理工学院运筹研究中心主要研究不确定博弈论在人类行为模式上的应用，特别是基于互联网的消费者行为模式分析，与美国的互联网巨头有深度合作，开发了基于大数据分析的行为预测系统，取得了很好的理论和应用成果；英国剑桥大学的博弈论研究中心主要研究不确定博弈的理论模型，发展各类的解概念，在应用上集中于经济学和心理学重构工作；以色列耶路撒冷希伯来大学的理性研究中心是由诺贝尔经济学奖获得者罗伯特·奥曼领导的博弈论研究的世界级中心，成员包括多个研究方向的学者，包括计算机领域、心理学领域、生态学领域、教育学领域、数学领域等，是一个多学科交叉融合中心，致力于不确定博弈论的理论研究和计算机科学的应用，特别是计算复杂度理论的探索。

11.2 博弈学习理论

传统的博弈论有三个明显的缺陷：一是对决策者绝对智能、绝对理性的假设；二是直接给出了博弈解概念的稳态结果，缺乏对博弈过程的考察；三是缺乏博弈论与大数据分析的结合。当前的博弈学习理论正是为了解决这三个问题应运而生

的，在三个层面上实现了理论和应用的突破：一是决策者不再具有绝对智能和绝对理性，取而代之的是有限智能和有限理性，使得模型更加接近现实；二是在解概念的考察上，既注重稳态结果的研究，又注重博弈过程的可能路径及收敛的研究，使得博弈的解概念不再是“黑盒子”；三是注重与大数据的结合及与机器学习的结合，注重利用大数据分析决策者的决策偏好。正是因为这三个方面的突破，使得当前博弈学习理论已经成为认知逻辑、大数据分析、机器学习等多个领域的研究前沿。下面从博弈认知、博弈过程、博弈行为三个方面具体介绍博弈学习理论。

在博弈认知方面，在传统博弈论中，不管博弈的类型是非合作博弈还是合作博弈，需要满足一个基本的假设：所有参加博弈的决策者都是绝对智能、绝对理性的，绝对智能指的是参与博弈的决策者可以进行无穷深度的逻辑推理且不会犯逻辑上的错误，绝对理性指的是参与博弈的参与人无论是在合作的状态下还是非合作的状态下，都要追求自身的最大利益，绝不会放弃最大利益的追求而获取次优的利益。绝对智能、绝对理性的基本假定在博弈论创立之初为其抓住主要矛盾、摒弃次要因素发挥了重要作用。如果没有这个基本假定，那么很可能使博弈论陷入追求细枝末节的泥沼而无法形成今天的宏伟大厦。随着博弈论的理论研究和实践应用的发展，人们发现绝对智能、绝对理性的基本假设和客观现实有着较大的出入。首先，根据人类的经验，人类不像机器人，不可能具有无限深度的逻辑推理能力，往往推理的深度是有限的，并且还有较大的概率会发生推理错误，所以绝对智能的假定是有其局限性的；然后，在利益面前，人类的决策行为大多数具有“见好就收”的特征，即人类为了某种鲁棒性，不一定追求最优的利益，而是次优或者某种满意的利益，所以绝对理性也具有极大的局限性。为了应对理论和现实的挑战，博弈论专家从两个层面对绝对智能和绝对理性进行了改良，创立了有限智能和有限理性的理论。一是将无限深度智能构建为有限深度智能，并探索了各个参与人之间的逻辑认知关系；二是将追求最大利益构建为追求满意利益。在这样的改良之下，博弈论的基本假设更加稳妥、可靠，但是这样做的弊端就是博弈模型的构建和分析变得更复杂，特别是其中的逻辑认知关系和数量关系耦合更紧密，进一步加大了分析的难度。当前，有限智能、有限理性已经成为博弈论进一步发展和研究的前沿课题。

在博弈过程方面，在博弈论发展的早期，受到时代发展和技术手段的制约，学者关注模型和解概念，而不关注博弈的过程。回顾非合作博弈的发展历史，20 世纪 20 年代初期，法国数学家波雷尔耗费了大量时间研究最简单的二人零和博弈的解概念的定义，直到 1928 年冯·诺依曼给出最大最小定理的刻画。此后很多学者对于如何将二人零和博弈的模型和解概念推广到多人的情形展开了大量的研究，1950 年纳什在其博士论文中彻底解决了这个问题，提出了多人完全信息静态博弈的模型和解概念，后人称之为纳什均衡。纳什均衡的主要思想不在于考察博

弈的每一步具体过程，而在于考察经过繁复的多步博弈后达到的“稳定”状态，此时任何参与人都不会单方面改变自己的决策，因为任何一种偏离“稳定”状态的行为都会导致参与人的利益损失，参与人的绝对智能和绝对理性保证了每个参与人都会选择这种“稳定”状态，在这种“稳定”状态下，每个参与人获取稳定的最大利益。

纳什均衡的定义中掩盖了博弈的过程和达到博弈稳态结果的路径，而且这个定义是基于决策人绝对智能和绝对理性的不合理要求。如果决策者只具备有限智能和有限理性，那么纳什均衡的合理性就值得推敲。正是基于这样的考虑和认识，博弈学习理论开始关注博弈过程的探索，注重分析博弈的每步的现实逻辑基础。例如，在每一步的决策选择中，决策者在多个没有明显差异的盈利面前不一定会选择最大的利益，而是基于决策者的风险态度和惯性动作进行选择，此时博弈的路径可能与纳什均衡有重大区别。又如，我们认为纳什均衡是一个稳态过程，如果决策者的智能随着博弈的进行逐步提高，那么纳什均衡也是海量博弈后的结果。现实是几乎所有的博弈过程都在小量的有限回合内完成，在此意义上，纳什均衡也与现实相差甚远。博弈学习理论既考察海量回合博弈的行为和收敛状态，也考察小量回合博弈的行为及与纳什均衡的偏离状态。

在博弈行为方面，博弈学习理论的第二条内容是基于决策者的智能和理性的假设研究预测博弈的每步选择，通过大数据的分析处理，根据博弈路径数据来推断决策者的智能和理性。决策者的决策思维、惯性和行为不可捉摸，具有不确定性，但是从平均水平来看，决策者的决策思维、惯性、行为在某个固定的水平附近变动，越来越多的证据表明人类的决策行为可以预测。例如，美国东北大学的科学家发现，93% 的人类行为是可以预测的。美国东北大学著名教授艾伯特拉斯洛·巴拉巴斯和同事们对匿名手机用户的活动模式进行了研究，他们发现，虽然人们通常认为行为是随意的、不可预测的，但令人惊讶的是，人类活动遵循着一定规律。这一研究发表在《科学》杂志上，受到学界的广泛关注。巴拉巴斯教授解释说：“在我们中间，自然的、率性的人非常少。虽然人们的出行模式有很大不同，但是大多数人是可以预测的。可预测性表示根据个体之前的行为轨迹预测未来行踪的可能性。”

11.3 博弈论与智能

21 世纪以来，以深度学习为代表的人工智能理论与系统在多个领域掀起浪潮，人类已经初步跨入了智能时代，可以说智能是这个时代最显著的脉搏特征。长期

以来，对于博弈论的认知停留在它与诺贝尔经济学奖关系密切这一误解上，导致当前的博弈论多应用于经济、商业、管理领域，而很少应用于数学、计算机领域。人们误以为博弈论是经济管理学的一个分支，导致了案例应用场景单一、数学描述精确性不足、学科交叉度欠缺、时代性体现不足等现象，在当前最显著的是缺乏智能这一时代特征。

事实上，博弈论与智能的关系特别密切。博弈论刻画的是交互式决策，而人工智能最重要的使命是在互动中学习，所以在模型层面相通；博弈论中最重要的概念是稳定和均衡，而从海量数据中学习稳定的决策范式及偏好或者知识是人工智能追求的目标，所以在解概念层面相通。当前策略型博弈、扩展型博弈及纳什均衡、子博弈完美均衡等已经在对抗型智能中得到广泛运用；沙普利值、核心等合作型解概念也与群体智能、体系评估等领域实现了初步结合。

目前存在几类有代表性的智能系统，这些系统都和博弈论有着密切的关系，如 Alpha Zero 系统涉及的场景是博弈双方的态势信息完全可见的国际象棋、围棋及日本将棋，因此采用的模型是利用树图构建的完全信息动态博弈。因为描述此类游戏的树图规模巨大，在存储和计算方面困难重重，因此系统采用了基于深度学习的蒙特卡洛树搜索算法来简化子博弈完美纳什均衡的计算。又如，Libratus 系统涉及的场景是态势信息不可见的德州扑克，玩家需要根据部分信息进行不确定推理，因此采用的模型是不完全信息动态博弈，其主要构建工具是贝叶斯机制和子博弈之间的平衡，利用蒙特卡洛虚拟遗憾最小化规则快速计算了贝叶斯纳什均衡。

按照学界的划分标准，当前机器学习大体上可以分为三个板块：监督学习、非监督学习和强化学习，其中，强化学习受到了最普遍的关注，而其背后最重要的机理就是融合马尔科夫过程的博弈模型和纳什均衡的计算。当前学界有一个共识：刻画大规模智能体平均行为的平均场博弈、刻画群体演化稳定规律的进化博弈、刻画多类型不确定测度下行为的不确定博弈这三类博弈模型是人工智能数学机理的下一个突破口和增长点，可以说博弈论是智能时代背后最重要的数学机理之一。

人工智能方面的顶级学者和团体非常青睐博弈论，美国国家科学院、工程院、艺术与科学学院三院的院士迈克尔·乔丹强调博弈论在机器学习中的作用。图灵奖获得者姚期智院士在清华大学推动了算法博弈论的研究，北京大学的邓小铁教授在博弈论纳什均衡计算复杂度领域做出了突出贡献，他们还培养了几位顶尖的算法博弈论青年学者。Ian Goodfellow 将二人零和博弈模型与深度学习中的生成器、判别器融合，产生了著名的生成对抗式网络模型 GAN，被图灵奖获得者 Yann Le Cun 评价为“近十年最激动人心的机器学习新思想”。中国人工智能学会成立了机器博弈专业委员会，发表了机器博弈白皮书，阐述了棋类游戏背后的智能博弈机理。

这些事实说明，博弈论不仅在经济学、管理学等领域具有重要作用，而且从来都没有与时代脱节，在智能时代仍然具有其不可替代的重要性。

参 考 文 献

[1] 刘德铭，黄振高. 对策理论与方法 [M]. 长沙：国防科技大学出版社，1995.

[2] 张维迎. 博弈论与信息经济学 [M]. 上海：上海人民出版社，2004.

[3] 王则柯. 新编博弈论平话 [M]. 北京：中信出版社，2003.

[4] 潘天群. 博弈生存：社会现象的博弈论解读 [M]. 3 版. 南京：凤凰出版社，2010.

[5] 中国科学院数学研究所二室. 博弈论导引 [M]. 北京：人民教育出版社，1960.

[6] 中国人工智能学会. 中国人工智能系列白皮书：机器博弈 [R/OL]. [2017-05]. http://caai.cn/index.php?s=/home/article/detail/id/394.html.

[7] NEUMANN J V, MORGENSTERN D. The Theory of Games and Economic Behavior[M]. New Jersey：Princeton University Press, 1944.

[8] RUBINSTEIN A, MARTIN J O. A Course in Game Theory[M]. Cambridge: MIT Press, 1994.

[9] MYERSON R. Game Theory: An Analysis of Conflict[M]. Cambridge: Harvard University Press, 1991.

[10] FUDENBERG D, JEAN T. Game Theory[M]. Cambridge: MIT Press, 1991.

[11] MICHAEL M, ELLON S, Shmuel Z. Game Theory[M]. Cambridge: Cambridge University Press, 2013.

[12] PELEG B, SUDHOLTER P. Introduction to the Theory of Cooperative Games[M]. Berlin: Springer, 2007.

[13] STEPHEN B, LIEVEN V. Convex Optimization[M]. Cambridge: Cambridge University Press, 2004.